AF459599

P. CAMMAN

Éléments d'Arithmétique

SUIVIS DE

Notions d'Arithmétique commerciale

Premier cycle B

PARIS
ANCIENNE LIBRAIRIE POUSSIELGUE
J. DE GIGORD, Éditeur
15, RUE CASSETTE, 15

Éléments d'Arithmétique

SUIVIS DE

Notions d'Arithmétique commerciale

A LA MÊME LIBRAIRIE

NOUVELLE COLLECTION COMPLÈTE DE MATHÉMATIQUES

Conforme aux derniers programmes officiels du 4 mai 1912

Par P. CAMMAN

Ancien élève de l'École normale supérieure, Agrégé des sciences mathématiques, Professeur de mathématiques spéciales, Directeur des études scientifiques au Collège Stanislas.
Avec la collaboration d'un groupe de professeurs.

CLASSES PRÉPARATOIRES

ARITHMÉTIQUE. COURS PRÉPARATOIRE. Classes de 9e et 10e, avec de nombreuses illustrations et 700 exercices, par P. CAMMAN et J. HUOT. In-12 cartonné. . . . . » 75

CLASSES ÉLÉMENTAIRES

ARITHMÉTIQUE. COURS ÉLÉMENTAIRE. Classes de 7e et 8e, avec de nombreuses illustrations et 2.300 exercices et problèmes, par P. CAMMAN et J. HUOT. 2e édition. In-12 cartonné. . . . . . . 1 fr. 50

1er CYCLE A et B

ÉLÉMENTS D'ARITHMÉTIQUE, 2e édition, revue et complétée, avec plus de 500 problèmes. 1er Cycle A, par P. CAMMAN. In-12 cart. 1 fr. 50

ÉLÉMENTS D'ARITHMÉTIQUE, suivis de Notions d'Arithmétique commerciale, avec plus de 600 problèmes. 1er Cycle B, par P. CAMMAN. In-12 cartonné.

COURS ÉLÉMENTAIRE DE GÉOMÉTRIE PLANE, avec plus de 300 problèmes. 1er Cycle A, par P. CAMMAN et A.-G. RÉBOUIS. 2e édition revue, corrigée et augmentée. In-12 cartonné. . . . . 1 fr. 75

COURS ÉLÉMENTAIRE DE GÉOMÉTRIE PLANE ET DANS L'ESPACE, avec plus de 500 problèmes. 1er Cycle B, par P. CAMMAN et A.-G. RÉBOUIS. In-12 cartonné. . . . . 2 fr. 50

PREMIERS ÉLÉMENTS D'ALGÈBRE, par P. CAMMAN et CH. FASSBINDER, à l'usage de la classe de 3e A. In-12 cartonné. . . . . . » 75

2e CYCLE A et B

ALGÈBRE ET GÉOMÉTRIE. Classe de 2e A et B, par P. CAMMAN et CH. FASSBINDER. 2e édition. In-12 cartonné. . . . . 1 fr. 30

ALGÈBRE ET GÉOMÉTRIE. Classe de 1re A et B, par P. CAMMAN et CH. FASSBINDER. 2e édition. In-12 cartonné. . . . . 1 fr. 30

2e CYCLE C et D

ALGÈBRE. Classes de 3e B, 2e et 1re C et D, par P. CAMMAN et A. GRIGNON. Petit in-8e cartonné toile. VI-279 pages. 2e édition. . . . 3 fr.

TRIGONOMÉTRIE. Classes de 1re C et D et de mathématiques A et B, par P. CAMMAN et A. GRIGNON. Petit in-8e cartonné toile. . 2 fr. 75

GÉOMÉTRIE PLANE. Classe de 2e C et D, par P. CAMMAN et A.-G. RÉBOUIS. In-8e broché. . . . . 3 fr.
Relié toile . . . . 3 fr. 80

GÉOMÉTRIE DANS L'ESPACE. Classe de 1re C et D, par P. CAMMAN et A.-G. RÉBOUIS. In-8e broché. . . . . 2 fr.
Relié toile. . . . . 2 fr. 75

GÉOMÉTRIE DESCRIPTIVE. Classe de 1re C et D, par P. CAMMAN et G. WARISSE. . . . . *(Sous presse.)*

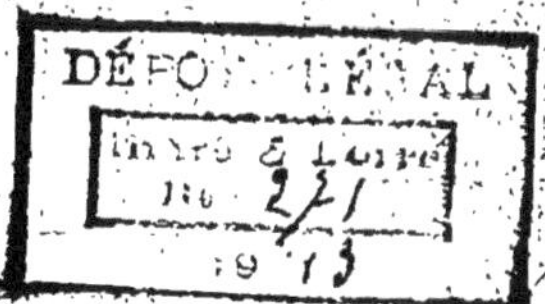

Éléments d'Arithmétique

SUIVIS DE

Notions d'Arithmétique commerciale

PREMIER CYCLE B

PAR

P. CAMMAN

ANCIEN ÉLÈVE DE L'ÉCOLE NORMALE SUPÉRIEURE, AGRÉGÉ DE MATHÉMATIQUES
PROFESSEUR DE MATHÉMATIQUES SPÉCIALES
DIRECTEUR DES ÉTUDES SCIENTIFIQUES AU COLLÈGE STANISLAS

PARIS
ANCIENNE LIBRAIRIE POUSSIELGUE
J. DE GIGORD, Éditeur
15, RUE CASSETTE, 15

1913

EXTRAIT DES PROGRAMMES OFFICIELS

ARRÊTÉS LE 4 MAI 1912 POUR L'ENSEIGNEMENT SECONDAIRE

CLASSE DE SIXIÈME B

CALCUL

Revision des opérations sur les nombres entiers. Exercices de calcul mental. Problèmes sur les nombres entiers.

Fractions ordinaires. Réduction de plusieurs fractions au même dénominateur. Opérations sur les fractions. Nombres décimaux; opérations. Exercices.

Système métrique. Longueurs, aires, volumes, poids, densités, monnaies. — Temps, vitesses. — Énoncé de quelques règles relatives à l'évaluation d'aires et de volumes simples. — Exercices; exemples simples de changements d'unités, tirés du système métrique.

Règle de trois par la méthode de réduction à l'unité. — Intérêt simple. — Escompte commercial. Rentes. Problèmes simples relatifs aux alliages et aux mélanges.

CLASSE DE CINQUIÈME B

ARITHMÉTIQUE

Numération décimale.

Addition et soustraction des nombres entiers.

Multiplication des nombres entiers. Produit de facteurs. Puissances.

Division des nombres entiers. Règle pratique.

Caractères de divisibilité par 2, 5, 9, 3.

Nombres premiers. Règles pratiques pour la décomposition d'un nombre en produit de facteurs premiers, pour la recherche du plus grand commun diviseur, du plus petit commun multiple.

Revision du système métrique.

CLASSE DE QUATRIÈME B

ARITHMÉTIQUE

Fractions ordinaires. Opérations.

Fractions décimales. Grandeurs directement et inversement proportionnelles. Opérations sur les nombres décimaux.

Règle pratique pour l'extraction de la racine carrée d'un nombre entier ou décimal à moins d'une unité décimale d'un ordre donné.

Progressions arithmétiques et géométriques. Somme des termes des progressions limitées.

Méthodes commerciales du calcul de l'intérêt et de l'escompte. Bordereaux d'escompte. Comptes courants. Notions sommaires sur les valeurs.

ARITHMÉTIQUE

CHAPITRE I

NUMÉRATION DÉCIMALE

§ I. — NOMBRES

1. — L'idée de **nombre entier** vient naturellement à l'esprit, lorsque l'on considère une collection d'objets **distincts**, qu'ils soient ou non de même nature.

Le **nombre** d'objets distincts formant un groupe ou collection est l'expression qui indique combien le groupe ou collection contient de ces objets.

L'opération par laquelle on trouve le nombre d'objets distincts d'un groupe s'appelle **compter** ces objets.

2. — **Compter une collection d'objets distincts.** La manière naturelle de procéder est la suivante : Prenons un des objets de la collection et mettons-le à part. Nous disons que nous avons **un** objet.

Ajoutons-lui un autre objet pris également dans la collection : le groupe formé par ce nouvel objet et le premier est un groupe de **deux** objets.

Ajoutons aux **deux** objets précédents un nouveau pris toujours dans la collection à compter, nous aurons un groupe de **trois** objets.

Continuons de cette manière, en ajoutant à chaque groupe un objet pris dans la collection. Nous aurons successivement des groupes de :

quatre objets,
cinq »
six »
sept »
huit »
neuf »
dix »

et ainsi de suite, en nous arrêtant quand nous aurons pris *tous* les objets de la collection primitive.

Nous avons donné un nom différent à chaque groupe successif formé comme il a été dit.

---

3. — **Nombres abstraits.** Dans ce qui précède, on ne s'est point occupé de la **nature** des objets comptés. Ainsi l'opération peut avoir été faite aussi bien sur les moutons d'un troupeau, sur les billes contenues dans un sac, etc. On procède toujours de la même manière, dans tous les cas.

On peut donc laisser de côté la nature des objets comptés et concevoir des *unités dites* **abstraites**, c'est-à-dire *dont on ne précise pas la nature.* On peut imaginer que l'on compte ces unités abstraites et que l'on obtienne ainsi des membres successivement de une, deux, trois, etc., unités abstraites. On appellera de tels nombres : **nombres abstraits.**

Leur définition sera la suivante :

Un nombre abstrait est un nombre représentant une collection d'objets dont on n'indique pas la nature.

Nombres concrets. Aux nombres abstraits on oppose quelquefois les nombres concrets, qui représentent une collection d'objets dont on précise la nature.

Ainsi quand on parle de *huit chevaux,* le nombre *huit* est un **nombre concret.**

Quand on parle du nombre *huit,* sans rien ajouter de plus, ce nombre *huit* est un *nombre abstrait.*

4. — La suite des nombres abstraits est illimitée. Conséquences. Nous avons vu que : *en ajoutant une unité à un nombre, on forme le nombre suivant.*

Cette opération abstraite est toujours possible. Par conséquent, la suite des nombres abstraits est **indéfinie ou illimitée.**

Les besoins de la civilisation ont forcé les hommes à considérer des nombres de plus en plus grands. Si l'on donnait à chaque nombre un nom différent, comme on l'a fait pour les premiers, ou si l'on imaginait des signes différents pour les écrire, la complication de ces désignations ou de ces signes deviendrait dans la pratique un obstacle insurmontable.

Aussi a-t-il été *nécessaire* de procéder autrement pour *désigner* ou *écrire* les nombres successifs.

On a imaginé une classification des nombres, au moyen de conventions et de règles dont l'ensemble constitue la **numération.** Donc :

Définition de la numération. *La numération*

est l'ensemble des règles qui permettent de désigner ou d'écrire les nombres entiers.

Elle se divise en **numération parlée** et **numération écrite**, suivant qu'il s'agit de **désigner** ou **d'écrire** les nombres.

§ II. — NUMÉRATION PARLÉE

5. — **Unités proprement dites.** *Le nombre est inférieur ou égal à* **dix.**

On désigne par les noms suivants les nombres successifs jusqu'à dix :

Un, deux, trois, quatre, cinq, six, sept, huit, neuf, dix.

On obtient ainsi les **unités simples**, ou **unités proprement dites**, ou **unités du premier ordre.**

6. — **Dizaines.** *Le nombre est supérieur à* **dix** *et inférieur à* **dix dizaines.**

On forme des groupes de **dix** unités chacun, que l'on considère comme des unités nouvelles ou unités du second ordre, appelées **dizaines.** On compte ensuite par dizaines comme on a compté par unités du premier ordre ou unités proprement dites.

On a ainsi successivement :

Une dizaine, deux dizaines, trois dizaines, quatre dizaines, cinq dizaines, six dizaines, sept dizaines, huit dizaines, neuf dizaines et dix dizaines.

Si le nombre à désigner contient moins de dix dizaines, il comprend un certain nombre de dizaines et généralement un nombre d'unités proprement dites inférieur à dix.

On aurait pour le désigner à énoncer successivement le nombre de ses dizaines, puis le nombre de ses unités proprement dites.

L'usage a imposé la règle suivante :

Au lieu de		on énonce	
une dizaine			**dix,**
deux dizaines		—	**vingt,**
trois	—	—	**trente,**
quatre	—	—	**quarante,**
cinq	—	—	**cinquante,**
six	—	—	**soixante,**
sept	—	—	**soixante-dix,**
huit	—	—	**quatre-vingt,**
neuf	—	—	**quatre-vingt-dix.**

Cela fait :

On énonce de la manière qui vient d'être dite le nombre des dizaines, que l'on fait suivre du nombre des unités.

Exemple : Le nombre formé de **quatre dizaines** et de **huit unités** s'énoncera donc :

quarante-huit.

Exceptions I. Au lieu de :

dix-un	on dit	**onze,**
dix-deux	—	**douze,**
dix-trois	—	**treize,**
dix-quatre	—	**quatorze,**
dix-cinq	—	**quinze,**
dix-six	—	**seize.**

II. Les nombres compris entre soixante-dix et quatre-vingt s'énoncent ainsi :

soixante-onze,
— **douze,**
— **treize,**

soixante-quatorze,
— **quinze,**
— **seize,**
— **dix-sept,**
— **dix-huit,**
— **dix-neuf.**

De même pour les nombres successifs à partir de quatre-vingt-dix, on dit :

quatre-vingt-onze,
— **douze,**
— **treize,**
— **quatorze,**
— **quinze,**
— **seize,**
— **dix-sept,**
— **dix-huit,**
— **dix-neuf.**

7. — **Centaines.** *Le nombre est supérieur à* **cent** *et inférieur à* **dix centaines.** Le nombre formé de dix dizaines se nomme **cent.** Pour désigner les nombres qui suivent, on forme des groupes de **dix dizaines** ou de cent unités proprement dites. On considère ces groupes comme des unités nouvelles ou du troisième ordre, que l'on nomme **centaines.** On les compte comme les unités proprement dites ou les dizaines précédemment.

On a ainsi :

Une centaine, deux centaines, ... neuf centaines jusqu'à dix centaines.

Si le nombre à désigner est plus petit que dix centaines, il contient un certain nombre de centaines inférieur à dix et en plus un nombre inférieur à cent, que l'on décompose en dizaines et unités comme on l'a fait plus haut. Ces deux derniers nombres, s'ils existent, sont appelés respectivement le nombre de dizaines proprement dites et des unités proprement dites du nombre à désigner.

On énonce le nombre de centaines, d'abord en disant: **cent, deux cent, trois cent, ... huit cent, neuf cent,** pour **une, deux ....., neuf centaines,** *puis le nombre restant comme dans le cas précédent.*

Ainsi le nombre formé de **huit centaines, quatre dizaines proprement dites** et **quatre unités proprement dites** s'énoncera:

huit cent quarante-quatre.

Le nombre formé de **trois centaines, sept dizaines proprement dites** et **huit unités proprement dites** s'énoncera :

trois cent soixante-dix-huit.

Remarque. Il peut arriver que le nombre à désigner ne contienne pas de dizaines proprement dites ; on fait suivre alors le nombre de ses centaines de celui de ses unités proprement dites :

trois cent huit,

désigne le nombre formé de **trois centaines** et de **huit unités.**

Le nombre formé de **dix centaines** s'appelle **mille.**

8. — **Nombre supérieur à mille.** A partir de **mille**, on forme des groupes de mille unités que l'on considère comme des unités nouvelles du quatrième ordre. On les compte comme les unités ordinaires, tant que l'on ne dépasse pas le nombre formé de **mille** de ces groupes.

On aura donc comme précédemment avec les unités ordinaires :

des groupes de **mille**,
des groupes de **dizaines de mille**,
des groupes de **centaines de mille.**

9. — **Classes.** On est alors amené à ranger les unités d'ordres successives que l'on a formées plus haut **par classes.**

Chaque **classe** contient **trois** unités d'ordres successifs.

La première classe est celle des unités qui contient :

1re *classe* ou des unités	1) les **unités simples,** 2) les **dizaines,** 3) les **centaines.**

La deuxième classe est celle des mille qui contient :

2e *classe* ou des mille	1) les **unités de mille** ou **mille,** 2) les **dizaines de mille,** 3) les **centaines de mille.**

Pour désigner un nombre supérieur à mille, on énonce le nombre des groupes complets de mille unités qu'il contient (*comme on a énoncé le nombre total d'unités d'un nombre inférieur à mille*), *puis le nombre restant d'unités* (*inférieur à mille*).

Ainsi on dira le nombre :

Trois cent quarante-cinq mille six cent vingt-neuf qui contient :

trois centaines de mille,
quatre dizaines de mille,
cinq mille,
six centaines,
deux dizaines,
neuf unités proprement dites.

On peut énoncer ainsi tous les nombres jusqu'à celui qui contient mille groupes de mille unités chacun.

10. — **Un million.** On appelle **un million** le nombre formé de mille groupes de mille unités chacun.

A partir de ce nombre, on formera des groupes de un million d'unités chacun, et on les compte comme les unités dans la première classe, — et comme les groupes de mille dans la seconde classe, — jusqu'au nombre formé de **mille de ces groupes.**

On a ainsi successivement :

3e *classe* { les **millions ou unités de millions**, les **dizaines de millions**, les **centaines de millions**,

qui forment la **3e classe**, celle des **millions.**

11. — **Un milliard; 4e classe.** Le nombre formé de mille millions est le **milliard** ou **billion.** On compte par milliards ou billions comme par mille et millions, et on a ainsi la 4e classe ou des milliards.

Le nombre formé de mille milliards s'appelle **trillion.** On a alors la 5e classe ou des trillions, etc.

Ces nombres ou les nombres plus grands sont très peu usités.

Convention fondamentale.

La numération parlée repose donc sur la convention fondamentale suivante :

Toute unité d'un ordre quelconque vaut dix unités de l'ordre immédiatement inférieur.

§ III. — NUMÉRATION ÉCRITE

12. — **Chiffres.** On se sert des neuf signes suivants appelés **chiffres** (ou chiffres arabes).

1 2 3 4 5 6 7 8 9

correspondant respectivement aux nombres

un, deux, trois, quatre, cinq, six, sept, huit, neuf.

On leur ajoute le signe 0 qui s'énonce zéro et indique l'**absence** de l'unité ou du groupe d'unités que l'on considère.

Les neuf chiffres autres que 0 s'appellent chiffres **significatifs.**

13. — **Usage des chiffres pour écrire un nombre.**

1) *Le nombre est inférieur à dix.*

On écrit le chiffre qui lui correspond.

2) *Le nombre est supérieur à dix.*

Soit le nombre **quarante-cinq.**

On écrit d'abord le chiffre de ses unités : soit 5. Puis on écrit à gauche le chiffre correspondant au nombre des dizaines : soit 4.

Donc le nombre **quarante-cinq** s'écrit :

45.

Emploi du zéro. Si le nombre à écrire ne contient pas d'unités proprement dites, on écrit 0 à la place du nombre de ces unités.

Ainsi le nombre **quarante** s'écrit :

40.

3) *Le nombre est supérieur à cent.*

On écrit le chiffre de ses unités proprement dites, puis à gauche le chiffre de ses dizaines, et à gauche de ce service le chiffre correspondant au nombre de ses centaines.

Ainsi le nombre **huit cent quatre-vingt-six** s'écrit :

886.

Emploi du zéro. Il peut se faire que le nombre à écrire ne contienne pas de dizaines proprement dites. On met alors **0** à la place qu'occupait le chiffre des dizaines.

Ainsi le nombre **quatre cent sept** s'écrit :

407.

Règle pratique. *Pratiquement on écrit un nombre inférieur à mille de* **gauche à droite**, *en écrivant le chiffre de ses centaines, puis celui de ses dizaines, puis celui de ses unités.*

4) *Le nombre est supérieur à mille.*

14. — **Règle pratique.** *On écrit, comme ci-dessus, les centaines, dizaines, unités de chaque classe, en commençant par la classe la plus élevée et en allant de gauche à droite; on remplace par un zéro chaque ordre qui manque, par trois zéros chaque classe qui manque.*

Exemple. Soit à écrire le nombre

Vingt-trois millions sept cent quarante mille huit cent trois, on l'écrira :

23 740 803.

15. — **Séparation des classes.** *On a soin de séparer chaque classe par un point comme ci-dessous.*

23.740.803.

Cela revient à partager le nombre écrit en tranches de trois chiffres à partir de la droite, la dernière tranche à gauche pouvant être incomplète, c'est-à-dire renfermer seulement un ou deux chiffres au lieu de trois.

Cette manière d'opérer aide à la lecture d'un nombre écrit.

16. — La règle pratique que nous avons énoncée et qui est d'une application très simple pour écrire un nombre repose sur la *convention fondamentale suivante :*

Convention fondamentale de la numération écrite. — **Tout chiffre écrit immédiatement à gauche d'un autre dans un nombre représente des unités de l'ordre immédiatement supérieur à celui qui correspond à ce chiffre.**

On exprime aussi ce fait de la manière suivante :

Tout chiffre écrit immédiatement à la gauche d'un autre exprime un nombre d'unités **dix** *fois plus grandes que les unités exprimées par le premier chiffre.*

On sait, d'après ce qui précède, écrire au moyen de chiffres un nombre énoncé.

Pour traiter la question inverse, c'est-à-dire lire un nombre écrit, on se conforme à la règle suivante.

17. — **Règle pour lire un nombre écrit.** On distingue deux cas.

1) *Le nombre est inférieur à mille.*

On énonce le nombre (inférieur à dix) de ses centaines que l'on fait suivre du mot cent, puis le nombre de ses dizaines, en se conformant à ce qui a été dit dans la numération écrite, puis le nombre de ses unités proprement dites. S'il n'y a qu'une centaine, on l'énoncera cent.

2) *Le nombre est supérieur à mille.*

On le divise en tranches de trois chiffres à partir de la droite. Chaque tranche correspond à une classe.

On énonce la première classe à partir de gauche comme si elle était seule, en suivant la règle précédente (car elle représente un nombre inférieur à mille), en la faisant suivre du nom de la classe (mille, million, etc.), puis la classe suivante à droite, et ainsi de suite jusqu'à la dernière classe, dont on ne fait suivre la désignation d'aucune appellation particulière.

Dans la lecture du nombre d'une classe, on omet de désigner le nombre des centaines, dizaines ou unités de cette classe, quand le chiffre qui la représente dans le nombre écrit est un zéro.

Exemples : 703,

se lit : sept cent trois,

45.803.197,

se lit : quarante-cinq millions huit cent trois mille cent quatre-vingt-dix-sept.

---

18. — *Remarque.* On dit souvent d'un nombre inférieur à dix, que c'est un nombre d'*un seul chiffre ;* d'un nombre au moins égal à dix et inférieur à cent, que c'est un nombre de *deux chiffres*, etc. Les dénominations se comprennent facilement en se reportant aux règles de la numération écrite.

Autre remarque. On peut envisager dans un nombre toutes les unités qu'il contient : c'est ce que l'on entend quand on parle des unités de ce nombre. On peut aussi envisager les unités qui restent quand on a formé les groupes de dizaines, centaines, etc. : ces unités sont les *unités simples* ou *proprement dites* du nombre considéré. On les fait alors toujours suivre d'une de ces appellations pour éviter les confusions.

CHAPITRE II

ADDITION

§ I. — DÉFINITION DE L'ADDITION

19. — Additionner plusieurs collections. Somme. Étant données plusieurs collections d'objets distincts, réunissons-les en une collection unique. Nous dirons que cette dernière collection est la **somme** des autres, ou que nous avons **additionné** ensemble les collections données. Comptons ensuite cette collection finale d'après les règles de la numération. Nous obtiendrons le nombre qui indique combien la collection finale contient d'objets. Le problème que nous nous posons est la détermination de ce dernier nombre.

Ce problème est donc le résultat d'opérations concrètes sur les collections, et qui consistent :

1° *A les* **réunir** *en une collection unique;*

2° *A* **compter** *les objets de cette collection unique.*

20. — Additionner plusieurs nombres. L'arithmétique permet d'éviter de faire ces opérations en opérant sur les nombres qui représentent les différentes collections à additionner, et non sur ces collections elles-mêmes. Nous remplaçons ainsi une opération concrète sur des objets ou des collections d'objets par une opération abstraite sur des nombres abstraits.

C'est cette opération abstraite que nous appellerons **addition**, et que nous définirons de la manière suivante :

Définition de l'addition. *L'addition de plusieurs nombres entiers est l'opération par laquelle on détermine le nombre entier qui contient autant d'unités que ces nombres réunis.*

Le nombre trouvé est la **somme** ou **total** des autres nombres.

21. — **Signe de l'addition.** On énonce les nombres à additionner les uns à la suite des autres en les séparant par le mot **plus**.

On écrit les nombres à additionner les uns à la suite des autres en les séparant par le signe +.

Ainsi, si l'on a à additionner les nombres

27, 53 et 15,

on écrira :

27 + 53 + 15,

que l'on énoncera :

vingt-sept plus cinquante-trois plus quinze.

§ II. — OPÉRATION PRATIQUE

On distingue plusieurs cas :

22. — 1° *Additionner deux nombres d'un seul chiffre.*

On pourrait ajouter au premier nombre successivement autant d'unités qu'il y en a dans le second.

En réalité, on se sert de la table suivante, dite **table d'addition**, qui donne immédiatement le résultat cherché.

Table d'addition.

0	1	2	3	4	5	6	7	8	9
1	2	3	4	5	6	7	8	9	10
2	3	4	5	6	7	8	9	10	11
3	4	5	6	7	8	9	10	11	12
4	5	6	7	8	9	10	11	12	13
5	6	7	8	9	10	11	12	13	14
6	7	8	9	10	11	12	13	14	15
7	8	9	10	11	12	13	14	15	16
8	9	10	11	12	13	14	15	16	17
9	10	11	12	13	14	15	16	17	18

23. — **Formation et usage de la table.** Cette table est formée de la manière suivante : sur une première ligne horizontale, on écrit les nombres depuis 0 jusqu'à 9 inclusivement. Au-desssous de chaque nombre de cette ligne, on écrit le nombre suivant, et l'on forme ainsi une deuxième ligne horizontale.

De même au-dessous de chaque nombre de cette deuxième ligne, on écrit le nombre suivant, ce qui forme une troisième ligne. Et on continue de cette sorte jusqu'à la dixième ligne.

Pour se servir de la table, on procède ainsi : on

choisit la ligne dont le premier chiffre est égal au premier nombre à additionner, et la colonne dont le premier chiffre est égal au second nombre à additionner, puis on lit dans la table le nombre qui se trouve à la fois dans la ligne et dans la colonne que l'on a choisies ; ce nombre est la somme cherchée.

Exemple. Soit à faire la somme $8 + 7$.

On choisit la 9e ligne et la 8e colonne ; le nombre qui se trouve à la fois dans cette ligne et cette colonne est 15.

Donc la somme *cherchée est égale* à 15.

24. — **Égalité.** On écrira :

$$8 + 7 = 15,$$

que l'on lit :

huit plus sept égale 15.

L'écriture précédente

$$8 + 7 = 15$$

se nomme une **égalité**. La définition est la suivante :

On appelle **égalité** *la notation qui exprime que deux nombres contiennent autant d'unités.*

Ainsi l'égalité précédente exprime que la somme de $8 + 7$ contient le même nombre d'unités que le nombre 15, ou que la collection formée par la réunion de deux collections, l'une de huit, l'autre de sept objets, contient quinze objets.

Le nombre ou l'ensemble de nombres écrit à **gauche** du signe = s'appelle le **premier membre** ; le nombre ou l'ensemble de nombres écrit **à droite** s'appelle le **second membre**.

25. — 2° *Additionner un nombre d'un seul chiffre et un nombre de plusieurs chiffres.*

On ramène ce cas au cas précédent.

Pour cela, on additionne le nombre donné d'un seul chiffre avec le nombre des unités proprement dites du second nombre donné.

On obtient ainsi le *nombre* des unités proprement dites de la somme cherchée si ce nombre est inférieur à dix, et par conséquent le premier chiffre à droite de la somme. Les autres chiffres de la somme sont les mêmes que ceux du second nombre à additionner

Exemple. Soit à faire la somme

$$731+6$$

On additionne 6 et 1, ce qui donne 7, et on a la somme cherchée 737.

On écrit donc l'égalité

$$731+6=737.$$

Si le nombre obtenu est *égal ou supérieur à dix*, le chiffre de ses unités simples est le *chiffre des unités simples* de la somme cherchée. Pour avoir le nombre des dizaines de cette somme, on ajoute *une unité* au chiffre des dizaines du second nombre à additionner. Si le nombre total des dizaines ainsi obtenu est *inférieur à dix*, son chiffre est *celui des dizaines* de la somme. Si ce nombre est *égal à dix*, on *écrit* 0 comme chiffre des *dizaines* de la somme cherchée, et on ajoute *une unité* au chiffre des *centaines*, et ainsi de suite s'il y a lieu.

Exemple I. Soit à effectuer la somme

$$736+7.$$

On additionne 6 et 7, ce qui donne 13.

Le chiffre des unités proprement dites de la somme cherchée est donc 3.

Le chiffre des dizaines est $3 + 1 = 4$.

Le chiffre des centaines est 7.

Donc la somme est 743.

$$736 + 7 = 743.$$

Exemple II. Soit à effectuer la somme

$$997 + 8.$$

On effectue l'opération

$$7 + 8 = 15.$$

Donc le chiffre des unités simples de la somme est 5.

On forme : $9 + 1 = 10$.

Le chiffre des dizaines de la somme est 0.

On forme : $9 + 1 = 10$.

Le chiffre des centaines est 0.

Et le chiffre des mille est 1.

La somme cherchée est 1 005.

Donc $997 + 8 = 1\,005$.

26. — 3° *Additionner plusieurs nombres d'un seul chiffre chacun.*

Règle. *On additionne le premier et le second, on obtient une première somme partielle. On additionne cette somme et le troisième nombre, ce qui donne une deuxième somme partielle. On l'additionne et le quatrième nombre, et ainsi de suite. La dernière somme partielle employée est la somme cherchée.*

On n'a chaque fois qu'à additionner un nombre quelconque et un nombre d'un seul chiffre, ce qui se ramène au cas précédent.

Remarque. Il faut s'exercer à faire ces trois sortes d'opérations mentalement; l'habitude permet de les effectuer ainsi très rapidement.

27. — **Cas général.** 4° *Additionner deux nombres de plusieurs chiffres.*

Règle. *On écrit les chiffres les uns au-dessous des autres, de sorte que les chiffres des unités simples soient sur une même colonne verticale, de même les chiffres des dizaines, etc.*

On additionne ensemble toutes les unités proprement dites (addition de plusieurs nombres d'un seul chiffre). On décompose, s'il y a lieu, la somme ainsi obtenue en unités proprement dites et dizaines, que l'on met à part (on dit qu'on les retient); le chiffre des unités simples de cette somme partielle est le chiffre des unités simples de la somme cherchée.

On additionne ensemble les chiffres des dizaines des nombres donnés, et on leur ajoute le nombre de dizaines précédemment retenues. Ce nombre ainsi obtenu est décomposé à son tour en unités proprement dites et dizaines (que l'on retient).

On écrit le chiffre des unités de ce nombre comme chiffre des dizaines de la somme cherchée.

On additionne ensemble les chiffres des centaines des nombres donnés, et on leur ajoute le nombre précédemment retenu. On obtient ainsi un nouveau nombre qu'on décompose en dizaines, que l'on retient, et unités proprement dites. Le chiffre de ces unités proprement dites est le chiffre des centaines de la somme cherchée; on l'écrit à côté du nombre des dizaines de cette somme.

Le nombre que l'on a retenu s'ajoutera au nombre formé par l'addition des unités des chiffres des mille des nombres donnés, et ainsi de suite, jusqu'à ce qu'on arrive aux unités de l'ordre le plus élevé des nombres à additionner.

Exemple. Soit à effectuer la somme

$$625 + 341 + 64.$$

On l'écrit de la manière suivante :

$$\begin{array}{r} 625 \\ 341 \\ 64 \\ \hline 1\,030 \end{array}$$

On dit 5 et 1 font 6, 6 et 4 font 10; on écrit 0 et on retient 1.

On passe aux dizaines. 1 de retenue et 2 font 3, 3 et 4 font 7, 7 et 6 font 13; on écrit 3 dans la somme à la colonne des dizaines, et on retient 1.

On passe aux centaines. 1 de retenue et 6 font 7, 7 et 3 font 10; on écrit 0 comme chiffre des centaines et 1 à la colonne des mille.

La somme est 1 030.

On écrit donc :

$$625 + 341 + 64 = 1\,030.$$

28. — *Justification de la règle précédente.* Nous allons justifier la règle précédente en raisonnant sur un cas *concret* correspondant à l'opération *abstraite* que l'on vient de faire.

Soient trois sacs contenant le premier 625 billes, le deuxième 341 billes, le troisième 64 billes.

Il s'agit de savoir le nombre de billes contenues dans le sac unique où l'on aurait versé le contenu des trois sacs précédents.

On peut, pour les compter, procéder ainsi :

On partage les billes du premier sac en trois tas :

1 tas de 5 billes,
2 tas de 10 billes chacun,
6 tas de 100 billes.

De même, les billes du deuxième sac seront partagées en :

1 tas de 1 bille,
4 tas de 10 billes chacun,
3 tas de 100 billes.

Enfin, les billes du troisième sac formeront :

1 tas de 4 billes,
6 tas de 10 billes.

On réunit ensemble les premiers tas provenant de chaque sac ; on a : $5+1+4=10.$

Donc, on a une réunion de 10 billes.

On réunit ensemble les tas de 10 billes de chaque groupe ; on a : $2+4+6=12.$

Donc on obtient une réunion de 12 tas de 10 billes.

Il y a donc en tout $12+1=13$ tas de 10 billes, et en plus des tas contenant chacun 100 billes.

Donc le nombre des unités de la somme est 0, car il n'y a pas de tas incomplets de moins de 10 billes.

Les 13 tas de 10 billes chacun forment 3 tas de 10 billes et 10 tas de 10 billes, c'est-à-dire un tas nouveau de 100 billes.

Donc il n'y a que 3 tas de 10 billes, en dehors de tas complets de 100 billes. Le chiffre des dizaines de la somme est donc 3.

Il y a maintenant $6+3=9$ tas de 100 billes chacun, plus celui que l'on vient de former précédemment, ce qui fait 10 tas de 100 billes en tout, c'est-à-dire un tas de 1.000 billes. Donc le chiffre des centaines est 0, et celui des milles est 1.

§ III. — PROPOSITIONS SUR L'ADDITION

29. — **1re Proposition.** *On ne change pas la somme de plusieurs nombres quand on change l'ordre dans lequel on les écrit pour les additionner.*

Vérification. Ainsi l'on a :

$$\begin{array}{r} 237 \\ 423 \\ 598 \\ \hline 1\,258 \end{array}$$

Écrivons-les dans un autre ordre.

$$\begin{array}{r} 423 \\ 598 \\ 237 \\ \hline 1258 \end{array}$$

On obtient la même somme.

On a donc :

$$237 + 423 + 598 = 423 + 598 + 237.$$

Justification une fois pour toutes. Cette propriété est manifeste si l'on se reporte à l'opération concrète que représente l'addition des nombres.

On considère des sacs contenant des billes.

On verse le contenu de chacun dans un grand sac et l'on compte ensuite le contenu de ce grand sac. Le résultat trouvé ne dépend pas de l'ordre dans lequel on a versé le contenu de chaque sac dans ce dernier.

30. — 2e **Proposition.** Soient plusieurs nombres à additionnèr.

Au lieu de faire l'opération comme il a été dit, *on ne change pas la somme en opérant ainsi qu'il suit : On sépare les nombres en plusieurs groupes, de façon que chacun ne figure que dans un groupe. On fait la somme de chaque groupe et on additionne ensuite toutes ces sommes partielles.*

Vérification. Soit la somme

$$25 + 43 + 12 + 59.$$

Additionnons ces nombres ensemble :

$$\begin{array}{r} 25 \\ 43 \\ 12 \\ 59 \\ \hline 139 \end{array}$$

Opérons autrement. Additionnons 25 et 43 :

$$\begin{array}{r} 25 \\ 43 \\ \hline 68 \end{array}$$

Additionnons 12 et 59 :

$$\begin{array}{r} 12 \\ 59 \\ \hline 71 \end{array}$$

Faisons maintenant la somme de 68 et 71 :

$$\begin{array}{r} 68 \\ 71 \\ \hline 139 \end{array}$$

On retrouve bien le nombre 139.

Justification une fois pour toutes. Reportons-nous à l'opération concrète que représente l'addition des nombres.

On doit réunir dans un seul sac de billes le contenu de quatre sacs de billes, par exemple. On peut imaginer que, de ces quatre sacs, on verse le contenu de deux dans un nouveau sac; puis le contenu des deux autres dans un deuxième sac nouveau. Puis on verse le contenu de ces nouveaux sacs dans un sac unique.

Le résultat est évidemment le même que si l'on avait versé tout d'abord le contenu des quatre premiers sacs dans ce sac unique.

31. — **Parenthèse.** On écrit d'une manière commode l'égalité qui résulte de cette deuxième proposition en se servant de **parenthèse**.

Ainsi on écrit :

$$25 + 43 + 12 + 59 = (25 + 43) + (12 + 59).$$

La parenthèse indique que l'on considère ce qu'elle contient comme un **nombre unique**, *résultat des opérations qui sont indiquées à son intérieur.*

Ainsi $(25 + 43)$ doit être traité comme la somme des deux nombres 25 et 43, c'est-à-dire 68.

De même $(12 + 59)$ doit être traité comme la somme de 12 et 59, c'est-à-dire 71.

Application des propositions précédentes.

32. — **Preuve de l'addition.** Les propositions précédentes peuvent servir à faire de plusieurs manières la preuve de l'addition.

1° On recommence l'opération dans un autre ordre. En général, pour ne pas avoir à récrire les nombres, on opère en suivant l'ordre de bas en haut dans les additions partielles par colonnes, quand on a opéré la première fois de haut en bas, comme c'est l'habitude.

2° On peut encore effectuer des sommes partielles, puis les additionner.

Donnons un exemple de ce procédé.

Soit l'addition :

```
 25
 43
 ----------
 12     68
 59
 ----------
139     71
        ---
        139
```

Faisons la somme de 25 et 43. Tirons une barre après 43 et reportons la somme à écrire à droite; on obtient 68.

De même additionnons 12 et 59; on obtient 71, qu'on écrit au-dessous de 68. Additionnons 68 et 71, on retrouve 139.

Ce procédé peut servir à effectuer l'addition en la décomposant en plusieurs autres.

33. — *Remarque.* On n'emploie guère ce dernier procédé, à moins que l'on n'ait à effectuer des additions de beaucoup de nombres. C'est ce que l'on fait quand ils ne tiennent pas dans la même page. On fait l'addition de la première page, on reporte la somme en tête de la deuxième page[1], on additionne cette somme aux nombres de la deuxième page, on obtient une deuxième somme partielle, que l'on réécrit en tête de la troisième page, et ainsi de suite.

Exercices sur l'addition des nombres entiers.

1. Effectuer l'opération (12 + 27) + (15 + 19). Vérifier que le résultat est le même que si l'on avait additionné les quatre nombres ensemble.

2. Effectuer l'opération (24 + 12 + 13) + (6 + 9 + 64).

3. Dans une école, il y a 37 élèves dans la 1re classe; 25 dans la 2e; 39 dans la 3e; 21 dans la 4e; 27 dans la 5e. Combien cette école compte-t-elle d'élèves en tout?

4. La distance de Paris à Orléans par chemin de fer est de 121 kilomètres; celle d'Orléans à Tours est de 113 kilomètres; de Tours à Poitiers, 98 kilomètres; de Poitiers à Angoulême, 113 kilomètres; d'Angoulême à Bordeaux, 133 kilomètres. Quelle est la distance de Paris à Bordeaux en passant par ces différentes villes?

5. On a acheté une maison 32.550 francs. On y a

[1] On la désigne sous le nom de *report*.

dépensé 5.725 francs. A quel prix faut-il la revendre pour réaliser 2.500 francs de bénéfice?

6. Trois caisses pèsent : l'une, 36 kilos; la seconde pèse 18 kilos de plus que la première, et la troisième 7 kilos de plus que la seconde. Quel est le poids total des trois caisses?

7. Un caissier a reçu successivement 527 francs, 39 francs, 217 francs, 429 francs et 371 francs. Combien a-t-il reçu en tout?

8. Pour payer une dette, une personne a versé d'abord 525 francs, puis 1.236 francs, puis 477 francs. Elle doit encore 1.361 francs. Quel était le montant de sa dette?

9. On partage une somme entre quatre personnes. La première a eu 1 703 francs; la seconde a eu 27 francs de plus que la première; la troisième a eu autant que la première et la seconde ensemble, et la quatrième a eu 127 francs de plus que la troisième. Quelle était la somme totale et quelle est la part de chaque personne?

10. Une propriété compte 1.255 hectares de vignes, 1 431 hectares de prés, 1.078 hectares de bois. Combien compte-t-elle d'hectares en tout?

11. Le loyer d'un champ coûte par an 925 francs; l'ensemencement coûte 109 francs; la main-d'œuvre coûte 470 francs, les engrais 196 francs. On réalise un bénéfice de 390 francs en vendant la récolte. Quel est le prix de vente de cette récolte?

12. Une pépinière renferme 287 pêchers; le nombre de poiriers dépasse de 147 celui des pêchers, et il y a autant de pommiers qu'il y a de pêchers et de poiriers réunis. Trouver : 1° le nombre de poiriers; 2° le nombre de pommiers; 3° le nombre total d'arbres de cette pépinière.

CHAPITRE III

SOUSTRACTION

---

§ I. — DÉFINITION DE LA SOUSTRACTION

34. — **Inégalités.** On dit que deux nombres qui ne contiennent pas autant d'unités l'un que l'autre sont **inégaux**.

Celui qui contient le **plus** d'unités est le **plus grand**; celui qui contient le **moins** d'unités est le **plus petit.**

35. — **Signe de l'inégalité.** Le signe de l'inégalité est un **V** couché, l'ouverture étant dirigée vers le nombre le plus grand, la pointe vers le nombre le plus petit.

Ainsi on écrira : $72 > 37$,
qui s'énonce :

72 supérieur à 37,

ou **72 plus grand que 37.**

On peut encore écrire la même inégalité de la manière suivante : $37 < 72$,
qui s'énonce :

37 inférieur à 72,

ou **37 plus petit que 72.**

D'après la définition, le plus grand nombre contient toutes les unités du plus petit, et d'autres en plus. Ces dernières unités forment un troisième nombre. Le plus grand nombre est la somme du plus petit et du troisième nombre. Ce dernier s'appelle l'**excès** du plus grand nombre sur le plus petit ou la **différence** entre le plus grand et le plus petit.

36. — **Définition de la soustraction.** *La soustraction est l'opération par laquelle, étant donnés deux nombres dont le premier est plus grand que le second, on en détermine un troisième tel que la somme de ce troisième nombre et du second soit égale au premier.*

Cette opération s'appelle encore **soustraire** ou **retrancher** le second nombre du premier. Le résultat ou troisième nombre, que l'on se propose de calculer, s'appelle la **différence** entre le premier et le second nombre.

37. — **Signe de la soustraction.** On écrit le plus grand nombre le premier, puis le second, celui à soustraire, à la suite, en les séparant par le signe —, qui s'énonce **moins**.

Ainsi on écrira :

17.423 — 7.457,

qu'on énonce :

17.423 moins 7.457.

38. — *Remarque* I. On peut toujours additionner ensemble plusieurs nombres. Mais, pour pouvoir soustraire un nombre d'un autre, il faut que le **nombre à soustraire** soit **plus petit** que l'autre.

Remarque II. On ne change pas le résultat d'une

soustraction en ajoutant ou en retranchant aux deux nombres entiers à soustraire un même nombre entier. Il faut néanmoins que, dans le cas où l'on retranche un même nombre aux deux nombres à soustraire, ce nombre soit plus petit que chacun des deux nombres donnés.

§ II. — OPÉRATION PRATIQUE

39. — **Principe de l'opération.** *Pour retrancher d'un premier nombre un second, on retranche successivement les unités proprement dites de ce second nombre des unités proprement dites du premier, les dizaines du second des dizaines du premier, etc., jusqu'aux unités d'ordre le plus élevé du nombre à retrancher.*

Ainsi, soit à effectuer la soustraction :

17.845 — 3.413.

Le chiffre des unités proprement dites de la différence est : 5 — 3 = 2.

Le chiffre des dizaines proprement dites de la différence est : 4 — 1 = 3.

Le chiffre des centaines proprement dites de la différence est : 8 — 4 = 4.

Le chiffre des mille proprement dits de la différence est : 7 — 3 = 4.

Le chiffre des dizaines de mille proprement dites de la différence est : 1 = 1.

Donc le résultat est :

14.432.

On l'écrira :

17.845 — 3.413 = 14.432.

40. — Il peut se faire que l'une des opérations partielles précédentes soit **impossible.**

Le chiffre des dizaines, par exemple, du second nombre (à soustraire) est plus **fort** que le chiffre des dizaines du premier nombre.

Alors on emprunte une centaine aux centaines du premier nombre qu'on ajoute au nombre de ses dizaines, et l'on a un nombre de dizaines plus grand que neuf et dont on pourra, par suite, soustraire les dizaines du second nombre.

Mais il faut alors tenir compte de ce que l'on a emprunté une centaine aux centaines du premier nombre donné. Par conséquent, quand on cherchera le chiffre des centaines de la différence, il faudrait diminuer *le chiffre* des centaines du premier nombre d'*une unité.* Dans la pratique, on opère autrement : on augmente d'une unité le chiffre des centaines du nombre à soustraire, et l'on garde le chiffre des centaines du premier nombre.

Exemple. Soit à effectuer l'opération :

$$14.257 - 9.476.$$

Le chiffre des unités simples de la différence est : $7 - 6 = 1.$

Pour former le chiffre des dizaines, il faudrait retrancher 7 de 5, ce qui est impossible. On retranchera 7 de 15, ce qui donne 8. Le chiffre cherché des dizaines est donc 8.

Pour former le chiffre des centaines, on augmentera d'une unité le chiffre des centaines du nombre à soustraire qui est 4, ce qui donnera 5. On aurait à retrancher 5 de 2, ce qui est impossible. On retranche alors 5 de 12, ce qui donne 7. Il faut alors augmenter de 1 le nombre des mille du nombre à soustraire, ce qui donne 10; on retranche 10 de 14, ce qui donne 4, et on écrit le chiffre des mille.

Le résultat est donc :

4.781.

On résume l'opération ainsi :

14.257 — 9.476 = 4.781.

41. — *Remarque.* La soustraction de nombres aussi grands que l'on veut se ramène donc, d'après ce qui précède, à des soustractions très simples.

Il faut s'exercer à faire ces soustractions simples mentalement et très vite.

On peut, au début, se servir de la table d'addition donnée plus haut, qui peut aussi servir de table de soustraction. En pratique, avec un peu d'habitude, on devra toujours s'en passer.

Manière d'effectuer la soustraction et disposition pratique de l'opération.

42. — **Règle pratique.** *On écrit le plus petit nombre (à soustraire) au-dessous du plus grand, le chiffre des unités de l'un au-dessous du chiffre des unités de l'autre, les dizaines sous les dizaines, etc.*

On commence l'opération par la droite.

On retranche chaque chiffre du second nombre du chiffre écrit au-dessus dans le premier, et on écrit le chiffre ainsi obtenu, ou résultat, à la colonne correspondante. Si le chiffre écrit au-dessus est moins fort, on lui ajoute 10, et on en retranche le chiffre écrit au-dessous, en ayant soin d'ajouter une unité au chiffre suivant immédiatement vers la gauche du second nombre. Et l'on continue ainsi jusqu'au dernier chiffre à gauche du nombre écrit au-dessous.

On transcrit ensuite les chiffres du nombre écrit au-dessus et qui n'ont pas été employés.

Exemple. Soit à effectuer l'opération :

$$19.248 - 7.812.$$

On écrit :

$$\begin{array}{r} 19.248 \\ 7.812 \\ \hline 11.436 \end{array}$$

On dit 8 — 2 font 6 ; on écrit 6 à la 1re colonne.
4 — 1 font 3 ; — 3 2e —
Puis 12 — 8 font 4 ; — 4 3e —

Puis 7 et 1 de retenue font 8 ; 9 — 8 font 1 ; on écrit 1 à la 3e colonne.

Enfin on écrit 1 à la 4e colonne.

Donc $19.248 - 7.812 = 11.436.$

43. — **Preuve de la soustraction.** Pour faire la preuve de la soustraction, on forme la somme du *plus petit nombre donné* et de la *différence;* cette somme doit être égale au plus grand nombre donné.

Exemple. On a trouvé tout à l'heure :

$$19.248 - 7.812 = 11.436.$$

Pour faire la preuve, additionnons 7.812 et 11.436 :

$$\begin{array}{r} 7.812 \\ 11.436 \\ \hline 19.248 \end{array}$$

La somme est égale au plus grand nombre : 19.248.

§ III. — PROBLÈMES SUR L'ADDITION ET LA SOUSTRACTION

1° Soustractions successives.

44. — Supposons que d'un nombre entier on veuille soustraire un autre nombre entier, puis de la différence obtenue soustraire un troisième nombre.

Par exemple, de 27.408 on veut soustraire 8.223, puis de la différence on veut soustraire 5.940.

On indique les opérations à effectuer de la manière suivante :

27.408 — 8.223 — 5.940,

qu'on lit :

27.408 moins 8.223 moins 5.940.

On peut effectuer les deux soustractions successives. Soit :

$$\begin{array}{r} 27.408 \\ 8.223 \\ \hline 19.185 \end{array} \left.\vphantom{\begin{array}{r} 1 \\ 1 \\ 1 \end{array}}\right\} \text{1}^{\text{re}} \text{ soustraction.}$$

Puis :

$$\begin{array}{r} 19.185 \\ 5.940 \\ \hline 13.245 \end{array} \left.\vphantom{\begin{array}{r} 1 \\ 1 \\ 1 \end{array}}\right\} \text{2}^{\text{e}} \text{ soustraction.}$$

Le résultat cherché est 13.245.

45. — *On peut procéder autrement.*

Faisons la somme des deux nombres à soustraire :

$$\begin{array}{r} 8.223 \\ 5.940 \\ \hline 14.163 \end{array}$$

Puis retranchons cette somme du premier nombre :

$$\begin{array}{r} 27.408 \\ 14.163 \\ \hline 13.245 \end{array}$$

On obtient le même résultat 13.245.

On a donc la règle suivante :

Règle. *Pour retrancher successivement plusieurs nombres entiers d'un autre nombre entier, il suffit de retrancher de ce dernier la somme des nombres à soustraire.*

46. *Justification.* Supposons que le premier nombre représente le nombre de billes contenues dans un premier sac.

On en retranche d'abord 8.223, qu'on place dans un deuxième sac; puis de ce qui reste on retranche 5.940, que l'on verse dans ce deuxième sac. Ce deuxième sac contient donc :

8.223 + 5.940 billes.

Mais la somme des billes contenues dans ce deuxième sac et ce qui reste dans le premier est égal au nombre total des billes.

Donc le nombre resté dans le premier sac après les deux opérations, et qui est le résultat cherché, est le même que si l'on avait retiré de ce premier sac de 27.408 billes la somme :

(8.223 + 5.940) billes.

---

47. — **Inversement.** *Pour retrancher une somme d'un nombre, on peut retrancher de ce dernier successivement les diverses parties de la somme.*

2° Additions et soustractions successives.

48. — *Si l'on a plusieurs nombres tantôt à ajouter, tantôt à retrancher, on peut additionner ensemble tous ceux à ajouter, ce qui forme une première somme, puis additionner ensemble tous ceux*

à retrancher, ce qui donne une deuxième somme; enfin retrancher cette seconde somme de la première.

Ainsi soit les opérations suivantes à effectuer :

$$4.232 - 257 + 243 + 29 - 51,$$

ce qui signifie que l'on forme la différence

$$4.232 - 257,$$

qu'à cette différence on ajoute 243, à cette dernière somme on ajoute 29, puis que l'on retranche de ce dernier résultat 257.

49. — On peut opérer comme l'indique l'écriture suivante :

$$4.232 + 243 + 29 - (257 + 51),$$

en se rappelant ce que signifie la parenthèse.

Cela veut dire que l'on forme la somme

$$4.232 + 243 + 29,$$

puis la somme $257 + 51,$

enfin, de la première on retranche la seconde.

3° Retrancher une différence d'un nombre.

50. — Soit à effectuer l'opération suivante :

$$15.923 - (3.257 - 1.532),$$

ce qui signifie que l'on doit former la différence

$$3.257 - 1.532,$$

puis retrancher cette différence de 15.923.

On peut opérer autrement, en remarquant, comme on l'a vu plus haut, que :

L'on peut ajouter un même nombre à deux

nombres à soustraire l'un de l'autre sans changer leur différence.

Ajoutons à 15.923 le nombre 1.532.

Ajoutons à la différence (3.257 — 1.532) le nombre 1.532, on ne change pas le résultat de la soustraction.

C'est-à-dire on peut écrire :

$$15.923 - (3.257 - 1.532) = 15.923 + 1.532 - (3.257 - 1.532 + 1.532)$$

Mais dans la dernière parenthèse on a à retrancher et à ajouter successivement le même nombre 1.532. Ces deux opérations se détruisent, et le résultat est :

$$15.923 + 1.532 - 3.257.$$

On a ainsi remplacé deux soustractions successives par une addition suivie d'une soustraction.

D'où la règle :

51. — **Règle.** *Pour retrancher d'un nombre donné une différence de deux autres nombres, on peut ajouter au nombre donné le second nombre de la différence, et de cette somme on retranche le premier nombre de la différence.*

Exercices sur la soustraction des nombres entiers.

13. Effectuer l'opération 24 — 13 — (21 — 16).

14. Effectuer l'opération 134 — 21 — (212 — 64 — 121).

15. Vérifier que dans les deux exercices précédents on arrive au même résultat en faisant les opérations suivantes :

24 + 16 — (13 + 21) dans le premier exercice.

134 + 64 + 121 — (21 + 212) dans le deuxième exercice.

16. Un jeune homme a 18 ans en 1911. En quelle année est-il né?

17. En 1886, la population de Paris était de 2.260.945 habitants; en 1891, elle était de 2.424.705 habitants. Quel a été l'accroissement de population pendant cette période?

18. La population de la France était, en 1886, de 37.885.905 habitants; en 1881, elle n'était que de 37.672.048. Quelle a été l'augmentation de la population pendant cette période?

19. Un joueur entre au jeu avec 345 francs et joue quatre parties. Après la première, il gagne 147 francs; après la deuxième, il perd 78 francs; après la troisième, il perd 112 francs; après la quatrième, il gagne 98 francs. Combien a-t-il en se retirant ?

20. Un réservoir contient 535 litres d'eau. On y verse 437 litres, puis on en retire une première fois 112 litres et une seconde fois 97 litres; puis on y ajoute 155 litres. Combien contient-il de litres d'eau?

21. Un troupeau s'est accru successivement de 57 têtes de bétail, puis de 68 têtes. Il a diminué de 93 têtes, puis s'est accru de 118 têtes. Il compte 227 têtes. Combien en comptait-il primitivement?

22. Un caissier a reçu successivement 127 francs, 54 francs, 1213 francs, 749 francs, et il a versé 742 francs, 53 francs, 75 francs, 29 francs. Combien lui reste-t-il?

23. Un tonneau a une contenance de 650 litres; on y verse une barrique de 218 litres, une feuillette de 130 litres et un seau de 17 litres. Combien faut-il verser de liquide pour le remplir?

24. La différence entre deux nombres est 254; le plus grand est 817. Quel est le plus petit?

25. Louis XIV est né en 1638; il est monté sur le trône à l'âge de 5 ans, et il est mort en 1715. A quel âge est-il mort et combien de temps a-t-il régné?

26. Une maison a coûté 35.250 francs; on y a dépensé

8.237 francs. Quel bénéfice a-t-on en la revendant 47.325 francs ?

27. Un père avait 26 ans quand son fils est né. Quel sera l'âge du père quand le fils aura 19 ans? Quel sera l'âge du fils quand le père aura 53 ans?

28. Un héritage de 12.500 francs doit être partagé entre 3 personnes; la 1re doit prendre 4.575 francs, la 2e 600 francs de plus que la 1re, et la 3e doit avoir le reste. Quelle sera la part de chacune?

CHAPITRE IV

MULTIPLICATION

---

§ I. — DÉFINITION DE LA MULTIPLICATION

52. — **Définition.** *La multiplication d'un nombre entier, appelé* **multiplicande**, *par un autre nombre entier appelé* **multiplicateur**, *est l'addition d'autant de nombres tous égaux au multiplicande, qu'il y a d'unités dans le multiplicateur.*

Le résultat de cette opération s'appelle **produit.** Le multiplicateur et le multiplicande se nomment les **facteurs** du produit.

53. — **Signe de la multiplication.** Le signe de la multiplication est le signe × qui s'énonce **multiplié par** et qui s'écrit ou s'énonce entre le multiplicande, écrit ou énoncé le premier, et le multiplicateur.

Ainsi, si 327 est le multiplicande et 419 le multiplicateur, on écrira l'opération à effectuer :

$$327 \times 419,$$

qu'on énonce :

327 multiplié par 419.

54. — De la définition il résulte que la multiplication n'est qu'une addition particulière dans

laquelle les nombres à additionner sont tous égaux. On pourrait donc trouver le produit au moyen d'une addition; mais ce procédé serait très long dès que le multiplicateur est grand. On procède donc autrement.

Par convention, le produit d'un nombre par zéro est égal à zéro.

§ II. — OPÉRATION PRATIQUE

55. — **1er Cas.** *Le multiplicande et le multiplicateur n'ont chacun qu'un chiffre.* Le résultat est donné par la table de Pythagore ou table de multiplication[1] :

Table de Pythagore.

1	2	3	4	5	6	7	8	9
2	4	6	8	10	12	14	16	18
3	6	9	12	15	18	21	24	27
4	8	12	16	20	24	28	32	36
5	10	15	20	25	30	35	40	45
6	12	18	24	30	36	42	48	54
7	14	21	28	35	42	49	56	63
8	16	24	32	40	48	56	64	72
9	18	27	36	45	54	63	72	81

Formation de la table. On écrit sur une première ligne les 9 premiers nombres. On forme la deuxième ligne en ajoutant chacun d'eux à lui-même. On

[1] Voir table, page 303.

forme la troisième ligne en ajoutant les nombres de la première à ceux de la deuxième. D'une manière générale, on passe d'une ligne à la suivante en lui ajoutant respectivement les nombres de la première ligne.

Usage de la table. Soit à former 7×8.

On lit dans la première ligne le nombre 7, et l'on suit la colonne correspondante qui est la 7e ; on lit dans la première colonne le nombre 8, et l'on suit la ligne correspondante qui est la 8e ; le nombre écrit à la fois dans la 7e colonne et la 8e ligne est le produit cherché : ici 56.

Remarque. Si l'on avait cherché le nombre écrit à la fois dans la 7e ligne et la 8e colonne, on aurait trouvé également 56, ce qui montre que :

$$7 \times 8 = 8 \times 7.$$

Nous démontrerons ce fait qui est général.

56. — **2e Cas.** *Le multiplicande est formé d'un seul chiffre significatif suivi de un ou plusieurs zéros, le multiplicateur n'a qu'un seul chiffre.*

Soit à effectuer le produit :

$$7.000 \times 6.$$

Il faudrait écrire 6 fois le nombre 7.000, puis faire la somme. Les 3 premiers chiffres à droite seraient des zéros ; puis on écrirait immédiatement à la gauche la somme de 6 nombres égaux à 7 ; c'est-à-dire : $6 \times 7 = 42.$

Le résultat est donc : 42.000, d'où la règle :

Règle. *Pour multiplier un nombre formé d'un seul chiffre significatif suivi de zéros par un nombre* *d'un seul chiffre, on multiplie ces deux chiffres entre eux et on fait suivre le produit ainsi obtenu d'autant de zéros qu'il y en avait dans le multiplicande.*

57. — **3e Cas.** *Le multiplicande a plusieurs chiffres, le multiplicateur n'en a qu'un.*

Soit à effectuer le produit :

$$3.257 \times 6.$$

On raisonne de la manière suivante :

Remarquons que :

$$3.257 = 3.000 + 200 + 50 + 7.$$

Pour faire la somme de 6 nombres égaux à 3.257, on peut :

additionner 6 nombres égaux à 3.000, c'est-à-dire former 3.000×6;

additionner 6 nombres égaux à 200, c'est-à-dire former 200×6;

additionner 6 nombres égaux à 50, c'est-à-dire former 50×6;

additionner 6 nombres égaux à 7, c'est-à-dire former 7×6;

puis additionner ensemble les résultats partiels ainsi obtenus :

$$\begin{array}{r} 3.000 \times 6 = 18.000 \\ 200 \times 6 = 1.200 \\ 50 \times 6 = 300 \\ 7 \times 6 = 42 \\ \hline 19.542 \end{array}$$

On opère *pratiquement* comme l'indique la règle suivante.

58. — **Règle pratique.** Pour multiplier un nombre de plusieurs chiffres par un nombre d'un seul chiffre :

On multiplie le premier chiffre à droite du multiplicande par le multiplicateur, Si le produit partiel ainsi obtenu n'a qu'un seul chiffre, ce chiffre est celui des unités simples du produit cherché. Si ce produit partiel est au moins égal à 10, on écrit son chiffre des unités et l'on retient celui des dizaines. On multiplie ensuite le second chiffre à droite du multiplicande par le multiplicateur, on ajoute à ce second produit partiel le chiffre retenu plus haut; si le total obtenu ainsi n'a qu'un chiffre, ce chiffre est celui des dizaines du produit cherché; s'il a deux chiffres, on écrit à la place des dizaines du produit cherché le chiffre des unités simples de ce produit partiel, et on retient l'autre chiffre. On passe ensuite au troisième chiffre à droite du multiplicande, et on opère comme on l'a fait pour le second chiffre, et ainsi de suite.

Exemple : Effectuons l'opération 3.257 × 6 :

Disposition pratique :

$$\begin{array}{r} 3.257 \\ 6 \\ \hline 19.542 \end{array}$$

On écrit les deux nombres l'un au-dessous de l'autre comme ci-dessus, et l'on dit :

6 fois 7 = 42 ; je pose 2 et je retiens 4 ;
6 fois 5 = 30 plus 4 de retenue, font 34 ; je pose 4 et je retiens 3 ;
6 fois 2 = 12 plus 3 de retenue, font 15 ; je pose 5 et retiens 1 ;
6 fois 3 = 18 plus 1 de retenue, font 19 ; j'écris 19.

59. — **4e Cas.** *Le multiplicande et le multiplicateur ont plusieurs chiffres.*

Remarque préliminaire. Quand on **ajoute un zéro** *à la droite d'un nombre, on le* **multiplie par 10** *ou on le rend* **10 fois plus grand.**

En effet, soit : 37,

je dis que : $370 = 37 \times 10$.

Il y avait 37 unités dans 37; pour former le nouveau nombre 370, on a remplacé ces unités par des dizaines, c'est-à-dire des unités de l'ordre immédiatement supérieur; ces dernières sont dix fois plus grandes que les premières. Donc le nombre a été multiplié par 10.

De même, quand on ajoute **deux, trois, ... zéros** *à la droite d'un nombre, on le multiplie par* **100, 1000 ...,** ou on le rend **100, 1.000 ..., fois plus grand.**

Inversement. Quand un nombre est terminé par un ou plusieurs zéros, si l'on **supprime 1,** 2 ... zéros à sa droite, on le rend **10, 100 ... fois plus petit.**

60. — Ceci posé, soit à effectuer le produit

$$387 \times 295.$$

Il faut additionner 295 nombres égaux à 387.

On peut en additionner :

d'abord	200,	c'est-à-dire	former	387×200;
puis	90,	—	—	387×90;
puis	5,	—	—	387×5;

puis additionner ensemble ces trois résultats partiels.

On est donc ramené à effectuer chacun des produits précédents.

Formons d'abord 387×200.

Pour former ce produit, on aurait à additionner ensemble 200 nombres égaux à 387. On peut en additionner d'abord 100, puis de nouveau 100, et additionner ensuite les deux sommes partielles.

Donc :

$$387 \times 200 = 387 \times 100 + 387 \times 100 = (387 \times 100) \times 2 = 38.700 \times 2.$$

De même :

$$387 \times 90 = 3.870 \times 9.$$

Enfin il reste le produit $387 \times 5.$

Donc on a chaque fois à faire *le produit* d'un nombre de plusieurs chiffres par un nombre d'un seul chiffre.

Effectuons ce produit :

$$\begin{array}{rr} 38.700 \times 2 = & 77.400 \\ 3.870 \times 9 = & 34.830 \\ 385 \times 5 = & 1.935 \\ \hline \end{array}$$

Additionnons : 114.165

Pratiquement, on opère d'après la règle suivante.

61. — **Règle pratique.** *Pour multiplier un nombre de plusieurs chiffres par un nombre de plusieurs chiffres, on écrit le multiplicande et le multiplicateur au-dessous l'un de l'autre.*

On multiplie le multiplicande par le premier chiffre du multiplicateur (comme il a été dit au nº 58), et on écrit le premier produit partiel. On multiplie ensuite le multiplicande par le deuxième chiffre du multiplicateur, en écrivant le chiffre des unités de ce second produit partiel sous le chiffre des dizaines du premier produit partiel. On forme ensuite, de même, un troisième produit partiel, dont on écrit le chiffre des unités sous le chiffre des dizaines du deuxième, et ainsi de suite.

Puis on fait la somme de ces produits partiels.

Exemple.

```
    387
    295
  -----
   1935
  3483
  774
  -----
114.165
```

§ III. — PROPRIÉTÉS DE LA MULTIPLICATION DE DEUX FACTEURS

62. — 1° *On peut* intervertir *l'ordre des facteurs dans la multiplication d'un nombre entier par un entier sans changer le produit.*

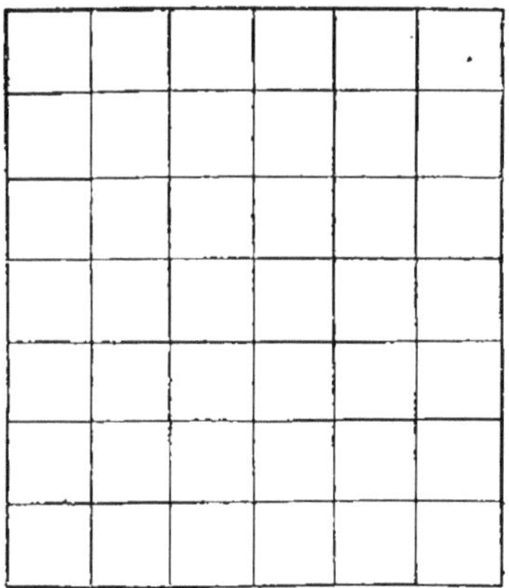

Ainsi $6 \times 7 = 42.$

De même $7 \times 6 = 42.$

Justification. Supposons que l'on considère des carrés égaux et qu'on les dispose de la manière suivante :

six sur une ligne.

Puis que l'on superpose 7 lignes ainsi formées. On a ainsi la figure ci-contre.

Comptons tous les carrés.

Si l'on compte par lignes, on a 7 lignes de 6 carrés chacune.

Donc 6×7 carrés.

Si l'on compte par rangées verticales, on a 6 rangées verticales de 7 carrés chacune. Donc

7×6 carrés.

Le nombre étant le même :

$$6 \times 7 = 7 \times 6.$$

Conséquence. Preuve de la multiplication. On recommence l'opération en échangeant entre eux le multiplicande et le multiplicateur; le produit ne doit pas changer.

63. — 2° **Produit d'une somme par un nombre ou d'un nombre par une somme.**

Soit à effectuer le produit :

$$(4 + 7 + 11) \times 5,$$

ce qui signifie que l'on effectue la somme

$$4 + 7 + 11 = 22,$$

et qu'on la multiplie par 5.

On peut opérer autrement.

Propriété. *Pour multiplier une somme de nombres par un autre nombre, on peut multiplier successivement par ce nombre toutes les parties de la somme et faire la somme des produits partiels ainsi obtenus.*

Vérification :

$$(4 + 7 + 11) \times 5 = 22 \times 5 = 110,$$

$$4 \times 5 = 20$$

$$7 \times 5 = 35$$

$$11 \times 5 = 55$$

Additionnons: 110

Justification. Soit à effectuer le produit :

$$(4+7+11)\times 5.$$

Il est égal à : $5\times(4+7+11)$.

Il faut donc répéter $(4+7+11)$ fois le nombre 5, ou encore faire l'addition suivante :

$$\overbrace{5+5+5+5}^{4\text{ fois.}}+\overbrace{5+\ldots\ldots+5}^{7\text{ fois.}}+\overbrace{5+\ldots\ldots+5}^{11\text{ fois.}}$$

Mais on peut procéder par additions partielles, en 3 parties, d'abord additionner les 4 premiers, ce qui revient à former le produit : 5×4 ou 4×5;

puis additionner les 7 suivants, ce qui revient à former le produit : 5×7 ou 7×5;

puis additionner les 11 suivants, ce qui revient à former le produit : 5×11 ou 11×5;

et enfin à additionner ensemble les nombres ainsi trouvés, ce qui donne : $5\times 4+5\times 7+5\times 11$,

ou $4\times 5+7\times 5+11\times 5$.

La somme est égale au produit :

$$5\times(4+7+11),$$

ou au produit : $(4+7+11)\times 5$.

64. — 3° Produit d'une différence par un nombre, d'un nombre par une différence.

Soit à effectuer le produit :

$$(11-4)\times 5,$$

ce qui veut dire que l'on effectue la différence :

$$11-4=7,$$

et que l'on multiplie cette différence par 5.

On peut opérer autrement.

Propriété. *Pour multiplier une différence de 2 nombres par un 3e nombre, on multiplie par ce 3e nombre le premier nombre de la différence, puis on multiplie par ce 3e nombre le second nombre de* *la différence, et l'on forme la différence entre le premier produit et le second.*

Ainsi : $(11-4)5=11\times5-4\times5.$

Justification. Soit à effectuer :

$$(11-4)\times5,$$

ou, ce qui revient au même :

$$5\times(11-4).$$

Il faut répéter $(11-4)$ fois le nombre 5. Pour cela, on peut le répéter 11 fois et retrancher du produit ainsi obtenu ce même nombre répété 4 fois ; cela revient au même que si l'on ne l'avait répété que $11-4$ fois. Donc

$$11-4)\times5=5\times(11-4)=5\times11-5\times4=11\times5-4\times5.$$

Dans chacun des deux cas précédents, les deux manières d'opérer sont *équivalentes*, c'est-à-dire conduisent au même résultat.

§ IV. — PRODUIT DE PLUSIEURS FACTEURS

65. — **Définition.** Soient plusieurs nombres entiers donnés **dans un ordre déterminé.** On appelle **produit** *de ces nombres* le nombre obtenu de la manière suivante :

On fait le produit du premier nombre donné par le second, ce qui donne un premier produit partiel; on multiplie ce premier produit partiel par le troisième nombre donné, ce qui donne un second produit partiel, qu'on multiplie par le nombre suivant donné, etc., jusqu'à ce que l'on soit arrivé au dernier nombre donné. Le dernier produit obtenu est le nombre cherché ou produit des nombres donnés.

Les nombres donnés s'appellent les facteurs de ce produit.

Exemple. Ainsi, soient les nombres : 5, 4, 7, 11; leur produit s'obtiendra en effectuant le produit

$5 \times 4 = 20$, premier produit partiel,
puis $20 \times 7 = 140$, deuxième produit partiel,
puis $140 \times 11 = 1.540$, produit cherché.

On représente les opérations à effectuer par l'écriture $5 \times 4 \times 7 \times 11$,
qui s'énonce :
5 multiplié par 4, multiplié par 7, multiplié par 11.

Les nombres 5, 4, 7, 11 sont les *facteurs*, et le résultat se nomme *produit* de ces facteurs.

66. — **1re Propriété.** *On peut* **intervertir l'ordre des facteurs** *dans la multiplication de plusieurs nombres entiers sans changer le produit.*

Démontrons-le pour 3 facteurs.

Soit, par exemple, le produit;

$$5 \times 4 \times 7,$$

ce qui signifie que l'on forme le produit 5×4, et qu'on le multiplie ensuite par 7.

Imaginons des petits cubes, tous égaux. Formons une ligne de 5 de ces cubes. Puis juxtaposons-lui, comme plus haut, 3 autres lignes pareilles.

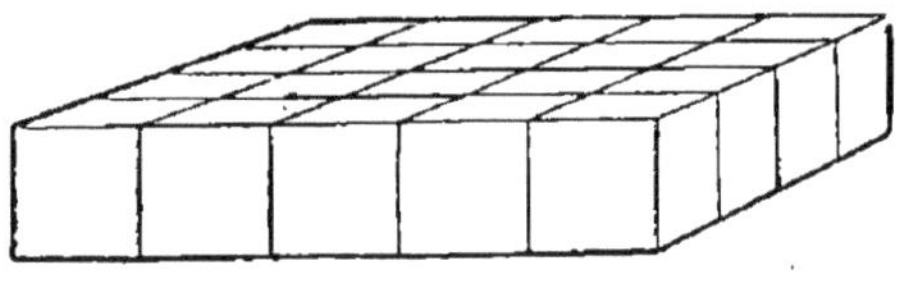

Fig. 1.

Nous avons ainsi l'assemblage ci-dessus : il comprend 5 cubes sur un côté et 4 sur l'autre (fig. 1).

Cela fait, imaginons qu'on superpose 7 tranches pareilles les unes exactement au-dessus des autres (fig. 2).

Combien y a-t-il de petits cubes dans ce volume?

Dans 1 tranche horizontale il y en a :

$$5 \times 4 \quad \text{ou} \quad 4 \times 5,$$

et comme il y a 7 tranches horizontales, on en aura :

$$\mathbf{5 \times 4 \times 7} \quad \text{ou} \quad \mathbf{4 \times 5 \times 7}.$$

On peut compter de deux autres manières.

Dans la face en avant, il y a :

$$5 \times 7 \text{ cubes} \quad \text{ou} \quad 7 \times 5,$$

et il y a 4 tranches pareilles en allant de l'avant à l'arrière, ce qui donne :

$$5 \times 7 \times 4 \quad \text{ou} \quad 7 \times 5 \times 4.$$

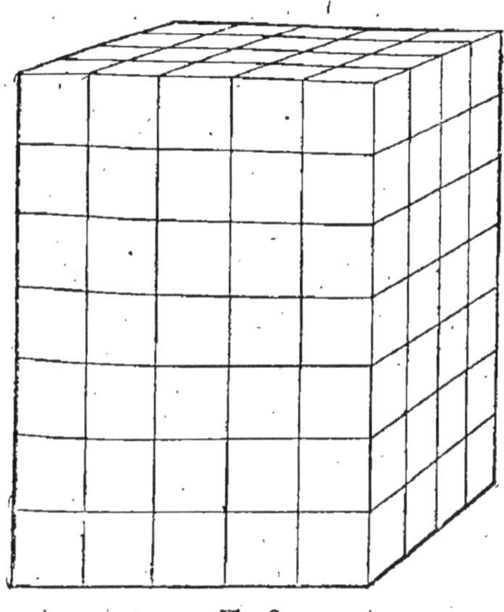

Fig. 2.

De même, si l'on comptait par tranches en allant de gauche à droite, on trouve :

$$4 \times 7 \times 5 \quad \text{ou} \quad 7 \times 4 \times 5.$$

Donc tous ces six produits, qu'on obtient en écrivant les facteurs de toutes les manières possibles dans un ordre différent chaque fois, sont égaux.

67. — *Remarque. La propriété est vraie pour un nombre quelconque de facteurs.* Nous admettrons cette propriété générale.

68. — **2e Propriété.** *Dans un produit de plusieurs facteurs, on peut* **remplacer** *plusieurs d'entre eux par leur* **produit effectué.**

Exemple. Soit à effectuer le produit

$$4 \times 5 \times 7 \times 11 = 1.540.$$

On peut opérer ainsi :

$$4 \times 5 = 20,$$

$$7 \times 11 = 77,$$

et effectuer le produit :

$$20 \times 77 = 1.540.$$

On l'exprime par une parenthèse, comme pour l'addition :

$$4 \times 5 \times 7 \times 11 = (4 \times 5) \times (7 \times 11).$$

De même, on aurait pu écrire ce produit sous la forme suivante :

$$(4 \times 7) \times (5 \times 11) = 28 \times 55 = 1.540.$$

ou encore :

$$4 \times (5 \times 7 \times 11) = 4 \times 385 = 1.540.$$

§ VI. — PUISSANCES

69. — **Définition.** On appelle **puissance** d'un nombre le produit de plusieurs facteurs égaux à ce nombre.

Exemple. Les puissances de 3 sont :

$3 \times 3 = 9$, $3 \times 3 \times 3 = 27$, $3 \times 3 \times 3 \times 3 = 81$, etc.

Le nombre de facteurs est l'**indice** ou **exposant** de la puissance.

L'exposant est :

2 pour $3 \times 3 = 9$,

3 pour $3 \times 3 \times 3 = 27$,

4 pour $3 \times 3 \times 3 \times 3 = 81$, etc.

70. — **Notation.** Pour indiquer une puissance, on écrit à la *droite et en haut* du nombre l'*exposant :*

Par exemple, le nombre

$$3 \times 3 \times 3 = 27$$

s'écrit 3^3, et s'énonce :

trois à la puissance trois.

De même

$$3 \times 3 \times 3 \times 3 = 81 = 3^4,$$

s'énonce : 3 à la puissance 4.

Remarque. Quand l'exposant est 2, on énonce aussi le nombre et on le fait suivre des mots : **au carré.**

Ainsi 11^2 s'énonce 11 **au carré** ou 11 à la **puissance 2.**

On dit aussi de même, pour énoncer le nombre 11^3, 11 **au cube** ou 11 à la **puissance 3.**

71. — **Règle des exposants.** *Pour faire le* **produit** *de deux puissances d'un même nombre, on* **ajoute les exposants.**

Exemple. $4^3 \times 4^7 = 4^{10}$.

Justification.

$$4^3 = \overbrace{4 \times 4 \times 4}^{3 \text{ fois}}.$$

$$4^7 = \overbrace{4 \times 4 \times 4 \times 4 \times 4 \times 4 \times 4}^{7 \text{ fois}}.$$

Donc $4^3 \times 4^7 = \overbrace{4 \times 4 \times 4}^{3 \text{ fois.}} \times \overbrace{4 \times \ldots\ldots \times 4}^{7 \text{ fois.}}$.

Donc ce nombre est le produit de $3 + 7 = 10$ facteurs égaux à 4; il est donc égal à 4^{10}.

72. — *La règle précédente s'applique à un nombre*

quelconque de facteurs formés de puissances d'un même nombre.

Exemple. Soit à effectuer le produit :

$$4^3 \times 4^5 \times 4^{11},$$

on ajoute les exposants :

$$4^3 \times 4^5 \times 4^{11} = 4^{3+5+11} = 4^{19}.$$

73. — **Application.** Soit à effectuer l'opération :

$$(2^2 \times 3^4 \times 5)^3,$$

ce qui signifie que l'on doit effectuer le produit :

$$2^2 \times 3^4 \times 5,$$

et l'élever *au cube* ou le multiplier trois fois par lui-même.

Pour cela, il suffit de multiplier chaque exposant par 3, en convenant qu'un facteur qui n'a pas d'exposant écrit doit être considéré comme ayant l'exposant 1.

Donc $(2^2 \times 3^4 \times 5)^3 = 2^6 \times 3^{12} \times 5^3.$

Exercices sur la multiplication des nombres entiers.

29. Effectuer le produit $15 \times 12 \times 17$.

Vérifier que ce produit est le même que le suivant :

$$17 \times 15 \times 12.$$

30. Effectuer le produit $25 \times (253 - 149)$. Vérifier que le résultat est le même que celui des opérations suivantes :

$$25 \times 253 - 25 \times 149$$

31. Effectuer l'opération :

$$5 \times (4 + 21) + 7 \times (5 + 24 + 63).$$

Vérifier que le résultat est le même que celui des opérations suivantes :

$$5\times4+5\times21+7\times5+7\times24+7\times63$$

32. Effectuer l'opération :

$$(253-12)\times8-5\times(144+8)$$

Vérifier que le résultat est le même que celui des opérations suivantes :

$$253\times8-12\times8-5\times144-5\times8$$

33. Écrire avec des exposants le produit de :

$$2^2\times3^5\times5^3 \quad \text{par} \quad 2\times3^2\times5^4$$

34. Effectuer l'opération :

$$2\times3\times(5+12)+4\times(5\times41-3\times19).$$

35. Effectuer l'opération :

$$3\times(7^2-3^3)-2\times(8^2-2^3\times7)$$

36. Effectuer l'opération :

$$121\times12^2-7^2\times(5^3-4^2)$$

37. Un train parcourt 65 kilomètres à l'heure. Quelle distance a-t-il parcourue en 18 heures?

38. Combien y a-t-il d'heures dans 48 jours? Combien de minutes? Combien de secondes? (Il y a 24 heures dans un jour, 60 minutes dans une heure, 60 secondes dans une minute.)

39. Une pièce de drap contenait 65 mètres à 13 francs le mètre. Quelle sera sa valeur quand on en aura retiré 19 mètres?

40. Combien gagne-t-on en revendant, à 21 francs l'hectolitre, 369 hectolitres de froment qui ont coûté 7015 francs?

41. Un fabricant a vendu 7 pièces d'étoffe ayant chacune 49 mètres à 8 francs le mètre. Quelle somme doit-il recevoir?

42. Combien y a-t-il de pavés dans une cour de

375 mètres carrés, si l'on compte 36 pavés par mètre carré?

43. Combien y a-t-il de plumes dans 15 boîtes, chaque boîte contenant 12 douzaines de plumes?

44. Une personne achète 6 douzaines de chemises à 6 francs la chemise. Elle paye avec un billet de 500 francs. Quelle somme doit-on lui rendre?

45. Un entrepreneur a employé pendant 6 jours 7 ouvriers, payés chacun 4 francs par jour, et pendant 11 jours 8 employés, payés 6 francs par jour. Quelle somme doit-il en tout?

46. Un marchand achète 634 hectolitres de vin à 37 francs l'hectolitre, puis 825 hectolitres à 30 francs. Après les avoir mélangés, il revend le mélange 36 francs l'hectolitre. Combien gagne-t-il?

47. Une pièce de 1 franc pèse 5 grammes. Combien de grammes pèsent 54 pièces de 5 francs?

48. Un robinet donne 89 litres d'eau par minute. Combien donne-t-il de litres en 5 heures 34 minutes?

49. Un automobile marche à une vitesse de 45 kilomètres à l'heure. Il marche 6 heures le 1er jour, 7 heures le 2e, 9 heures le 3e et 5 heures le 4e. Quelle est la distance parcourue?

CHAPITRE V

DIVISION

§ I. — DÉFINITION

74. — Définition. *La division est une opération qui a pour but de trouver* **le plus grand nombre de fois** *qu'un nombre entier appelé* **dividende** *contient un autre nombre entier appelé* **diviseur.**

Le résultat s'appelle **quotient.**

Le **quotient** indique donc **combien de fois** le dividende contient le diviseur.

75. — Pour trouver le quotient, on aura donc à retrancher successivement le diviseur du dividende autant de fois qu'on le pourra.

Ce nombre de fois est le quotient.

Ainsi, pour diviser **45** par **6**, on a successivement :

$$\left.\begin{array}{r} 45-6=39 \\ 39-6=33 \\ 33-6=27 \\ 27-6=21 \\ 21-6=15 \\ 15-6=9 \\ 9-6=3 \end{array}\right\} \text{7 opérations.}$$

On peut donc retrancher **7** fois le diviseur **6** du dividende 45.

Le quotient est 7.

76. — En général, le dividende n'est pas égal à un nombre entier de fois le diviseur.

Il est égal à un nombre entier de fois le diviseur, augmenté d'un nombre entier *inférieur au diviseur.*

C'est ce nombre entier que l'on nomme le **reste.** Donc :

77. — **Définition du reste.** *Le* **reste** *d'une division est la différence entre le dividende et le produit du diviseur par le quotient.*

On peut énoncer encore cette proposition sous cette forme :

Le dividende est égal à la somme du produit du diviseur par le quotient, et du reste.

78. — **Égalité fondamentale.** Dans le cas précédent, on pouvait écrire :

$$45 = 6 \times 7 + 3.$$

45 est le **dividende,**

6 — **diviseur,**

7 — **quotient,**

3 — **reste.**

L'égalité précédente, avec la convention que le reste est inférieur au diviseur, est l'égalité *fondamentale* de la division.

Remarque importante. Par définition, le reste est **inférieur** *au diviseur.*

79. — **Cas particulier.** **Reste nul. Division exacte.**

Si le reste est nul, on dit que la division **se fait exactement.**

Dans ce cas :

Le dividende est égal au produit du diviseur par le quotient.

On dit alors que *le dividende est* **divisible** *par le diviseur.*

Il est également **divisible** par le quotient.

Ou encore : *le dividende est un* **multiple** *du diviseur et du quotient.*

Exemple. $42 = 6 \times 7.$

42 est le dividende, 6 le diviseur, 7 le quotient.

Comme dans un produit on peut intervertir l'ordre des facteurs, de là il résulte que :

$$42 = 7 \times 6.$$

On peut considérer :

42 comme le dividende (comme plus haut),
7 — diviseur,
6 — quotient.

Dans une **division exacte**, on peut **intervertir** entre eux le *diviseur* et le *quotient.*

§ II. — OPÉRATIONS PRATIQUES

80. — On pourrait, comme on l'a montré plus haut, trouver le quotient et le reste par des soustractions successives.

Ce procédé serait souvent très long. On procède autrement, par la méthode qui suit.

Remarquons d'abord que le dividende sera plus

grand que le diviseur, sans quoi il ne pourrait pas contenir ce dernier.

On va d'abord déterminer le nombre de chiffres du quotient, puis indiquer la manière d'effectuer les opérations proprement dites.

Ce nombre est donné par la règle suivante :

1° Trouver le nombre de chiffres du quotient.

81. — **Règle pratique.** *Le nombre de chiffres du quotient est égal au plus petit nombre de zéros qu'il faut ajouter à la droite du diviseur pour le rendre supérieur au dividende.*

Exemple. Soit à trouver le nombre de chiffres du quotient de 2.435 par 48.

Il faut ajouter 2 zéros à la droite de 48 pour que le nombre ainsi formé dépasse 2.435.

Donc le quotient a **2** chiffres.

82. — *Justification de la règle.* Pour justifier cette règle, reprenons l'exemple précédent ; on peut écrire :

$$480 < 2.435,$$

et

$$4.800 > 2.435.$$

Donc, si l'on multiplie 48 par 10, le produit est inférieur au dividende 2.435.

Si l'on multiplie 48 par 100, le produit est supérieur au dividende.

Donc le dividende contient 10 fois au moins et certainement moins de 100 fois le diviseur 48. Le quotient est donc au moins égal à 10 et inférieur à 100. Il a donc 2 chiffres.

2° Opération proprement dite.

On distingue trois cas.

83. — **1er Cas.** *Le diviseur et le quotient n'ont qu'un chiffre.*

On se sert de la table de Pythagore.

Règle. *On cherche dans la table la colonne qui a pour premier chiffre (sur la première ligne) le diviseur; on suit cette colonne jusqu'au plus grand nombre qui y est écrit et qui est inférieur ou égal au dividende. On suit la ligne ainsi trouvée et on lit dans cette ligne le premier chiffre qui y est inscrit à gauche (dans la première colonne). Le chiffre ainsi obtenu est le quotient.*

On reconnaît que la division est *exacte* quand le dividende est inscrit dans la colonne dont le premier chiffre est égal au diviseur, au lieu d'être compris entre deux nombres de cette colonne, ou d'être supérieur au plus grand nombre de cette colonne.

Exemple. Soit à diviser 45 par 7.

Suivons la huitième colonne, qui a pour premier chiffre 7; le plus grand nombre inscrit dans cette colonne et compris dans 45 est 42. Suivons la ligne qui contient 42 jusqu'au premier chiffre à gauche qui est 6. Le quotient est donc 6.

Pour avoir le reste, on fait le produit du diviseur par le quotient, et on retranche ce produit du dividende.

Dans le cas précédent, on dira :

$$6 \times 7 = 42,$$

$$45 \text{ moins } 42 = 3.$$

Le reste est donc 3.

Remarque. On s'exerce mentalement aux opérations précédentes, que l'on doit faire de tête, sans avoir besoin de la table de Pythagore.

84. — 2e Cas. *Le dividende et le diviseur ont plusieurs chiffres, le quotient n'a qu'un chiffre.*

Règle pratique. *On sépare à la gauche du dividende le premier chiffre, s'il est supérieur au premier chiffre du diviseur, deux chiffres dans le cas contraire, et l'on divise le nombre ainsi formé d'un ou de deux chiffres par le premier chiffre à gauche du diviseur (cas précédent). On obtient ainsi le chiffre cherché du quotient ou un chiffre trop fort.*

Pour l'essayer, on multiplie le diviseur par ce chiffre; le chiffre convient si le produit ainsi formé peut se retrancher du dividende. Dans le cas contraire, on le diminue de 1, 2 ... unités, jusqu'à ce que l'on arrive à un produit qui puisse se retrancher du dividende.

85. — **Disposition pratique.** Soit à diviser 4.275 par 871.

On dispose les nombres de la manière suivante :

	Dividende.	*Diviseur.*
	4.2·75	871
Produit du diviseur par le quotient→	3.484	4 ↑ *Quotient.*
Reste→	791	

On sépare (par un point en haut) deux chiffres du dividende, ce qui donne 42, et l'on dit :

42 divisé par 8 donne 5.

Essayons 5. On fait le produit de 871 par 5, ce qui donne 4.355, qui est supérieur au dividende.

Donc 5 est trop fort. On essaye 4.

On a à former le produit $871 \times 4 = 3.484$.

On le forme d'après la règle connue, et l'on retranche de 4.275, ce qui donne le reste.

86. — *Remarque.* En fait, on ne fait pas en deux fois distinctes le produit du diviseur par le quo-

tient, puis la différence entre le dividende et ce dernier produit.

On fait *simultanément* ces deux opérations.

Ainsi, dans l'exemple précédent :

4.275	871
791	4

On dit : 4 fois 1 = 4 qui, retranchés de 5, font 1, et l'on écrit 1 au reste comme chiffre des unités simples; puis 4 fois 7 = 28 qui, retranchés de 37, font 9, on écrit 9 comme second chiffre du reste, et l'on retient 3 centaines que l'on avait empruntées au dividende pour faire la soustraction précédente (37 — 28); puis 4 fois 8 = 32, plus 3 de retenue font 35, qui, retranchés de 42, font 7.

On obtient ainsi directement le reste.

Si l'on avait essayé un chiffre trop fort, on s'en serait aperçu en constatant que la dernière soustraction partielle, sur les derniers chiffres du dividende à gauche, aurait été *impossible*.

87. — **3e Cas.** *Le quotient a plusieurs chiffres.*

Règle pratique. *On écrit comme plus haut le dividende, et le diviseur à sa droite, séparés par un trait vertical. On écrit le quotient au-dessous du diviseur, en les séparant par un trait horizontal.*

On sépare à la gauche du dividende assez de chiffres pour que le nombre ainsi formé contienne une fois au moins et moins de dix fois le diviseur. C'est le premier dividende partiel. On divise ce nombre par le diviseur, comme dans le cas précédent, ce qui donne le premier chiffre du quotient.

On multiplie le diviseur par ce chiffre, et on retranche le produit du premier dividende partiel;

cette différence est le premier reste partiel. On abaisse à la droite du premier reste partiel le premier chiffre du dividende non utilisé : ce qui donne le second dividende partiel, sur lequel on opère comme sur le premier dividende partiel, ce qui donne le second chiffre à gauche du quotient. Et l'on continue de la sorte jusqu'à ce que l'on ait utilisé tous les chiffres du dividende. Le dernier reste obtenu est le reste *de la division.*

Dans le cas où un dividende partiel est inférieur au diviseur, on écrit 0 *au quotient, et l'on continue l'opération en abaissant le chiffre suivant du dividende.*

88. — **Disposition pratique de l'opération et exemple.** Soit à diviser 3.429 par 93.

On fait l'opération comme ci-dessous :

	1er *Dividende partiel.*		
Dividende.	3.42 9	93	*Diviseur.*
2e *Dividende partiel.*	69 9	36	*Quotient.*
Reste.	81		

On sépare 3 chiffres à droite du dividende, ce qui donne 342, 1er dividende partiel. On divise 342 par 93, ce qui donne 3 pour quotient, et 63 pour reste (1er reste partiel). On écrit 3 comme premier chiffre à *gauche* du quotient. On abaisse 9 à la droite de 63, ce qui donne 639, 2e dividende partiel. On divise 639 par 93, ce qui donne 6 comme quotient et 81 comme reste.

Comme l'on a utilisé tous les chiffres du dividende, l'opération est terminée.

Le quotient est 36, le reste est 81.

§ III. — PREUVE ET PROPRIÉTÉS DE LA DIVISION

89. — **Preuve de la division.** Règle. *Pour faire la preuve de la division, on fait le produit du diviseur par le quotient; on additionne ensuite ce produit et le reste. La somme obtenue doit être égale au dividende.*

Exemple. Dans l'exemple donné plus haut, on a divisé : 3.429 par 93,
et l'on a trouvé : 36 pour quotient,
81 pour reste.

Faisons le produit 93×36 :

```
   93
   36
 ----
  558
 279
 ----
 3.348  = 93 × 36  (Produit du diviseur
                     par le quotient.)
    81   On ajoute le reste : 81.
 ----
 3.429   Somme = dividende.
```

Propriétés de la division.

1° *Si on multiplie le dividende et le diviseur par un même nombre entier, le quotient ne change pas, et le reste est multiplié par ce nombre.*

Exemple. Divisons 1.143 par 31 :

```
1.143 | 31
      |----
  213 | 36
   27 |
```

Le quotient est 36, le reste est 27.

Multiplions par 3 le dividende et le diviseur. Ils deviennent respectivement :

$$1.143 \times 3 = 3.429 \text{ nouveau dividende,}$$
$$31 \times 3 = \quad 93 \text{ nouveau diviseur.}$$

Faisons la division de 3.429 par 93 :

3.429	93
639	36
81	

Le quotient est 36 : il n'a donc pas changé.

Le reste, qui était 27, est devenu 81 ; il a donc été multiplié par 3.

Justification. Écrivons l'égalité fondamentale de la division :

$$1.143 = 31 \times 36 + 27.$$

Dividende. Diviseur. Quotient. Reste.

Multiplions les deux membres de cette égalité par 3. On a :

$$1.143 \times 3 = 31 \times 3 \times 36 + 27 \times 3.$$

On peut considérer 31×3 comme un nouveau nombre et écrire :

$$1.143 \times 3 = (31 \times 3) \times 36 + 27 \times 3.$$

Or 27×3 est évidemment plus petit que 31×3 ; donc 1.143×3 contient 36 fois le nombre (31×3), plus un reste qui est 27×3.

91. — 2° *Si l'on divise le dividende et le diviseur par un même nombre entier qui les divise chacun exactement, le quotient ne change pas, et le reste est divisé par ce même nombre.*

Cette propriété est analogue à la précédente et s'établit d'une manière semblable.

---

92. — *Conséquence. Dans le cas particulier où le dividende est divisible par le diviseur (division*

exacte), on ne change pas le quotient en multipliant ou en divisant (si cela est possible) par un même nombre entier le dividende et le diviseur.

Exercices sur la division des nombres entiers.

50. Diviser 319.488 par 512.
51. — 500.526 par 207.
52. — 979.616 par 2.783.
53. — 321.516 par 8.931.

Faire la preuve des opérations. Calculer le quotient et le reste des divisions suivantes :

54. 8.353 divisé par 921.
55. 65.498 divisé par 9.541.

Faire la preuve des opérations.

56. 25 mètres de drap ont coûté 475 francs. Quel est le prix d'un mètre?

57. Quel est le nombre qui, multiplié par 379, donne pour produit 90.202?

58. Un boucher a acheté 48 moutons pour la somme de 1.776 francs. Combien faut-il revendre chaque mouton pour gagner sur le tout 192 francs?

59. Il y a dans un régiment 15 compagnies de 90 hommes chacune; on leur a donné 16.200 cartouches. Combien chaque soldat a-t-il de cartouches?

60. La distance de Paris à Lyon est de 512 kilomètres. Combien un train qui parcourt 32 kilomètres à l'heure met-il de temps pour aller de Paris à Lyon?

61. Un robinet donne 72 litres d'eau par minute. Combien mettra-t-il de temps pour remplir un bassin de 2.448 litres?

62. Quel est le nombre qui, multiplié par 18, donne le même produit que 456 multiplié par 42?

63. Deux robinets alimentent un bassin. Le premier verse 325 litres par heure, et le second 330 litres. Combien mettent-ils de temps pour remplir le bassin, qui a une contenance de 8.515 litres?

64. Un marchand a acheté, à 112 francs la barrique, du vin qu'il veut revendre à 125 francs la barrique. Combien faut-il qu'il vende de barriques pour réaliser un bénéfice de 4.550 francs?

65. Une personne possède 1.315 francs; cette somme est formée de pièces de 20 francs et de pièces de 5 francs. Le nombre des pièces de 5 francs surpasse de 28 celui des pièces de 20 francs. Combien y a-t-il de pièces de chaque espèce?

66. La distance de Paris à Marseille est de 864 kilomètres. Combien de jours mettrait-on à faire le trajet, en supposant que l'on marche 8 heures par jour et à une allure moyenne de 4 kilomètres à l'heure?

CHAPITRE VI

DIVISIBILITÉ
PLUS GRAND COMMUN DIVISEUR

---

§ I. — DIVISIBILITÉ

93. — **Définition.** *Un nombre entier est* **divisible** *par un autre quand il est égal au produit de ce second nombre entier par un troisième.*

La division du premier nombre par le second se fait *sans reste* (ou le reste est nul); on dit alors que la division se fait *exactement* ou que le second nombre **divise exactement** le premier. On dit aussi que le premier nombre est un **multiple** du second, et que le second est un **sous-multiple** ou un **diviseur** du premier.

Exemple. On a : $28 = 7 \times 4$.

Donc 28 est divisible par 7;

ou 28 est un multiple de 7;

7 est un sous-multiple ou un diviseur de 28;

ou 7 divise exactement 28.

Toutes ces manières de s'exprimer sont équivalentes.

Propriétés.

I

94. — *Tout nombre entier qui divise exactement plusieurs autres nombres entiers divise exactement leur somme.*

Justification. Soit 7 qui divise 28 et 14.

Je dis que 7 divise $28 + 14 = 42$.

En effet, $28 = 7 \times 4$.

$14 = 7 \times 2$.

Donc $28 + 14 = 7 \times 4 + 7 \times 2$,

ou $42 = 7 \times (4 + 2) = 7 \times 6$,

ce qui montre bien que 7 divise la somme.

II

95. — *Tout nombre entier qui divise exactement deux autres nombres entiers divise exactement leur différence.*

Justification. Soit 7 qui divise 35 et 63.

Je dis que 7 divise $63 - 35$.

En effet, $35 = 7 \times 5$,

$63 = 7 \times 9$.

Donc

$$63 - 35 = 7 \times 9 - 7 \times 5 = 7 \times (9 - 5) = 7 \times 4.$$

III

96. — *Tout nombre entier qui divise exactement un autre nombre entier divise les multiples de ce dernier.*

Justification. Soit 7 qui divise 28.

Je dis que 7 divise, par exemple, 28×5.

En effet, $28 = 7 \times 4$.

Donc $28 \times 5 = 7 \times 4 \times 5$.

Or on peut remplacer plusieurs facteurs dans un produit par leur produit effectué; donc on peut remplacer 4×5 par le produit 20; donc $28 \times 5 = 7 \times 20$.

IV

97. — *Tout nombre entier qui divise exactement une somme de deux nombres entiers et l'un de ces nombres divise l'autre.*

En effet, ce dernier nombre est la différence entre la somme et le premier nombre de la somme; et tous les deux sont divisibles par le nombre considéré.

§ II. — DIVISIBILITÉ PAR 2, 5, 4, 25, 3, 9

1° Divisibilité par 2.

98. — **Chiffres pairs.** On appelle chiffres pairs les chiffres suivants :

2, 4, 6, 8.

On voit immédiatement que les nombres qu'ils représentent sont **divisibles par 2** :

$$1 \times 2 = 2,$$
$$2 \times 2 = 4,$$
$$3 \times 2 = 6,$$
$$4 \times 2 = 8.$$

On peut remarquer que 0 est aussi divisible par 2, car : $0 \times 2 = 0$.

Les autres nombres inférieurs à 10 : 1, 3, 5, 7, 9, ne sont pas divisibles par 2, on les appelle chiffres **impairs.**

99. — **Règle.** *Pour qu'un nombre soit divisible par 2, il faut et il suffit qu'il soit* **terminé par 0 ou un chiffre pair.**

Justification. Soit un nombre quelconque. On peut le décomposer en dizaines et en ses unités simples.

Par exemple $426 = 420 + 6$.

Or un nombre entier de dizaines est divisible par 2, puisque c'est le produit d'un nombre entier par 10, et que 10 est divisible par 2. Pour que le nombre donné soit divisible par 2, il faut et il suffit que le chiffre de ses unités soit divisible par 2, c'est-à-dire soit un chiffre pair ou zéro.

Nombre pair. On dit parfois d'un nombre divisible par 2 *qu'il est* **pair.**

Donc un nombre pair est terminé par : 0 ou 2, ou 4, ou 6, ou 8.

Exemple. 426 est *pair* ou divisible par 2 :

$$426 = 213 \times 2.$$

2° Divisibilité par 5.

100. — **Règle.** *Pour qu'un nombre soit divisible par* 5, *il faut et il suffit qu'il soit* **terminé par un 5 ou par un zéro.**

Justification. En effet, décomposons le nombre comme plus haut en dizaines et en unités simples. Un nombre entier de dizaines est divisible par 5 ; il faut et il suffit, pour que le nombre donné soit divisible par 5, que le nombre de ses unités simples soit divisible par 5.

Or parmi les 9 premiers nombres, 5 est seul divisible par 5.

On peut remarquer que 0 est aussi divisible par 5 :

$$0 \times 5 = 0.$$

Donc il faut et il suffit que le dernier chiffre soit 5 ou 0.

Remarque. Pour diviser un nombre par 5, on le *double* et on supprime le zéro à droite, en admettant que ce nombre soit divisible par 5.

8° Divisibilité par 4 et 25.

101. — **Règle.** *Pour qu'un nombre soit divisible par 4 ou 25, il faut et il suffit qu'il soit terminé par*

deux zéros ou que le nombre **formé par ses deux derniers chiffres à droite soit divisible par 4 ou par 25.**

Justification. Un nombre quelconque peut se décomposer en centaines et en unités.

Ainsi $34.567 = 34.500 + 67.$

Le nombre 34.567 est la somme de 345 centaines et du nombre 67 formé par ses deux derniers chiffres à droite.

Or 100 est divisible par 4 et par 25, donc un nombre quelconque de centaines est aussi divisible par 4 ou 25.

Il faut et il suffit que la seconde partie de la somme soit divisible par 4 ou 25.

4° Divisibilité par 3 ou par 9.

102. — *Tout nombre est égal à un multiple de 3 ou de 9 augmenté de la somme de ses chiffres.*

On remarque d'abord que

$$10 = 9 + 1,$$
$$100 = 99 + 1,$$
$$1.000 = 999 + 1, \quad \text{etc.}$$

Or 9, 99, 999 ... sont divisibles par 9 et par 3; les quotients sont respectivement :

1, 11, 111 ... par 9, et 3, 33, 333 ... par 3.

Ceci fait, soit le nombre 457.

On a : $457 = 4 \times 100 + 5 \times 10 + 7.$

Or
$$4 \times 100 = 4 \times 99 + 4,$$
$$5 \times 10 = 5 \times 9 + 5,$$
$$7 = 7.$$

Additionnons :

$$457 = 4 \times 99 + 5 \times 9 + \underbrace{4 + 5 + 7}_{\text{Somme des chiffres}}.$$

Or
$$99 = 9 \times 11,$$
$$9 = 9 \times 1.$$

Donc $457 = \overbrace{4 \times 11 \times 9 + 5 \times 9}^{\text{1re partie.}} + \overbrace{4 + 5 + 7}^{\text{2e partie.}}.$

Mais, dans la première partie, les termes sont tous des multiples de 9 ou de 3.

Donc 457 est égal à un multiple de 9 ou de 3, augmenté de la somme de ses chiffres.

103. — **Règle.** *Pour qu'un nombre soit divisible par 9 ou par 3, il faut et il suffit que la* **somme de ses chiffres soit un multiple de 9 ou de 3.**

En effet, tout nombre ne diffère d'un multiple de 9 ou de 3 que de la somme de ses chiffres ; donc il faut et il suffit que cette dernière soit divisible par 9 ou 3.

104. — *Remarque.* Si la somme des chiffres forme un nouveau nombre dépassant 10, on formera la somme des chiffres de ce nouveau nombre.

Exemple. 86.778.

La somme des chiffres est :

$$8+6+7+7+8=36.$$

On recommence pour 36.

$$3+6=9.$$

Donc le nombre est divisible par 9.

De ce qui précède, il résulte que tout nombre divisible par 9 est divisible également par 3.

§ III. — PLUS GRAND COMMUN DIVISEUR

105. — **Définitions. Diviseur commun.** *On appelle* **diviseur commun** *de plusieurs nombres entiers, un nombre entier qui divise exactement chacun d'eux.*

Ainsi 4 est un diviseur commun de 12, de 44 et de 28.

Le **plus grand commun diviseur** *de deux ou plusieurs nombres est le* **plus grand** *nombre qui divise exactement chacun d'eux.*

C'est donc le plus *grand* de leurs diviseurs communs.

I. Cas de deux nombres.

106. — Nous allons d'abord chercher le plus grand commun diviseur de deux nombres. Cette recherche est donnée par la règle suivante :

Règle pratique. *Pour trouver le plus grand commun diviseur de deux nombres, on divise le plus grand par le plus petit.*

Si la division se fait exactement, le plus petit des deux nombres donnés est le plus grand commun diviseur cherché.

Si la division se fait avec un reste, on divise le plus petit des deux nombres par ce reste; si cette seconde division est exacte, le premier reste est le plus grand commun diviseur cherché.

Si cette seconde division se fait avec un reste, on divise le premier reste par ce second reste; si cette troisième division se fait exactement, ce second reste est le plus grand commun diviseur cherché.

Si cette troisième division se fait avec un reste, on divise le second reste par le troisième et ainsi de suite, jusqu'à ce que l'on arrive à un reste qvi divise exactement le précédent.

Ce dernier reste est le plus grand commun diviseur cherché.

107. — **Exemple et disposition pratique des opérations.** Soit à chercher le plus grand commun diviseur de

5.436 et de 3.852.

On écrit les deux nombres comme pour une division ordinaire, le plus grand étant le dividende et le plus petit le diviseur, et l'on fait la division :

	1	2	2	3	6
5.436	3.852	1.584	684	216	36
1.584	684	216	36	00	

puis on fait les divisions successivement vers la droite, en écrivant les quotients *au-dessus* des diviseurs successifs, et les restes au-dessous des *dividendes* successifs.

Le dernier reste employé est ici 36.

Donc le plus grand commun diviseur est 36.

II. Cas de plus de deux nombres.

108. — **Règle.** *On cherche le plus grand commun diviseur des deux premiers ; puis le plus grand commun diviseur du nombre ainsi trouvé et du troisième nombre donné et ainsi de suite jusqu'au dernier nombre donné. Le dernier plus grand commun diviseur trouvé est le plus grand commun diviseur cherché.*

Exemple. Soit à trouver le plus grand commun diviseur de

5.436, 3.852 et 588.

Cherchons le plus grand commun diviseur de

5.436 et 3.852.

Les opérations ont été faites plus haut et donnent : 36.

Cherchons le plus grand commun diviseur de

36 et de 588 :

	16	3
588	36	12
228	0	
12		

Le plus grand commun diviseur cherché est 12.

Nombres premiers entre eux.

109. Définition. On dit que *deux nombres* **sont premiers entre eux** quand leur plus grand commun diviseur est **1**.

Exemple. 54 et 65 sont premiers entre eux.

Ils n'ont alors aucun diviseur commun autre que l'*unité*.

Exercices sur la divisibilité et le p. g. c. d.

67. Quels sont les nombres inférieurs à 49 et divisibles à la fois par 2 et par 3?

68. Quels sont les nombres inférieurs à 100 et divisibles à la fois par 2 et par 9?

69. Montrer que le nombre 396 est divisible par 4 et par 9. Vérifier qu'il est divisible par 36 et trouver le quotient de sa division par 36.

70. Chercher le plus grand commun diviseur de

72 et de 264.

71. Chercher le plus grand commun diviseur de

6.048 et de 11.934.

72. Chercher le plus grand commun diviseur de

234, 286 et 429.

73. Chercher le plus grand commun diviseur de

790.920, 74.256, 164.528.

74. Trouver le plus grand commun diviseur de

833, 1.127, 1.421, 343.

75. Si l'on considère deux nombres, tels que la somme des chiffres de chacun d'eux soit divisible par 3, montrer que la somme des chiffres de leur différence est aussi divisible par 3.

76. Chercher le plus grand commun diviseur de 845 et de 945. Former les quotients de ces deux derniers nombres par leur plus grand commun diviseur et vérifier que ces quotients sont premiers entre eux.

77. Vérifier que le nombre $23^2 - 17^2$ est divisible par 8, 5 et 3.

CHAPITRE VII

NOMBRES PREMIERS

§ I. — DÉFINITION

110. — Définition. *On dit qu'un nombre est* premier *quand il n'a pas d'autre diviseur que lui-même et l'unité.*

Pour trouver les nombres premiers successifs, on peut opérer de la manière suivante :

On écrit tous les nombres successifs :

1	2	3	~~4~~	5	~~6~~	7	~~8~~	~~9~~	~~10~~
11	~~12~~	13	~~14~~	~~15~~	~~16~~	17	~~18~~	19	~~20~~
~~21~~	~~22~~	23	~~24~~	~~25~~	26	~~27~~	~~28~~	29	~~30~~
31	~~32~~	~~33~~	~~34~~	~~35~~	~~36~~	37	~~38~~	~~39~~	~~40~~
41	~~42~~	43	~~44~~	~~45~~	~~46~~	47	~~48~~	~~49~~	~~50~~
~~51~~	~~52~~	53	~~54~~	~~55~~	~~56~~	~~57~~	~~58~~	59	~~60~~
61	~~62~~	~~63~~	~~64~~	~~65~~	66	67	~~68~~	~~69~~	~~70~~
71	~~72~~	73	~~74~~	~~75~~	~~76~~	~~77~~	~~78~~	79	~~80~~
~~81~~	~~82~~	83	~~84~~	~~85~~	86	~~87~~	~~88~~	89	~~90~~
~~91~~	~~92~~	~~93~~	~~94~~	~~95~~	~~96~~	97	~~98~~	~~99~~	~~100~~

et l'on remarque que tout nombre qui n'est pas premier est divisible par un nombre plus petit que lui et autre que 1. Donc

On efface les nombres de 2 en 2 à partir de 4, ce

qui supprime tous les nombres divisibles par 2 ou pairs.

On efface les nombres de 3 en 3 à partir de 6 (qui est déjà barré). Puis on efface de 5 en 5 à partir de 10 (en réalité 10, 15 et 20 sont déjà barrés).

Puis on barre de 7 en 7 à partir de 14 (en réalité il faut aller jusqu'à 49 pour trouver un nombre non barré).

Et on continue de 11 en 11, de 13 en 13, etc.

111. — **Suite des nombres premiers.** On trouve ainsi la suite :

1, 2, 3, 5, 7, 11, 13, 17, 19, 23, 29, 31, 37, 41, 43, 47, etc.

Les nombres écrits ci-dessus sont les nombres premiers inférieurs à 50.

Il est bon de connaître ceux qui sont inférieurs à 20 et qui sont très employés.

112. — Si l'on prolongeait toujours la suite des nombres entiers, on trouverait toujours des nombres premiers, si loin que l'on aille dans cette suite. C'est ce que l'on exprime en disant que :

La suite des nombres premiers est **illimitée.**

§ II. — DÉCOMPOSITION D'UN NOMBRE ENTIER EN FACTEURS PREMIERS. APPLICATIONS

113. — **Définition.** *On se propose de trouver un produit dont les facteurs sont tous des nombres premiers, et qui est égal au nombre entier trouvé.*

Pour le faire, on se sert de la règle suivante :

Règle. *Pour décomposer un nombre entier en facteurs premiers, on essaye s'il est divisible par les nombres premiers successifs 2, 3, 5 ..., jusqu'à ce que l'on trouve un nombre premier qui le divise exactement. On effectue le quotient et on recommence les mêmes opérations sur le quotient.*

On continue jusqu'à ce que le dernier quotient trouvé soit un nombre premier.

114. — **Exemple et disposition pratique.** Soit à décomposer en facteurs premiers le nombre

3.960.

On écrit :

3.960	2
1.980	2
990	2
495	3
165	3
55	5
11	11
1	

et l'on dispose à droite du trait vertical les facteurs premiers et à gauche au-dessous de chaque nombre le quotient par le facteur premier correspondant.

On a donc :

$$3.960 = 2 \times 2 \times 2 \times 3 \times 3 \times 5 \times 11,$$

ce qu'on écrit :

$$3.960 = 2^3 \times 3^2 \times 5 \times 11.$$

Remarque. Dans les essais successifs de facteurs premiers, si l'on est conduit à essayer tout d'abord un nombre premier dont le carré dépasse le nombre proposé, ce nombre proposé est un nombre premier.

1° Application à la recherche du plus grand commun diviseur.

115. — **Règle.** *Pour trouver le plus grand commun diviseur de deux ou plusieurs nombres, on décompose chacun d'eux en facteurs premiers.*

On forme le produit des **facteurs premiers communs** *à tous ces nombres, affectés chacun du* **plus faible exposant** *où il figure dans ces décompositions. Ce produit est le plus grand commun diviseur cherché.*

Exemple. Soit à trouver le plus grand commun diviseur de 3.960, 3.740 et 260.

$$3.960 = 2^3 \times 3^2 \times 5 \times 11$$
$$3.740 = 2^2 \times 5 \times 11 \times 17$$
$$260 = 2^2 \times 5 \times 13$$

3.740	2	260	2
1.870	2	130	2
935	5	65	5
187	11	13	13
17	17	1	

Le plus grand commun diviseur est donc :

$$2^2 \times 5 = 20.$$

2° Plus petit commun multiple.

116. — **Définitions.** *Un nombre entier est* **multiple** *d'un second nombre entier, quand il est égal au produit de ce second nombre par un troisième.*

On dit aussi qu'un nombre est multiple d'un second nombre quand il **est divisible** par ce second.

On appelle **multiple commun** de plusieurs nombres un nombre qui est séparément un multiple de chacun d'eux.

Plus petit commun multiple. Le plus petit commun multiple de plusieurs nombres est le plus petit nombre qui est séparément un multiple de chacun d'eux.

117. — **Règle.** *Pour trouver le plus petit commun multiple, on se sert de la règle suivante :*

On forme le plus petit commun multiple de plusieurs nombres en les décomposant en facteurs pre-

miers et en effectuant le produit de tous **les facteurs premiers** *communs ou non qui figurent dans toutes ces décompositions, affectés chacun du plus* **fort exposant** *dans lequel il y figure.*

Exemple. Soit à trouver le plus petit commun multiple de 125, 75 et 55.

125	5	75	3	55	5
25	5	25	5	11	11
5	5	5	5	1	
1		1			

$$125 = 5^3, \quad 75 = 3 \times 5^2, \quad 55 = 5 \times 11.$$

Donc le plus petit commun multiple est :

$$3 \times 5^3 \times 11 = 4.125.$$

3° Application de la décomposition en facteurs premiers. Condition pour qu'un nombre soit divisible par un autre.

118. — **Règle.** *Pour qu'un nombre soit divisible par un autre, il faut et il suffit qu'il contienne tous les facteurs premiers de ce second, affectés d'exposants supérieurs ou au moins égaux à ceux des mêmes facteurs dans le second nombre.*

Exemple. 3.960 est divisible par 66.

En effet,

$$3.960 = 2^3 \times 3^2 \times 5 \times 11$$
$$66 = 2 \times 3 \times 11$$

66	2
33	3
11	11
1	

Le quotient se forme en supprimant les facteurs premiers communs qui ont le même exposant, en diminuant les exposants des facteurs premiers communs du premier nombre de ceux du second quand ces exposants sont inégaux et en conservant avec leurs exposants les facteurs premiers non communs.

Le quotient de 3.960 par 66 est donc :

$$2^2 \times 3 \times 5 = 60.$$

Exercices sur les nombres premiers, le p. g. c. d. et le p. p. c. m.

78. Décomposer en facteurs premiers les nombres suivants : 12.600, 24.255.

79. Décomposer en facteurs premiers les nombres suivants :

124.146, 164.928, 790.920.

80. Trouver le plus grand commun diviseur et le plus petit commun multiple de

96, 144, 678.

81. Trouver le plus grand commun diviseur et le plus petit commun multiple de

926, 1.028, 1.642.

82. Trouver le plus petit commun multiple de

121, 1.331, 1.494.

83. Trouver le plus petit commun multiple de

174, 348, 870, 1.015.

84. 3 roues font, par minute, la 1re 120 tours, la 2e 220 tours et la 3e 352 tours. Elles sont mises en même temps en mouvement. Au bout de combien de temps ces trois roues auront-elles fait simultanément un nombre entier de tours?

85. Décomposer 3.528 en facteurs premiers ainsi que 84. Montrer ainsi que le premier nombre est divisible

par le second et trouver le quotient décomposé en facteurs premiers.

86. Quel est le plus petit nombre qui, divisé par 5, par 15, par 12 et par 30 donne toujours 4 pour reste de ces divisions?

87. Montrer au moyen de la décomposition en facteurs premiers, que si deux nombres sont premiers entre eux, leurs carrés sont aussi premiers entre eux.

88. Étant donné le nombre 7.056, le décomposer en facteurs premiers, et trouver, au moyen de cette décomposition, le nombre dont il est le carré. Vérifier directement le résultat.

89. Étant donné le nombre 1.728, le décomposer en facteurs premiers, et trouver, au moyen de cette décomposition, le nombre dont il est le cube. Vérifier directement le résultat.

CHAPITRE VIII

FRACTIONS

---

§ I. — DÉFINITION DES FRACTIONS

119. — **Grandeurs.** Les nombres que l'on a considérés jusqu'ici ou nombres entiers permettent de compter une collection d'objets séparés et indivisibles chacun.

On a aussi à considérer des quantités qui peuvent d'abord se combiner entre elles comme des objets distincts. De plus, elles peuvent être partagées en parties égales[1], sur lesquelles on pourra opérer comme sur ces quantités elles-mêmes.

Prenons des longueurs, des mètres, par exemple; on peut ajouter des mètres entre eux en les portant bout à bout sur une droite. De même, on peut retrancher des mètres entre eux, etc.

Mais on peut, de plus, partager les mètres en parties égales (décimètres, centimètres, p. e.), et l'on peut combiner ces parties entre elles comme des mètres eux-mêmes, pour les additionner, les soustraire, etc.

Des quantités qui jouissent de cette double propriété se nomment des **grandeurs**.

[1] Les parties en lesquelle son partage une grandeur sont *égales*, quand on peut les prendre indifféremment l'une pour l'autre.

120. — En résumé, ce qui caractérise une grandeur, c'est que :

1° *On peut la considérer comme un objet distinct et la combiner avec d'autres de même espèce, par addition, par soustraction, etc.*

2° *On peut la partager en parties égales sur lesquelles on peut opérer comme sur la grandeur qui leur a donné naissance.*

Les longueurs sont des **grandeurs de même espèce.** De même, les **surfaces**, les **volumes**, les **poids**, etc., pris séparément.

121. — **Mesurer une grandeur.** On appelle **mesurer une grandeur** la **comparer** à une autre grandeur de même espèce prise pour **unité**, et **exprimer au moyen de deux nombres entiers** le résultat de cette comparaison.

122. — **Comment mesurer une grandeur?**

Prenons, par exemple, une longueur. On a choisi une autre longueur comme **unité.**

On cherche combien de fois cette longueur unité est contenue dans la longueur à mesurer. Deux cas peuvent se présenter.

1° *La longueur à mesurer* **contient exactement un nombre entier de fois** *la longueur unité.*

Par exemple, la longueur à mesurer contient **6** fois la longueur unité. On dira que cette première est mesurée par le nombre **6**.

Cela veut dire que, pour reconstituer la longueur donnée, on portera 6 fois bout à bout la longueur unité.

2° *La longueur à mesurer* **ne contient pas exactement un nombre entier** *de fois la longueur unité.*

On partage l'unité en parties égales, soit par exemple en 7 parties. On cherche ensuite combien de fois la longueur à mesurer contient de ces parties.

Supposons que la longueur à mesurer contienne 18 de ces parties.

Au moyen de ces deux nombres entiers 7 et 18, on aura mesuré la longueur donnée. En effet, on saura que pour reconstituer cette longueur, on n'aura qu'à diviser la longueur unité en 7 parties égales et à porter bout à bout 18 de ces parties.

123. — *Remarque.* On suppose que la longueur à mesurer contienne exactement un nombre entier de fois une partie de l'unité partagée en parties égales. On dit alors que la grandeur considérée et l'unité ont une **commune mesure**; cette commune mesure est la partie de l'unité qui est contenue exactement dans la grandeur considérée. Nous supposerons dans ce qui va suivre qu'il existe entre une grandeur à mesurer et l'unité une commune mesure.

124. — *Autre remarque.* Ce que l'on a fait pour une longueur à mesurer peut être fait pour toute autre grandeur également à mesurer. Ainsi, supposons que l'on veuille mesurer le **contenu** (ou **volume**) d'un verre, en prenant comme unité le contenu (ou volume) d'un second verre.

On remplit une fois ce second verre et on verse son contenu dans le premier, si ce premier est plus grand; on recommence ensuite jusqu'à ce que le verre à mesurer soit plein. Cela peut arriver quand on y a versé un nombre entier de fois le contenu du verre unité, par exemple 6 fois. Le volume ou contenu du verre à mesurer est mesuré par le nombre 6.

Si le verre à mesurer ne renferme pas exactement un nombre entier de fois le contenu du verre unité, on imagine que l'on adopte un troisième récipient, dont le contenu, versé 7 fois par exemple dans le verre unité, le remplit exactement. On cherche ensuite combien de fois le verre à mesurer contient le volume exact de ce récipient intermédiaire. Supposons qu'il le contienne 18 fois.

Le contenu ou volume du verre à mesurer sera connu au moyen des nombres 7 et 18, une fois l'unité choisie.

125. — Ce qui précède montre que l'on peut, à l'**aide de deux nombres entiers**, mesurer une grandeur donnée au moyen d'une autre grandeur de même nature prise comme unité. Ces deux nombres entiers jouent des rôles tout à fait différents.

On les écrit l'un au-dessous de l'autre, en les séparant par un trait horizontal. Celui qui est écrit au-dessous, et qu'on appelle **dénominateur**, indique en combien de parties égales l'unité a été partagée; celui qui est écrit au-dessus, et qu'on appelle **numérateur**, indique combien la grandeur à mesurer contient exactement de ces parties.

L'ensemble des deux nombres se nomme **fraction**.

Le numérateur et le dénominateur s'appellent les deux **termes** de la fraction.

126. — **Définition d'une fraction.** *Une fraction est un ensemble de deux nombres entiers qui sert à mesurer une grandeur au moyen d'une autre grandeur de même nature prise pour unité.*

Ainsi, dans les exemples précédents, la grandeur à mesurer sera représentée par la fraction

$$\frac{7}{18}.$$

127. — Comment énonce-t-on une fraction?

On peut le faire de deux manières :

1° *On énonce le numérateur, puis le dénominateur, en les séparant par le mot* **sur.**

Ainsi $\frac{7}{18}$

s'énonce : sept sur dix-huit.

2° *On énonce le numérateur, puis le dénominateur, en faisant suivre ce dernier de la désinence* **ième.**

Ainsi $\frac{7}{18}$

s'énonce : sept dix-huitièmes.

Par exception, quand le dénominateur est 2, 3, 4, on dit : **demi, tiers, quart** au lieu de : *deuxième, troisième, quatrième.*

Ainsi : $\frac{1}{2}$, $\frac{2}{3}$, $\frac{3}{4}$, s'énoncent *un demi, deux tiers, trois quarts.*

§ II. — PROPRIÉTÉS DES FRACTIONS

128. — **Définition.** On dit qu'une grandeur est 2, 3, ... fois **plus grande** qu'une autre, quand elle est formée de la réunion de 2, 3, ... grandeurs égales à cette dernière.

Inversement, on dit que la seconde grandeur est alors 2, 3, ... fois **plus petite** que la première

129. — Une fraction est 2, 3, ... fois **plus grande** ou **plus petite** qu'une autre quand elle représente une grandeur 2, 3, ... fois **plus grande** ou **plus petite** que la grandeur mesurée par la seconde fraction.

130. — **1re Propriété des fractions.** *Lorsqu'on* **multiplie le numérateur** *d'une fraction par un nombre entier, sans changer son dénominateur, on rend la fraction* **autant de fois plus grande** *que l'indique cet entier.*

Justification. En effet, les deux fractions sont formées de parties égales de l'unité, car le dénominateur est le même dans les deux; et la seconde fraction contient autant de fois la première que l'indique le nombre entier par lequel on a multiplié le numérateur de cette première.

Soit, par exemple, la fraction $\frac{2}{7}$.

Multiplions le numérateur par 3; on obtient la fraction

$$\frac{2\times3}{7}=\frac{6}{7}.$$

La première fraction contient 2 parties de l'unité partagée en 7 parties égales.

La seconde fraction contient 2×3 de ces parties, c'est-à-dire 3 fois plus que la première; elle est donc 3 *fois plus grande* que la première.

131. — **Réciproquement.** *Quand on* **divise le numérateur** *d'une fraction par un entier qui le divise exactement, sans changer le dénominateur, on obtient une nouvelle fraction* **autant de fois plus petite** *que la première que l'indique cet entier.*

132. — **2e Propriété des fractions.** *Quand on* **multiplie le dénominateur** *d'une fraction par un nombre entier sans changer son numérateur, on rend la fraction* **autant de fois plus petite** *que l'indique ce nombre entier.*

Justification. Soit la fraction $\frac{3}{7}$.

Multiplions le dénominateur par 2; on obtient la nouvelle fraction :

$$\frac{3}{7\times2}=\frac{3}{14}.$$

Dans le second cas, l'unité a été partagée en 2 fois plus de parties que dans le premier.

Donc chaque partie de l'unité, dans le premier cas, est 2 fois plus grande que chaque partie de l'unité dans le second.

On prend, dans les deux cas, le même nombre de parties, indiqué par le numérateur.

Donc la seconde fraction formée d'*autant de parties* que la première, mais chacune 2 *fois plus petite*, est 2 *fois plus petite* que la première fraction.

133. — **Réciproquement.** *Si l'on* **divise le dénominateur** *d'une fraction par un nombre entier qui le divise exactement, sans changer son numérateur, on obtient une nouvelle fraction* **autant de fois plus grande** *que la première que l'indique cet entier.*

Applications : fractions égales.

134. — **Définition.** *On dit que deux fractions sont* **égales** *quand elles mesurent la* **même grandeur** *au moyen de la* **même unité.**

135. — **3e Propriété.** *Quand on* **multiplie le numérateur et le dénominateur** *d'une fraction par un même nombre entier, on obtient une nouvelle fraction* **égale** *à la première.*

136. — **4e Propriété.** *Quand on* **divise le numérateur et le dénominateur** *d'une fraction par un même nombre entier, qui les divise exactement tous les deux, on obtient une nouvelle fraction* **égale** *à la première.*

Justification. Ces deux principes sont des conséquences immédiates des propriétés démontrées immédiatement au-dessus.

Pour multiplier le numérateur et le dénominateur d'une fraction par un même nombre entier, on peut faire les deux opérations successivement.

On multiplie le numérateur par cet entier, 3 par exemple, on rend la fraction 3 fois plus grande.

On multiplie le dénominateur par cet entier 3, on rend la

fraction précédente 3 fois plus petite, par conséquent on obtient une fraction égale à la première.

De même, quand on divise le numérateur et le dénominateur par un nombre qui les divise exactement tous les deux.

137. — **Conséquence.** *On peut donc représenter une même grandeur (au moyen de la même unité) par* **une infinité de fractions,** *toutes égales entre elles, mais de numérateurs et de dénominateurs différents.*

Parmi toutes ces fractions, il y a un avantage évident à choisir la plus simple, c'est-à-dire celle dont le numérateur et le dénominateur sont les plus petits possible.

Le numérateur et le dénominateur sont alors premiers entre eux; car autrement on pourrait les diviser tous les deux par un même nombre entier.

C'est le problème que l'on va traiter.

138. — **Fraction irréductible.** *On appelle* **fraction irréductible** *une fraction dans laquelle le numérateur et le dénominateur sont* **premiers entre eux.**

Rendre une **fraction irréductible** *ou la* **réduire à sa plus simple expression,** *c'est trouver une fraction* **irréductible** *qui lui soit* **égale.**

139. — Pour réduire une fraction à sa plus simple expression, ou trouver une fraction irréductible qui lui soit égale, on se sert de la règle suivante.

Règle pour rendre une fraction irréductible. *On décompose le numérateur et le dénominateur en facteurs premiers, et on divise chacun d'eux par le produit des facteurs premiers communs, c'est-à-dire par leur plus grand commun diviseur.*

Exemple. Soit la fraction

$$\frac{252}{378}.$$

Décomposons 252 et 378 en facteurs premiers :

252	2	378	2
126	2	189	3
63	3	63	3
21	3	21	3
7	7	7	7
1		1	

Donc $252 = 2^2 \times 3^2 \times 7,$

$378 = 2 \times 3^3 \times 7.$

Supprimons le produit des facteurs premiers communs qui est : $2 \times 3^2 \times 7$.

On a : $$\frac{252}{378} = \frac{2^2 \times 3^2 \times 7}{2 \times 3^3 \times 7} = \frac{2}{3}.$$

La fraction irréductible cherchée est $\frac{2}{3}$.

Réduction des entiers en fraction.

140. — On peut écrire un nombre entier sous forme de fraction de dénominateur quelconque.

Soit le nombre 7. On peut l'écrire sous forme de fraction de dénominateur 11, par exemple. Le numérateur sera le produit $7 \times 11 = 77$.

Je dis que 7 et $\frac{77}{11}$ sont égaux, c'est-à-dire représentent la même grandeur. En effet, la grandeur mesurée par 7 contient 7 unités. Si l'on divise l'unité en 11 parties égales, cette grandeur contiendra $7 \times 11 = 77$ de ces parties, c'est-à-dire qu'elle pourra être mesurée par le nombre fractionnaire $\frac{77}{11}$.

141. — **Inversement.** *Si le numérateur d'une fraction est divisible par le dénominateur, la frac-*

tion est un nombre entier égal au quotient de cette division.

Exemple. $\frac{35}{7}=5.$

§ III. — RÉDUCTION AU MÊME DÉNOMINATEUR

142. — **Définition.** *Réduire des fractions au* **même dénominateur** *consiste à les remplacer par des fractions ayant toutes le même dénominateur, et respectivement égales aux premières.*

On obtient une solution de ce problème en multipliant chaque terme d'une fraction par le produit des dénominateurs de toutes les autres, et en opérant ainsi sur chaque fraction séparément.

Exemple. Ainsi, soient les fractions

$$\frac{15}{18}, \quad \frac{7}{9}, \quad \frac{3}{10}.$$

On leur substitue, d'après ce qui précède les fractions

$$\frac{15\times9\times10}{18\times9\times10}, \quad \frac{7\times18\times10}{9\times18\times10}, \quad \frac{3\times18\times9}{10\times18\times9},$$

équivalentes aux proposées et ayant le même dénominateur, ce qui donne :

$$\frac{1.350}{1.620}, \quad \frac{1.260}{1.620}, \quad \frac{486}{1.620}.$$

143. — Ce procédé donne des fractions dont les termes sont en général trop grands. On peut trouver des fractions équivalentes aux proposées, et dont le dénominateur commun est plus petit que celui qu'on obtiendrait, par la méthode qui

vient d'être dite. Il y a un avantage évident à avoir des fractions avec le plus **petit dénominateur commun possible**.

144. — Réduction au plus petit dénominateur commun. Supposons que les fractions données aient été rendues chacune irréductible. Ce plus petit dénominateur commun est le **plus petit commun multiple** des dénominateurs des fractions données (réduites d'abord à leur plus simple expression).

On le formera par la méthode de décomposition des dénominateurs en facteurs premiers.

On est ainsi amené à la règle suivante.

145. — Règle pratique pour réduire des fractions au plus petit dénominateur commun.

1° *On commence par réduire chaque fraction à sa plus simple expression ;*

2° *On cherche le plus petit commun multiple des dénominateurs obtenus précédemment ;*

3° *On remplace chaque fraction par une autre fraction égale ayant ce plus petit commun multiple pour dénominateur, et ayant pour numérateur le numérateur de la fraction à transformer multiplié par les facteurs restant dans le plus petit dénominateur commun, quand on l'a divisé par les facteurs qui existaient dans le dénominateur de la fraction à transformer.*

1er *Exemple.* Reprenons les trois fractions données plus haut :

$$\frac{15}{18}, \quad \frac{7}{9}, \quad \frac{3}{10}.$$

1° La première peut se réduire; elle devient $\frac{5}{6}$, fraction maintenant irréductible.

Les deux autres sont irréductibles.

2° On a donc à chercher le plus petit commun multiple de 6, 9 et 10.

Or $6 = 2 \times 3$, $9 = 3^2$, $10 = 2 \times 5$.

Donc le plus petit commun multiple est :

$$2 \times 3^2 \times 5 = 90.$$

3° Pour transformer $\frac{5}{6}$, on remarque que les facteurs premiers de 6 sont 2 et 3; on multipliera donc le numérateur 5 par

$$3 \times 5 = 15.$$

Ce numérateur est, par suite :

$$5 \times 15 = 75.$$

La première fraction devient :

$$\frac{75}{90}.$$

La deuxième aura pour numérateur :

$$7 \times 2 \times 5 = 70.$$

Elle est donc : $\frac{70}{90}$.

La troisième aura pour numérateur :

$$3 \times 3^2 = 27;$$

elle est donc : $\frac{27}{90}$.

2e *Exemple.* Soient les trois fractions :

$$\frac{23}{756}, \quad \frac{265}{504}, \quad \frac{311}{396}.$$

Décomposons 756, 504 et 396 en facteurs premiers :

756	2	504	2	396	2
378	2	252	2	198	2
189	3	126	2	99	3
63	3	63	3	33	3
21	3	21	3	11	11
7	7	7	7	1	
1		1			

Donc $756 = 2^2 \times 3^3 \times 7,$

$504 = 2^3 \times 3^2 \times 7,$

$396 = 2^2 \times 3^2 \times 11.$

1° Ceci fait, voyons si les fractions données sont irréductibles.

23 est un nombre premier qui ne divise pas 756;

265 n'est divisible ni par 2, ni par 3, ni par 7, ni par 11;

311 est un nombre premier, qui ne divise pas 396.

Donc les trois fractions sont irréductibles.

2° Cherchons le plus petit dénominateur commun. Ce nombre est :

$$2^3 \times 3^3 \times 7 \times 11 = 16.632.$$

3° Transformons la première fraction.

On divise le plus petit dénominateur commun par 756 ou $2^2 \times 3^3 \times 7$.

Le résultat est : $2 \times 11 = 22$.

Donc le numérateur de la première fraction transformée est :

$$23 \times 22 = 506.$$

Cette fraction devient donc :

$$\frac{506}{16.632}.$$

Passons à la deuxième fraction ; on aura à diviser le plus petit dénominateur commun par 504 ou

$$2^3 \times 3^2 \times 7;$$

ce qui donne : $3 \times 11 = 33.$

Le numérateur de la deuxième fraction transformée sera donc :

$$265 \times 33 = 8.745,$$

et la deuxième fraction devient :

$$\frac{8.745}{16.632}.$$

Passons à la troisième fraction. On divise le plus petit dénominateur commun par 396 ou

$$2^2 \times 3^2 \times 11;$$

ce qui donne : $2 \times 3 \times 7 = 42.$

On multiplie 311 par 42 :

$$311 \times 42 = 13.062.$$

La troisième fraction devient :

$$\frac{13.062}{16.632}.$$

Les trois fractions sont donc :

$$\frac{506}{16.632}, \quad \frac{8.745}{16.632}, \quad \frac{13.062}{16.632}.$$

§ IV. — COMPARAISON DES FRACTIONS

146. — **Définition.** *Étant données deux fractions, on dit que la première est* plus grande *que l'autre quand la* grandeur *que mesure cette première frac-*

tion est **plus grande** *que la* **grandeur** *mesurée par l'autre.*

On a vu que la même grandeur pouvait être représentée par autant de fractions que l'on voulait. On pourra donc, pour comparer deux fractions, les amener en particulier à avoir le même dénominateur.

La **plus grande** est alors celle qui a le **plus grand** numérateur, car dans les deux cas les deux grandeurs se composent des mêmes parties de l'unité ; la plus grande est évidemment celle qui contient le plus grand nombre de ces parties.

On applique donc la règle suivante.

147. — **Règle pour comparer les fractions.** *Pour comparer deux fractions, on les réduit au même dénominateur ; cela fait, la* **plus grande** *est celle qui a le* **plus grand numérateur.**

S'il y a plus de deux fractions à comparer, on les réduit toutes au même dénominateur; les fractions sont entre elles dans le même sens de grandeur que leurs numérateurs après cette première opération.

148. — **Comparaison d'une fraction et de l'unité.** 1° *Une fraction dont le numérateur est* **supérieur** *au dénominateur est* **plus grande** *que l'unité.*

Soit, par exemple, la fraction $\frac{23}{5}$.

Je dis que $\frac{23}{5} > 1$.

En effet, on peut écrire :

$$1 = \frac{5}{5}.$$

Or $$\frac{23}{5} > \frac{5}{5},$$

d'après la règle précédente.

Donc $$\frac{23}{5} > 1.$$

2° *Une fraction dont le dénominateur est* **supérieur** *au numérateur est* **plus petite** *que l'unité.*

Soit $$\frac{5}{23}.$$

Je dis que cette fraction est plus petite que 1.

En effet, $$1 = \frac{23}{23}.$$

Or $$\frac{5}{23} < \frac{23}{23},$$

ou $$\frac{5}{23} < 1.$$

3° *Une fraction dont le numérateur est* **égal** *au dénominateur est* **égale à l'unité.**

149. — **Nombre fractionnaire.** *On appelle* **nombre fractionnaire** *la réunion d'un nombre entier et d'une fraction plus petite que* 1.

Le nombre entier est la *partie entière*, la fraction est la *partie fractionnaire.*

Ainsi $$3\frac{4}{5},$$

qu'on énonce : trois, quatre cinquièmes, est un nombre fractionnaire.

Cela représente la grandeur mesurée par trois unités réunies à quatre cinquièmes de cette unité.

Si l'on remarque que trois unités valent :

$$\frac{3 \times 5}{5} = \frac{15}{5},$$

on a la fraction formée par la réunion de $\frac{15}{5}$ et de $\frac{4}{5}$ de l'unité; c'est-à-dire de

$$\frac{15+4}{5}=\frac{19}{5} \text{ de l'unité.}$$

Donc, un nombre fractionnaire représente une fraction plus grande que 1. On en déduit la règle suivante.

Règle pratique pour transformer un nombre fractionnaire en fraction. *On prend pour numérateur le produit du dénominateur par la partie entière augmenté du numérateur de la partie fractionnaire, et pour dénominateur celui de la partie fractionnaire.*

150. — Inversement, une fraction plus grande que 1 peut s'écrire sous la forme d'un nombre fractionnaire.

Soit, par exemple, la fraction $\frac{19}{5}$.

On a : $$19=3\times5+4.$$

On a donc la réunion de $3\times5=15$ parties de l'unité divisée en 5 parties égales et de 4 autres parties égales de l'unité.

Les 15 premières parties de l'unité divisée en 5 parties valent 3 unités complètes. Donc la fraction est la réunion de 3 unités et de 4 cinquièmes de l'unité. On l'écrit :

$$\frac{19}{5}=3\frac{4}{5}.$$

On a ainsi un nombre formé d'un entier et d'une fraction, c'est-à-dire un nombre fractionnaire. On déduit de ce qui précède la règle suivante.

151. — **Règle pratique pour transformer une fraction plus grande que 1 en nombre frac-**

tionnaire. *On divise le numérateur par le dénominateur. Le quotient est la partie entière du nombre fractionnaire. La fraction ayant le reste pour numérateur et le même dénominateur que la fraction primitive, est la partie fractionnaire.*

Si la division se *fait exactement*, le résultat est un *nombre entier*, comme on l'avait déjà vu plus haut.

La partie entière indique combien il y a d'*entiers* dans la fraction.

152. — **Extraire les entiers d'une fraction plus grande que 1.** Le nombre d'entiers contenus dans la fraction est donc égal au **quotient** de la division du numérateur par le dénominateur.

Exercices sur les fractions.

90. Simplifier les fractions suivantes :

$$\frac{18}{48}, \quad \frac{15}{36}, \quad \frac{14}{49}.$$

91. Convertir en fractions les nombres

$$3\frac{2}{3}, \quad 2\frac{7}{12}, \quad 5\frac{9}{13}.$$

92. Extraire les entiers contenus dans les fractions suivantes :

$$\frac{15}{4}, \quad \frac{25}{12}, \quad \frac{143}{25}.$$

93. Rendre la fraction $\frac{12}{17}$ trois fois plus petite.

94. Rendre la fraction $\frac{3}{11}$ trois fois plus grande.

95. Rendre la fraction $\frac{7}{24}$ trois fois plus grande.

96. Rendre la fraction $\frac{7}{5}$ trois fois plus petite.

97. Rendre le nombre fractionnaire $1\frac{2}{3}$ cinq fois plus petit.

98. Rendre le nombre fractionnaire $2\frac{5}{7}$ trois fois plus grand.

99. Réduire au même dénominateur les fractions

$$\frac{5}{7}, \quad \frac{8}{21}, \quad \frac{5}{14}.$$

100. Réduire au même dénominateur (le plus petit dénominateur commun) les fractions

$$\frac{2}{9}, \quad \frac{5}{12}, \quad \frac{11}{18}.$$

101. Réduire au plus petit dénominateur commun les fractions

$$\frac{17}{40}, \quad \frac{5}{18}, \quad \frac{24}{144}.$$

102. Comparer entre elles les fractions

$$\frac{157}{234}, \quad \frac{231}{360}, \quad \frac{73}{96}.$$

103. Comparer entre elles les fractions

$$\frac{15}{21}, \quad \frac{9}{11}, \quad \frac{3}{7}, \quad \frac{12}{21}.$$

104. On donne la fraction $\frac{5}{12}$; montrer que si l'on ajoute 7 aux deux termes de la fraction, elle augmente.

105. On donne la fraction $\frac{12}{5}$; montrer que si l'on ajoute 4 aux deux termes de la fraction, elle diminue.

106. On a mesuré une longueur avec une unité, et on

a trouvé qu'elle contenait 17 fois cette unité; on mesure une deuxième longueur avec une unité 3 fois plus grande que la première et on trouve que cette seconde longueur contient 18 fois cette seconde unité. Quelle est la fraction qui mesure la première longueur quand on prend la seconde longueur pour unité?

CHAPITRE IX

OPÉRATIONS SUR LES FRACTIONS

§ I. — ADDITION DES FRACTIONS

153. — **Addition des grandeurs. Somme.** Plusieurs grandeurs de *même espèce* peuvent être *réunies* en une seule, qui sera une *autre grandeur de même espèce.*

Ainsi on peut réunir des longueurs en les portant bout à bout l'une à la suite de l'autre : on obtiendra une longueur formée par la réunion des autres et qui en sera la **somme**. On dit encore qu'on a *ajouté* ces longueurs les unes aux autres ou qu'on les a **additionnées**.

De même on pourra *ajouter* des volumes entre eux et, d'une manière générale, des grandeurs de même espèce.

Ces grandeurs seront représentées par des nombres entiers ou des fractions; on se propose, connaissant les entiers et les fractions qui représentent chacune des grandeurs, de trouver le nombre entier ou la fraction qui représente leur somme.

Il est toujours entendu que toutes ces grandeurs à ajouter, ainsi que leur somme, sont **mesurées** au moyen de la **même unité**.

154. — Addition des fractions. *Additionner des nombres entiers ou des fractions, c'est trouver le nombre entier ou la fraction qui mesure la somme des grandeurs mesurées par les nombres entiers ou les fractions donnés.*

Ce nombre entier ou cette fraction s'appelle **somme** des entiers ou fractions donnés.

Signe. Le signe est le signe $+$, le même que pour l'addition des nombres entiers.

155. — Règle pratique. I. *Les fractions ont toutes le même dénominateur.*

On additionne les numérateurs entre eux et l'on conserve le même dénominateur; on simplifie ensuite s'il y a lieu.

Exemple. Soit à faire la somme

$$\frac{2}{15}+\frac{4}{15}+\frac{11}{15}.$$

Cette somme est égale à

$$\frac{2+4+11}{15}=\frac{17}{15}.$$

156. — II. *Les fractions n'ont pas toutes le même dénominateur.*

1) On les réduit au même dénominateur.

2) On applique la règle précédente.

Soit à effectuer la somme

$$\frac{3}{10}+\frac{4}{15}+\frac{2}{25}.$$

On a :

$$10=2\times5,$$
$$15=3\times5,$$
$$25=5^2.$$

Le plus petit dénominateur commun est 150. Les fractions ayant 150 pour dénominateur et équivalentes aux proposées sont :

$$\frac{45}{150}, \quad \frac{40}{150}, \quad \frac{12}{150},$$

dont la somme est :

$$\frac{45+40+12}{150}=\frac{97}{150},$$

fraction irréductible.

Propositions sur l'addition.

157. — 1) *On ne change pas la somme de plusieurs fractions quand on change l'ordre dans lequel on les écrit pour les additionner.*

En effet, on aura toujours à réduire ces fractions au même dénominateur, ce qui se fait de la même manière, quel que soit l'ordre dans lequel on les écrit. Puis on fait la somme des numérateurs, qui sont des nombres entiers. La valeur de cette somme ne dépend pas de l'ordre dans lequel ces numérateurs sont écrits.

158. — 2) *On peut remplacer dans une somme de fractions plusieurs fractions par leur somme effectuée.*

Ainsi on pourra écrire :

$$\frac{2}{5}+\frac{1}{6}+\frac{3}{4}+\frac{1}{12}=\left(\frac{2}{5}+\frac{1}{6}\right)+\left(\frac{3}{4}+\frac{1}{12}\right),$$

en se rappelant que la parenthèse signifie que l'on doit effectuer les opérations qui y sont indiquées, et que l'on doit la traiter ensuite comme la fraction ou le nombre entier qui résultent de ces opérations.

Ces deux propositions sont une généralisation de celles qui ont été établies pour les nombres entiers.

Cas particulier à l'addition des nombres fractionnaires.

159. — **Règle.** *Pour additionner deux nombres fractionnaires, on additionne :*

1° *Les parties entières;*

2° *Les parties fractionnaires;*

3° *On extrait les entiers de la somme de ces parties fractionnaires, s'il y a lieu, et on les ajoute à la somme des parties entières : on obtient la partie entière de la somme; la partie fractionnaire est la fraction restante après la dernière opération.*

Exemple. Soit à faire la somme

$$2\frac{3}{5} + 4\frac{11}{15}.$$

On forme : $2 + 4 = 6,$

$$\frac{3}{5} + \frac{11}{15} = \frac{9}{15} + \frac{11}{15} = \frac{20}{15} = \frac{4}{3} = 1\frac{1}{3}.$$

La somme est donc :

$$7\frac{1}{3}.$$

160. — *Remarque.* On aurait pu également transformer les nombres fractionnaires en fractions et faire la somme de ces fractions, puis transformer cette somme en nombre fractionnaire.

Mais les opérations conduites de cette manière auraient été moins simples que les précédentes.

§ II. — SOUSTRACTION DES FRACTIONS

161. — Nous avons défini deux fractions **inégales** et appris à reconnaître quelle est **la plus grande** et quelle est **la plus petite.**

En ajoutant à la plus petite fraction une autre fraction convenablement choisie, on retrouve la plus grande. C'est en cette opération que consiste la soustraction, que nous définirons ainsi :

162. — **Définition de la soustraction des fractions.** *Soustraire une fraction d'une autre plus grande, c'est trouver une troisième fraction qui, additionnée à la plus petite, donne pour somme la plus grande.*

Cette définition est la même que pour les nombres entiers.

La troisième fraction déterminée comme on vient de le dire s'appelle **différence** des deux fractions proposées, ou **excès** de la première fraction sur la seconde.

Signe de la soustraction. Le signe est le même que pour les nombres entiers : —. Ainsi l'opération qui consiste à soustraire $\frac{2}{7}$ de $\frac{3}{5}$ s'écrira :

$$\frac{3}{5} - \frac{2}{7},$$

et s'énonce comme pour les nombres entiers.

Règle de la soustraction des fractions.

163. — I. *Les fractions ont même dénominateur.*

On retranche les numérateurs et l'on garde le

même dénominateur, puis l'on simplifie la fraction ainsi obtenue, s'il y a lieu.

Exemple.

$$\frac{9}{16}-\frac{3}{16}=\frac{9-3}{16}=\frac{6}{16}=\frac{3}{8}.$$

164. — II. *Les fractions n'ont pas même dénominateur.*

1° On les réduit au même dénominateur;

2° On applique la règle précédente.

Exemple. Soit à effectuer l'opération

$$\frac{7}{10}-\frac{2}{25}.$$

$$10=2\times5,$$

$$25=5^2.$$

Le plus petit dénominateur commun est :

$$2\times5^2=50,$$

et l'on a :

$$\frac{7}{10}=\frac{35}{50},\quad \frac{2}{25}=\frac{4}{50}.$$

Le résultat est donc :

$$\frac{7}{10}-\frac{2}{25}=\frac{35}{50}-\frac{4}{50}=\frac{35-4}{50}=\frac{31}{50},$$

qui est une fraction irréductible.

Si l'on a à opérer sur des nombres fractionnaires, on les réduit en fractions, et on opère comme ci-dessus.

165. — **Preuve de la soustraction.** On additionne la différence à la plus petite fraction, et l'on doit retrouver la plus grande fraction.

Exemple. Reprenons les fractions de l'exemple précédent.

On aura :

$$\frac{2}{25}+\frac{31}{50}=\frac{4}{50}+\frac{31}{50}=\frac{35}{50}=\frac{5\times7}{2\times5^2}=\frac{7}{2\times5}=\frac{7}{10},$$

qui est bien la plus grande des deux fractions proposées.

Additions et soustractions successives.

166. — **I.** On peut avoir à effectuer la série d'opérations suivantes :

$$\frac{2}{3}-\frac{1}{5}+\frac{3}{4}-\frac{2}{7},$$

c'est-à-dire que l'on a à retrancher $\frac{1}{5}$ de $\frac{2}{3}$, à ajouter $\frac{3}{4}$ à la différence ainsi obtenue, et à retrancher $\frac{2}{7}$ de cette dernière somme.

On peut opérer de la manière suivante :

Règle. *On fait la somme de toutes les fractions à ajouter (précédées du signe +), et on en retranche la somme de toutes les fractions à soustraire (précédées du signe —).*

Ainsi

$$\frac{2}{3}-\frac{1}{5}+\frac{3}{4}-\frac{2}{7}=\frac{2}{3}+\frac{3}{4}-\left(\frac{1}{5}+\frac{2}{7}\right),$$

en se rappelant la signification de la *parenthèse.*

Le résultat est donné comme il suit :

$$\frac{2}{3}+\frac{3}{4}=\frac{17}{12},$$

somme des fractions à additionner ;

$$\frac{1}{5}+\frac{2}{7}=\frac{17}{35},$$

somme des fractions à soustraire.

On réduit au même dénominateur, qui est ici.

$$12 \times 35 = 420.$$

$$\frac{17}{12} = \frac{17 \times 35}{420} = \frac{595}{420},$$

$$\frac{17}{35} = \frac{17 \times 12}{420} = \frac{204}{420}.$$

Le résultat est :

$$\frac{595 - 204}{420} = \frac{391}{420},$$

fraction irréductible.

167. — II. On peut avoir à effectuer les opérations suivantes :

$$\frac{2}{3} + \frac{3}{4} - \frac{4}{5} - \left(\frac{5}{7} - \frac{2}{3}\right),$$

ce qui signifie que l'on effectuera d'abord les opérations indiquées dans la parenthèse. On suppose que, dans le cas d'une soustraction, l'opération est possible. Puis on retranche la parenthèse du résultat des opérations sur les premières fractions :

$$\frac{2}{3} + \frac{3}{4} - \frac{4}{5} = \frac{40}{60} + \frac{45}{60} - \frac{48}{60} = \frac{37}{60},$$

$$\frac{5}{7} - \frac{2}{3} = \frac{1}{21}.$$

On forme : $\frac{37}{60} - \frac{1}{21}.$

Le plus petit dénominateur commun est 420.

$$\frac{37}{60} = \frac{259}{420},$$

$$\frac{1}{21} = \frac{20}{420}.$$

Le résultat final est :

$$\frac{259}{420}-\frac{20}{420}=\frac{239}{420},$$

fraction irréductible.

168. — L'opération qu'on vient de faire pourrait être effectuée d'une autre manière. On s'appuie sur le principe suivant, qui est le même pour les fractions que pour les nombres entiers :

Principe. *On ne change pas la différence de deux fractions en augmentant ou en diminnant d'une même fraction les deux fractions à soustraire. Il faut néanmoins que, dans le cas où l'on retranche une même fraction aux deux fractions à soustraire, cette fraction soit plus petite que chacune des deux fractions données.*

Si l'on applique ce principe à l'exemple suivant :

$$\frac{37}{60}-\left(\frac{5}{7}-\frac{2}{3}\right),$$

on peut écrire les opérations à effectuer de la manière suivante :

$$\frac{37}{60}+\frac{2}{3}-\left(\frac{5}{7}-\frac{2}{3}+\frac{2}{3}\right),$$

en ajoutant aux deux nombres à soustraire la fraction $\frac{2}{3}$, ce qui revient à $\frac{37}{60}+\frac{2}{3}-\frac{5}{7}$.

On obtient :

$$\frac{37}{60}+\frac{2}{3}=\frac{37}{60}+\frac{40}{60}=\frac{77}{60},$$

puis $$\frac{77}{60}-\frac{5}{7}=\frac{539-300}{420}=\frac{239}{420},$$

comme plus haut.

§ III. — MULTIPLICATION DES FRACTIONS

1° Multiplier une fraction par un nombre entier.

169. — **Définition.** *Multiplier une fraction par un nombre entier, c'est faire la somme d'autant de fractions égales à la fraction donnée qu'il y a d'unités dans le nombre entier.*

La fraction s'appelle **multiplicande**, le nombre entier s'appelle **multiplicateur**, le résultat se nomme **produit**; le multiplicande et le multiplicateur sont les **facteurs** du produit.

Le signe de l'opération est $\times$, qu'on énonce **multiplié par**.

Règle. *Pour multiplier une fraction par un nombre entier, on multiplie le numérateur par ce nombre entier, et l'on conserve le même dénominateur; puis on simplifie la fraction ainsi obtenue, s'il y a lieu.*

Exemple. Soit à multiplier $\frac{3}{5}$ par 7,

qu'on écrit : $\frac{3}{5}\times 7.$

On obtient, en appliquant la règle précédente :

$$\frac{3}{5}\times 7=\frac{21}{5},$$

fraction irréductible.

Justification de la règle précédente. On a, dans l'exemple précédent, à additionner 7 fractions égales à $\frac{3}{5}$, ce qui donne :

$$\underbrace{\frac{3}{5}+\frac{3}{5}+\frac{3}{5}+\frac{3}{5}+\frac{3}{5}+\frac{3}{5}+\frac{3}{5}}_{7\text{ fois.}}=\frac{\overbrace{3+3+3+3+3+3+3}^{7\text{ fois.}}}{5},$$

ou

$$\frac{3\times 7}{5}=\frac{21}{5}.$$

170. — *Remarque.* Multiplier une fraction par un nombre entier revient donc à former une nouvelle fraction autant de fois plus grande que la première que l'indique ce nombre entier. — En s'appuyant sur ce qui a été dit à ce sujet, on est amené au cas particulier suivant :

Cas particulier. Supposons que le dénominateur de la fraction multiplicande soit **divisible par** le nombre entier *multiplicateur*, on appliquera la règle suivante.

Règle particulière. *On divise, quand cela est possible, le dénominateur de la fraction multiplicande par le nombre entier donné; on prend ce quotient comme dénominateur et l'on conserve le même numérateur.*

171. — Ces deux manières d'opérer reviennent au même, comme on l'a montré plus haut. Il est facile de voir, par un exemple, que les deux règles, quand la seconde est applicable, conduisent au même résultat.

Soit, en effet, à effectuer l'opération

$$\frac{3}{4} \times 2.$$

1° Appliquons la règle générale :

$$\frac{3}{4} \times 2 = \frac{3 \times 2}{4} = \frac{3 \times 2}{2 \times 2} = \frac{3}{2}.$$

On a multiplié le numérateur de la fraction multiplicande par le nombre entier multiplicateur, et l'on a simplifié.

2° Appliquons la règle particulière. Le dénominateur 4 est divisible par 2 et le quotient est 2. Le résultat de l'opération sera donc $\frac{3}{2}$.

La règle particulière, *quand on peut l'appliquer*, donne tout de suite le résultat cherché sous la forme d'une fraction irréductible.

On doit donc s'en servir de préférence, quand on le peut.

2° Multiplier une fraction (ou un entier) par une fraction.

172. — **Définition.** *Multiplier une fraction appelée* **multiplicande** *par une autre fraction appelée* **multiplicateur**, *c'est trouver une nouvelle fraction, appelée* **produit**, *qui soit formée avec le multiplicande comme le multiplicateur est formé avec l'unité.*

Soit à multiplier $\frac{2}{3}$ par $\frac{3}{4}$.

Supposons que l'on ait pris une unité de longueur; $\frac{2}{3}$ représente une longueur obtenue en prenant 2 parties de l'unité divisée en 3 parties égales. Multiplier cette fraction par $\frac{3}{4}$, c'est diviser cette dernière longueur en 4 parties égales et prendre 3 de ces parties.

C'est faire sur la longueur mesurée par la fraction $\frac{2}{3}$ l'opération que l'on aurait à faire sur l'unité pour obtenir la longueur représentée par la fraction $\frac{3}{4}$.

173. — *Remarque.* La définition précédente con-

tient comme cas particulier la définition de la multiplication de deux entiers entre eux, ou d'une fraction par un entier.

Ainsi, soit à multiplier $\frac{3}{4}$ par 5.

On a vu que cela revient à additionner 5 fractions toutes égales à $\frac{3}{4}$.

C'est donc faire sur la fraction $\frac{3}{4}$ la même opération que l'on aurait à faire sur l'unité pour retrouver 5, c'est-à-dire la répéter 5 fois et additionner ensuite ces 5 fractions égales.

174. — Règle pratique de la multiplication d'une fraction (ou d'un nombre entier) par une fraction. *On multiplie les numérateurs entre eux et les dénominateurs entre eux. La fraction cherchée ou produit a pour numérateur le produit des numérateurs, pour dénominateur le produit des dénominateurs. On la simplifie ensuite, s'il y a lieu.*

Exemple. Soit à effectuer la multiplication suivante :

$$\frac{2}{3} \times \frac{3}{4}.$$

On aura, d'après la règle précédente :

$$\frac{2}{3} \times \frac{3}{4} = \frac{2 \times 3}{3 \times 4} = \frac{2 \times 3}{2^2 \times 3} = \frac{1}{2}.$$

Exemple. Soit à effectuer la multiplication suivante :

$$2 \times \frac{3}{5}.$$

On a :

$$2 \times \frac{3}{5} = \frac{2 \times 3}{5} = \frac{6}{5}.$$

175. — *Justification de cette règle.* Soit à multiplier :

$$\frac{2}{3} \text{ par } \frac{3}{4}.$$

Pour passer de la grandeur unité à la grandeur représentée par $\frac{3}{4}$, on partage l'unité en 4 parties, puis on prend 3 de ces parties.

Faisons la même opération sur la grandeur représentée par $\frac{2}{3}$.

Il faut d'abord la partager en 4 parties, c'est-à-dire former une fraction 4 fois plus petite ; pour cela, on multiplie son dénominateur par 4, dénominateur du multiplicateur, ce qui donne : $\frac{2}{3 \times 4}$.

Puis il faut additionner 3 fractions égales à la nouvelle fraction ainsi formée, ou former une fraction 3 fois plus grande que cette dernière ; on multiplie donc le numérateur de cette dernière par 3, ce qui donne : $\frac{2 \times 3}{3 \times 4}$.

On a donc l'égalité

$$\frac{2}{3} \times \frac{3}{4} = \frac{2 \times 3}{3 \times 4}.$$

En simplifiant, le produit devient $\frac{1}{2}$.

176. — *Remarque.* D'après ce qui a été dit, on peut intervertir l'ordre du multiplicande et du multiplicateur, quand ces derniers sont des entiers ou des fractions.

Ainsi $$2 \times \frac{3}{4} = \frac{3}{4} \times 2,$$

$$\frac{5}{8} \times \frac{3}{4} = \frac{3}{4} \times \frac{5}{8}.$$

Cela résulte des deux règles de multiplication données plus haut.

Multiplications successives de plusieurs fractions.

177. — **Définition.** Multiplier entre elles plusieurs fractions écrites dans un ordre déterminé,

c'est faire les opérations suivantes : On multiplie la première par la deuxième, ce qui donne un premier produit partiel; on multiplie ce produit par la troisième fraction, ce qui donne un deuxième produit partiel; etc., jusqu'à la dernière fraction. Le dernier produit obtenu est le résultat de l'opération ou **produit** de toutes les fractions. Les fractions données s'appellent les **facteurs** du produit.

178. — **Règle.** *Pour multiplier plusieurs fractions entre elles, on forme le produit des numérateurs, le produit des dénominateurs. Le résultat cherché est une fraction ayant pour numérateur le produit des numérateurs, pour dénominateur le produit des dénominateurs, que l'on simplifie s'il y a lieu.*

Exemple. Soit à former le produit

$$\frac{3}{7}\times\frac{5}{4}\times\frac{2}{3}\times\frac{4}{9}.$$

Ce produit est égal à

$$\frac{3\times5\times2\times4}{7\times4\times3\times9}=\frac{2\times5}{7\times9}=\frac{10}{63}.$$

179. — *Remarque importante.* La règle précédente montre que le produit de plusieurs fractions ne dépend **pas de l'ordre** dans lequel on les écrit pour les multiplier. On peut avoir des nombres entiers comme facteurs dans un tel produit; on les traite comme des fractions dont le dénominateur est 1.

180. — **Nombre fractionnaire.** Quand un des facteurs est un nombre fractionnaire, on le transforme d'abord en fraction, puis on opère sur cette fraction comme il a été dit.

Multiplier une somme de fractions par une fraction, ou une fraction par une somme de fractions.

181. — *On effectue d'abord la somme donnée de fractions, le résultat est une nouvelle fraction que l'on multiplie par la fraction donnée.*

Exemple. Soit à effectuer :

$$\left(\frac{2}{3}+\frac{3}{4}\right)\times\frac{2}{5}.$$

On effectue la somme

$$\frac{2}{3}+\frac{3}{4}=\frac{17}{12}.$$

On fait le produit

$$\frac{17}{12}\times\frac{2}{5}=\frac{17\times2}{12\times5}=\frac{17}{30}.$$

182. — On peut procéder autrement :

On multiplie chaque fraction de la somme par la fraction donnée, et on fait ensuite la somme des fractions produites ainsi trouvées.

Ainsi, dans l'exemple précédent, on forme :

$$\frac{2}{3}\times\frac{2}{5}=\frac{4}{15},$$

et

$$\frac{3}{4}\times\frac{2}{5}=\frac{3}{10}.$$

On fait la somme

$$\frac{4}{15}+\frac{3}{10}=\frac{8}{30}+\frac{9}{30}=\frac{17}{30}.$$

La règle que l'on vient d'énoncer est donc la même que la règle donnée pour la multiplication d'une somme de nombres entiers par un entier.

Dans la pratique, il est généralement préférable d'effectuer d'abord la somme, puis de la multiplier par l'entier ou la fraction donnée.

Multiplier une différence de fractions par une fraction.

Le procédé ordinaire consiste à effectuer la différence et à la multiplier ensuite par la fraction donnée.

On peut aussi former séparément le produit de chaque fraction de la différence par la fraction donnée, puis faire la différence de ces deux produits.

D'une manière générale :

Toutes les propriétés de la multiplication des sommes ou des différences de nombres entiers subsistent pour la multiplication de sommes ou de différences de fractions.

§ IV. — DIVISION DES FRACTIONS

184. — Définition. **Diviser** *une fraction par une autre fraction, c'est déterminer une troisième fraction dont le produit par la seconde soit égal à la première.*

La première fraction s'appelle : **dividende**, la seconde : **diviseur**. La troisième fraction cherchée est le **quotient**.

Signe. Le signe est le suivant : placé entre le dividende et le diviseur, et qui se lit : **divisé par**.

En particulier, le dividende, le diviseur et le quotient peuvent être séparément ou ensemble des nombres entiers ; on considère alors un entier comme une fraction de dénominateur égal à 1.

Pour trouver le quotient de deux fractions, on applique la règle suivante.

185. — **Règle pratique.** *Pour trouver le quotient de deux fractions, on multiplie la fraction dividende par la fraction diviseur renversée et l'on simplifie le résultat trouvé, s'il y a lieu.*

Exemple. Soit à effectuer l'opération

$$\frac{3}{4} : \frac{5}{2}.$$

En appliquant la règle, on trouve :

$$\frac{3}{4} : \frac{5}{2} = \frac{3}{4} \times \frac{2}{5} = \frac{3 \times 2}{2^2 \times 5} = \frac{3}{10}.$$

Justification. La justification de cette règle est évidente. Reprenons l'exercice précédent.

Si l'on multiplie $\frac{3}{10}$ par $\frac{5}{2}$, on obtient :

$$\frac{3}{10} \times \frac{5}{2} = \frac{3 \times 2}{2^2 \times 5} \times \frac{5}{2} = \frac{3 \times 2 \times 5}{2^2 \times 5 \times 2} = \frac{3}{2^2} = \frac{3}{4},$$

ce qui redonne bien le dividende.

186. — **Preuve.** On fait la preuve en multipliant le quotient obtenu par la fraction diviseur ; on doit retrouver la fraction dividende.

187. — **Cas particuliers.** Quand le diviseur est un nombre entier, par exemple 3, on pourra l'écrire $\frac{3}{1}$; la fraction diviseur renversée est $\frac{1}{3}$; on multiplie le dividende par $\frac{1}{3}$.

Donc :

Pour diviser une fraction par un nombre entier, on multiplie le dénominateur de la fraction divi-

dende par le nombre entier et l'on conserve le numérateur; puis on simplifie, s'il y a lieu.

Cette règle est l'application immédiate de la règle générale ; dans certains cas, on peut la remplacer par la suivante :

On peut, pour diviser une fraction par un nombre entier, diviser le numérateur par cet entier, si la division exacte est possible, et garder le même dénominateur.

Exemple. Soit à effectuer :

$$\frac{6}{7} : 2.$$

On aura donc, en remarquant que $6 = 2 \times 3$, le résultat $\frac{3}{7}$.

On serait arrivé à cette même fraction en appliquant la règle générale qui aurait été d'un emploi plus long :

$$\frac{6}{7} : 2 = \frac{6}{7} : \frac{2}{1} = \frac{6}{7} \times \frac{1}{2} = \frac{6}{2 \times 7} = \frac{2 \times 3}{2 \times 7} = \frac{3}{7}.$$

188. — **Nombres fractionnaires.** *Pour diviser un nombre fractionnaire par un autre nombre fractionnaire, on les transforme d'abord en fractions, qu'on traite ensuite comme plus haut.*

Exemple. Soit à effectuer :

$$2\frac{3}{4} : 3\frac{1}{7}.$$

On a :

$$2\frac{3}{4} = \frac{11}{4},$$

$$3\frac{1}{7} = \frac{22}{7}.$$

Donc

$$2\frac{3}{4} : 3\frac{1}{7} = \frac{11}{4} : \frac{22}{7} = \frac{11 \times 7}{4 \times 22} = \frac{7 \times 11}{2^3 \times 11} = \frac{7}{2^3} = \frac{7}{8}.$$

Le quotient est : $\frac{7}{8}$.

189. — **Quotient complet.** On a vu que, étant donnés deux nombres entiers, il n'était **pas toujours possible** de trouver un troisième nombre entier dont le produit par le second des deux entiers donnés soit égal au premier.

Dans le cas où cela était **possible**, nous avons dit que le premier nombre était **divisible** par le second.

Mais, si l'on ne se borne plus seulement à un troisième nombre **entier** jouissant de la propriété indiquée plus haut, il est toujours possible, étant donnés deux entiers, de trouver une **fraction** (pouvant, dans certains cas particuliers, être égale à un **entier**) et dont le produit par le second nombre soit égal au premier.

Nous appellerons cette fraction **quotient complet** du premier nombre par le second.

Exemple. Soit à diviser 17 par 6; il n'existe **aucun nombre entier** dont le produit par 6 soit égal à 17, car 17 n'est pas divisible par 6. Mais si l'on prend la fraction $\frac{17}{6}$, son produit par 6 est bien égal à 17. $\frac{17}{6}$ est le **quotient complet de 17 par 6.**

On écrira : $17 : 6 = \frac{17}{6}$.

189. — **Règle pour former le quotient complet.** *Pour former le quotient complet d'un nombre entier par un second nombre entier, on forme la*

fraction ayant le premier nombre pour numérateur et le second pour dénominateur; on simplifie ensuite cette fraction s'il y a lieu.

De même, le quotient complet de deux fractions est celui que nous avons appris à former dans la division de deux fractions.

Inverses.

190. — **Cas particulier.** Si l'on **divise** le nombre entier 1 par un nombre entier quelconque, le résultat s'appelle **inverse de ce nombre entier.**

C'est une fraction dont le numérateur est 1, et dont le dénominateur est égal au nombre entier donné.

L'inverse de 7 est :

$$1 : 7 = \frac{1}{7}.$$

191. — De même, on définira **l'inverse d'une fraction** : *le quotient de l'unité par cette fraction.*

L'inverse d'une fraction est égal à cette fraction renversée.

Ainsi l'inverse de $\frac{3}{4}$ est le résultat de l'opération :

$$1 : \frac{3}{4} = 1 \times \frac{4}{3} = \frac{4}{3}.$$

Problèmes sur les fractions (opérations).

107. Que reste-t-il du nombre 735, lorsqu'on en a pris les $\frac{3}{5}$?

108. Effectuer les opérations suivantes:

$$\frac{5}{7}+\frac{8}{21}+\frac{5}{14},$$

$$\frac{2}{9}+\frac{5}{12}-\frac{11}{18},$$

$$1\frac{3}{4}+\frac{1}{2}-1\frac{5}{8}.$$

109. Trouver un nombre tel qu'en lui ajoutant les $\frac{5}{11}$, on trouve 272 pour résultat.

110. Calculer l'expression

$$7\frac{2}{3}+5\frac{3}{7}-2\frac{5}{9}-\left(4\frac{5}{12}-3\frac{2}{9}\right).$$

111. On a fait les $\frac{3}{9}$ d'un ouvrage, puis les $\frac{2}{7}$. Quelle fraction reste-t-il à faire?

112. Une fontaine remplit un bassin en 8 heures; un robinet le viderait en 12 heures. Quelle fraction du bassin sera remplie en 5 heures, si on les fait fonctionner tous les deux?

113. Une personne a dépensé les $\frac{2}{5}$ de sa fortune. Au bout d'un certain temps, ce qui lui reste se trouve augmenté des $\frac{3}{8}$. La personne possède alors 99.000 fr. Quelle était sa fortune primitive?

114. Une personne a dépensé les $\frac{2}{5}$ de sa fortune. Elle reçoit alors 16.000 francs, qu'elle ajoute à ce qui lui reste. La nouvelle somme ainsi formée se trouve augmentée des $\frac{3}{8}$, et la personne possède alors 55.000 fr. Quelle était sa fortune primitive?

115. Un tonneau est rempli aux $\frac{5}{9}$ de sa capacité.

Pour le remplir entièrement, il faut ajouter 27 litres $\frac{2}{3}$. Quelle est sa capacité en litres et fractions de litres?

116. On a retiré d'un réservoir le $\frac{1}{4}$ de ce qu'il contenait, puis 95 litres. Il est après cela rempli aux $\frac{5}{13}$. Combien contenait-il quand il était plein?

117. Un joueur a perdu les $\frac{2}{5}$ de la somme qu'il possédait, puis le $\frac{1}{8}$; il possède 3.800 francs. Quelle somme possédait-il au début?

118. Effectuer l'opération :

$$1\frac{2}{3}+5\frac{1}{4}-3\frac{1}{12}, \quad \text{divisé par} \quad 2\frac{3}{4}-1\frac{2}{3}.$$

119. Effectuer l'opération :

$$\frac{12}{25}\times\left(\frac{5}{3}-\frac{3}{4}\right).$$

120. Vérifier que le résultat est le même que celui des opérations suivantes :

$$\frac{12}{25}\times\frac{5}{3}-\frac{12}{25}\times\frac{3}{4}.$$

121. Trouver l'inverse du nombre :

$$2\frac{3}{4}-1\frac{2}{3}.$$

122. Effectuer la division de :

$$\frac{5}{12}\times\left(\frac{7}{9}-\frac{23}{36}\right), \quad \text{par} \quad \frac{4}{5}\times\left(\frac{3}{8}-\frac{1}{6}\right).$$

123. Une famille consacre les $\frac{2}{9}$ de son revenu aux frais relatifs à la nourriture, le $\frac{1}{6}$ aux frais relatifs

au logement, le $\frac{1}{5}$ aux frais relatifs à l'habillement et le $\frac{1}{4}$ aux frais divers. Sachant qu'après ces dépenses il reste un excédent de 2.146 francs; on demande : 1° le revenu total; 2° les dépenses de chaque espèce.

CHAPITRE X

FRACTIONS DÉCIMALES

§ I. — NOMBRES DÉCIMAUX

192. — **Définition.** *On appelle* **fraction décimale** *une fraction dont le* **dénominateur** *est une puissance de* **10.**

Exemple. La fraction

$$\frac{317}{10^3},$$

qui est égale à $$\frac{317}{1.000}.$$

Nous allons indiquer une autre manière d'écrire une fraction décimale, sans se servir de dénominateur, au moyen d'une extension de la règle de la numération écrite. C'est ce que nous appellerons mettre la fraction donnée sous la forme de **nombre décimal.**

193. — **Unités des différents ordres décimaux.** Divisons l'unité en 10 parties égales : chaque partie est le **dixième** de l'unité.

Divisons chaque dixième en 10 parties égales : chacune de ces nouvelles parties est égale à un **centième** de l'unité.

Divisons chacune de ces dernières parties en

10 parties égales : chacune de ces nouvelles parties est égale à un **millième** de l'unité.

Et ainsi de suite, on obtiendra des **dix-millièmes, cent-millièmes, millionièmes** ... de l'unité.

Nous appellerons ces fractions de l'unité *unités* **du premier, second, troisième, etc., ordre décimal.**

Les **dixièmes** sont des unités de 1er ordre décimal,

centièmes	—	2e	—
millièmes	—	3e	—
dix-millièmes	—	4e	—

etc. etc.

Chaque unité d'un ordre décimal est **dix** *fois plus grande que l'unité de l'ordre décimal qui le suit immédiatement.*

L'unité proprement dite est **dix fois** plus grande que l'unité du premier ordre décimal.

Ceci posé, comment écrire $\frac{317}{1.000}$?

194. — Décomposition d'une fraction décimale en unités de différents ordres décimaux. On peut écrire :

$$317 = 3 \times 100 + 1 \times 10 + 7.$$

Donc

$$\frac{317}{1.000} = \frac{3 \times 100 + 1 \times 10 + 7}{1.000},$$

donc, d'après le principe de l'addition des fractions :

$$\frac{317}{1.000} = \frac{3 \times 100}{1.000} + \frac{1 \times 10}{1.000} + \frac{7}{1.000}$$

$$= \frac{3}{10} + \frac{1}{100} + \frac{7}{1.000}.$$

On a ainsi décomposé la fraction en unités des différents ordres décimaux.

195. — On étend aux unités de l'ordre décimal la convention fondamentale de la numération écrite.

Convention fondamentale. *Un chiffre placé à la droite d'un autre représente des unités de l'ordre immédiatement inférieur, et l'on désigne le chiffre des unités par une virgule placée à sa droite.*

On remplace au besoin par *un zéro* les unités qui manquent, de manière que la place des unités soit toujours occupée par un chiffre significatif ou par 0.

Le rang d'un chiffre à partir de la virgule indique l'ordre de l'unité représentée.

En allant vers la gauche à partir de la virgule, on trouve les **unités** proprement dites, **dizaines**, **centaines**, **mille**, etc., comme on l'a montré dans la numération écrite.

En allant vers la droite, on rencontre successivement les **dixièmes**, **centièmes**, **millièmes**, etc.

Exemple. Soit à écrire :

$$\frac{317}{1.000},$$

On a vu que :

$$\frac{317}{1.000} = \frac{3}{10} + \frac{1}{100} + \frac{7}{1.000}.$$

Donc $\frac{317}{1.000}$

s'écrira : 0,317.

2e *Exemple.* Soit la fraction

$$\frac{42.409}{10^4} = \frac{42.409}{10.000}.$$

On a :

$$42.409 = 4 \times 10.000 + 2 \times 1.000 + 4 \times 100 + 9.$$

Donc

$$\frac{42.409}{10.000} = 4 + \frac{2}{10} + \frac{4}{100} + \frac{9}{10.000}.$$

Ici il n'y a pas de millièmes ou unités du troisième ordre décimal; on écrira donc :

4,2409.

4 s'appelle la **partie entière**, les chiffres suivants sont des **chiffres décimaux** ou **décimales.**

De là résulte la règle fondamentale.

196. — **Règle pour écrire une fraction ou un nombre décimal.** *Pour écrire une fraction décimale sous la forme de nombre décimal, il suffit de séparer par une virgule, dans le numérateur,* **autant de chiffres décimaux** *qu'il y a de* **zéros** *au dénominateur.*

197. — *Réciproquement, tout nombre décimal peut s'écrire sous la forme d'une fraction décimale ayant pour numérateur le nombre obtenu en supprimant la virgule, et pour dénominateur une puissance de dix dont l'exposant (ou le nombre de zéros) est égal au nombre des chiffres décimaux.*

On peut, s'il y a lieu, transformer ensuite la fraction en nombre fractionnaire.

Soit, par exemple : 2,718;

on l'écrira : $\frac{2.718}{1.000}$ ou $2\frac{718}{1.000}$.

Règle pour la lecture d'un nombre décimal.

198. — *On lit d'abord le nombre entier écrit à gauche de la virgule, puis on lit le nombre donné par les chiffres décimaux placés à droite de la vir-*

gule comme un nombre entier, en le faisant suivre du nom des unités du dernier ordre décimal.

Exemple. 15,3274

se lit : quinze unités, trois mille deux cent soixante-quatorze dix-millièmes.

Cette lecture revient à considérer le nombre comme la réunion ou somme d'un entier et d'une fraction décimale.

Exemple. 0,304

se lit : trois cent quatre millièmes.

§ II. — PROPRIÉTÉS DES NOMBRES DÉCIMAUX

199. — I. *On ne change pas la valeur d'un nombre décimal en ajoutant ou en retranchant à sa droite un nombre quelconque de zéros, à la condition de ne pas changer de place la virgule.*

Exemple. 3,143

est égal à 3,14300.

200. — II. *Lorsqu'on déplace la virgule de* **un, deux, trois** ... *rangs vers la droite, le nombre décimal est* **multiplié** *par* **10, 100, 1.000** ...

Soit 3,143.

Avançons la virgule de deux rangs vers la droite; le nombre devient : 314,3.

Il est 100 fois plus grand que le premier, car chacune de ses unités des différents ordres a été remplacée par une unité 100 fois plus grande.

201. — III. *Lorsqu'on déplace la virgule de* **un, deux, trois** ... *rangs vers la gauche, le nombre décimal est* **divisé** *par* **10, 100, 1.000,** *etc.*

Soit 314,3.

Avançons la virgule de deux rangs vers la gauche; le nombre devient : 3,143.

Il est 100 fois plus petit que le précédent; car chacune de ses unités des différents ordres a été remplacée par une unité 100 fois plus petite.

§ III. — OPÉRATIONS SUR LES NOMBRES DÉCIMAUX

I. Addition et soustraction.

202. — **Règle.** *On commence par donner aux fractions ou nombres décimaux le même nombre de chiffres décimaux; puis on opère l'addition ou la soustraction sur les nombres ainsi écrits, comme s'il n'y avait pas de virgule; on sépare ensuite, dans le résultat, somme ou différence, le même nombre de chiffres décimaux qu'il y en avait dans les nombres sur lesquels on a opéré.*

1er *Exemple.* Soit à faire la somme

$$31,458 + 6,72 + 132,4256$$

On écrit ces nombres chacun avec 4 décimales :

$$\begin{array}{r} 31,4580 \\ 6,7200 \\ 132,4256 \\ \hline \end{array}$$

On additionne : 170,6036

Le résultat est : 170,6036.

203. — *Remarque.* Pratiquement, les chiffres des unités des différents ordres étant écrits exactement les uns au-dessous des autres, les virgules sont

écrites aussi les unes au-dessous des autres, on écrit de la même manière celle de la somme.

2e *Exemple.* Soit à faire la différence

$$131,57 - 21,738.$$

On écrit les nombres avec 3 décimales :

```
                              131,570
                               21,738
                              -------
On fait la soustraction :     109,832
```

Le résultat est : 109,832.

Remarque. On place la virgule dans le résultat au-dessous des virgules des deux nombres à soustraire, comme on l'a fait dans l'addition.

204. — *Justification de la règle précédente.* Reprenons la somme $31,458 + 6,72 + 132,4256.$

On peut écrire les trois nombres décimaux sous la forme de fractions décimales :

$$\frac{314.580}{10.000} + \frac{67.200}{10.000} + \frac{1.324.256}{10.000}.$$

Faisons la somme, ce qui donne :

$$\frac{314.580 + 67.200 + 1.324.256}{10.000}.$$

On fait la somme des numérateurs, comme s'il n'y avait pas de virgule, après les avoir écrits avec le même nombre de chiffres décimaux, et on sépare ensuite 4 chiffres décimaux à droite.

De même pour la soustraction de deux nombres décimaux.

II. Multiplication.

1° Multiplication de deux nombres décimaux.

205. — **Règle.** *On écrit les deux nombres décimaux, l'un au-dessous de l'autre, et on fait les opérations de la multiplication, abstraction faite des virgules, comme si c'étaient deux nombres entiers.*

Puis on sépare à la droite du produit un nombre d'autant de chiffres décimaux égal à la somme des nombres de chiffres décimaux du multiplicande et du multiplicateur.

Exemple. Soit à faire la multiplication suivante :

$$31{,}425 \times 0{,}0234.$$

```
  31,425
  0,0234
--------
  125700     On fait le produit
  94275       31.425 × 234
 62850
--------
 7353450
```

On sépare $3 + 4 = 7$ chiffres décimaux à la droite du produit obtenu, ce qui donne :

$$0{,}7353450 = 0{,}735345.$$

206. — *Justification de la règle.* Reprenons l'exemple précédent :

$$31{,}425 = \frac{31.425}{1.000},$$

$$0{,}0234 = \frac{234}{10.000}.$$

Donc

$$31{,}425 \times 0{,}0234 = \frac{31.425 \times 234}{1.000 \times 10.000} = \frac{31.425 \times 234}{10.000.000}.$$

On fait donc le produit de 31.425 par 234, et on en sépare 7 chiffres décimaux à droite par une virgule.

III. Division.

207. — **Remarque très importante.** Le problème que l'on se propose n'est pas de trouver le **quotient complet** de deux nombres décimaux. Ce quotient complet serait généralement une fraction *ordinaire* et non un *nombre décimal.* L'opération que l'on va définir n'est, en général, qu'une opération **approchée.**

1° Quotient à une unité près de deux nombres décimaux.

208. — **Définition.** On appelle quotient à une unité près de deux nombres décimaux le **plus grand** nombre **entier** dont le produit par le diviseur soit contenu dans le dividende.

209. — Nous allons d'abord traiter un cas particulier :

A. *Le dividende est un nombre* **décimal,** *le diviseur est* **entier.**

(On considère un nombre entier comme un cas particulier de nombre décimal, dont la partie décimale est nulle.)

1re Règle. *Le quotient, à une unité près, d'un nombre décimal par un nombre entier est le quotient, à une unité près, de la partie entière du dividende par le diviseur.*

Exemple. Soit à chercher le quotient, à une unité près, de 321,54 par 27.

Divisons 321 par 27.

$$\begin{array}{r|l} 321 & 27 \\ \cline{2-2} 51 & 11 \\ 24 & \end{array}$$

Le quotient, à une unité près, est 11.

Justification. On a vu que 321 contient 11 fois 27 et moins de 12 fois 27; on aura le produit 11×27 est plus petit que 321, et le produit 12×27 est plus grand que 321.

Il est évident que le produit 11×27 sera plus petit que 321,54.

Je dis que le produit 12×27 est plus grand que 321,54.

En effet, la différence entre 12×27 et 321 était au moins égale à 1 ; donc si l'on ajoute à 321 la partie décimale 0,54, qui est plus petite que 1, on aura encore :

$$12 \times 27 > 321{,}54.$$

De là résulte que 321,54 contient 11 fois 27, et que 321,54 ne contient pas 12 fois 27.

Donc le quotient de la division est bien 11 à une unité près.

210. — B. *Le dividende et le diviseur sont des* **nombres décimaux.**

Règle. *Pour trouver le quotient, à une unité près, de deux nombres décimaux, on supprime la virgule dans le diviseur et on l'avance d'un même nombre de rangs dans le dividende (en ajoutant au besoin des zéros); le quotient cherché est le quotient, à une unité près, de la partie entière du nouveau dividende par le nouveau diviseur.*

Exemple. Soit à trouver le quotient, à une unité près, de 12,527 par 0,0275.

On écrit le diviseur 275 et le dividende 125270, en avançant la virgule de quatre rangs.

On fait la division :

125270	275
1527	455
1520	
145	

Le quotient cherché est 455.

Justification. D'après ce qui précède :

$$125.270 > 455 \times 275,$$

et

$$125.270 < 456 \times 275.$$

Divisons tous les membres de ces inégalités par 10.000.

On aura :

$$12{,}527 > 455 \times 0{,}0275,$$

$$12{,}527 < 456 \times 0{,}0275.$$

Donc le produit $455 \times 0{,}0275$ est compris dans 12,527;
et le produit $456 \times 0{,}0275$ n'est pas compris dans 12,527.

Ce qui montre bien que 455 est le quotient cherché.

2° Quotient à $\frac{1}{10}$, $\frac{1}{100}$ près (ou 0,1, 0,01 près), de deux nombres décimaux.

211. — **Définition.** *Le quotient à* $\frac{1}{10}$ *(ou* 0,1*),* $\frac{1}{100}$ *(ou* 0,01*) ... près d'un nombre décimal par un nombre décimal est la plus* **grande fraction** *de dénominateur* **10, 100** *... dont le produit par le diviseur est contenu dans le dividende.*

Règle. *Pour avoir le quotient approché à* 0,1, 0,01, ... *près, on supprime la virgule du diviseur, et on la recule d'un même nombre de rangs dans le dividende.*

Le diviseur étant ainsi rendu entier et le dividende étant entier ou décimal, on commence les opérations comme pour l'opération ordinaire de la division de deux nombres entiers. Quand on a utilisé tous les chiffres de la partie entière du dividende, on continue l'opération en abaissant le premier chiffre décimal et en mettant à ce moment une virgule dans le quotient, et l'on continue en abaissant les uns après les autres les chiffres décimaux du dividende (au besoin remplacés par des zéros), ce qui donne les chiffres décimaux successifs du quotient, jusqu'à ce que l'on ait obtenu le nombre cherché de ces chiffres qui est 1 *pour l'opération à* 0,1 *près,* 2 *pour l'opération à* 0,01 *près, etc.*

Exemple. Soit à trouver le quotient, à 0,01 près, de 14,25757 par 0,4563.

On écrit le diviseur

4.563,

et le dividende 142.575,7.

On fait la division :

142.575,7	4.563
05685	31,24
11227	
21010	
2758	

Le quotient cherché est 31,24.

Justification. On a en réalité fait la division de 14.257.570 par 4.563 à une unité près, ce qui a donné 3.124, si l'on ne tient aucun compte des virgules.

On a donc : $14.257.570 > 4.563 \times 3.124$,

$$14.257.570 < 4.563 \times 3.125.$$

Formons les quotients complets des deux membres de toutes ces inégalités par $\frac{1}{1.000.000}$.

On a : $14,25757 > \frac{4.563 \times 3.124}{1.000.000}$.

Le produit du second membre peut s'écrire :

$$\frac{4.563 \times 3.124}{10.000 \times 100} = 0,4563 \times 31,24.$$

Donc $14,27757 > 0,4563 \times 31,24.$

En opérant sur la deuxième inégalité, elle donne de même :

$$14,27757 < 0,4563 \times 31,25.$$

Donc le produit du diviseur par 31,24 est contenu dans le dividende.

Donc le produit du diviseur par 31,25 n'est pas contenu dans le dividende.

Le quotient cherché est donc bien 31,24.

212. — La règle que l'on vient de donner s'applique, en particulier, à des nombres entiers et permet de calculer le quotient approché de deux nombres entiers à 0,1, 0,01 ... près, ou de pousser l'opération jusqu'à une décimale d'ordre donné.

Exemple. Soit à diviser 10 par 3, et proposons-nous de pousser l'opération à $\frac{1}{100}$ près.

```
10   | 3
     |-----
10   | 3,33
 10  |
  10 |
   1 |
```

213. — **Reste.** *On appelle* reste *la différence entre le dividende et le produit du quotient approché par le diviseur.*

Ce reste est toujours inférieur au diviseur. Les opérations indiquées plus haut permettent de calculer facilement le reste ; mais, dans les applications pratiques, on n'a pas à se servir de ce reste.

Quotients par défaut et par excès à 0,1, 0,01, etc., etc.

214. — **Définition.** Les quotients définis plus haut s'appellent encore **quotients par défaut.**

On appelle **quotient par excès** la plus petite fraction décimale du dénominateur 10, 100, etc., dont le produit par le diviseur soit **supérieur** au dividende.

Pour trouver le quotient par excès à 0,1, 0,01 ... près, il suffit d'augmenter d'*une unité le dernier chiffre décimal* du quotient par défaut à 0,1, 0,01 ... près.

215. — **Propriété.** *Le* **quotient complet** *de deux nombres entiers ou décimaux est* **compris entre le quotient par excès et le quotient par défaut** *respectivement tous les deux à* 0,1, 0,01 *près.*

Nous admettrons cette propriété, que l'on peut vérifier facilement sur des exemples.

216. — **Conséquence.** La propriété précédente est *très importante.* Elle justifie l'usage que l'on fait couramment des nombres décimaux.

Une fraction, qui est le quotient complet de deux nombres entiers, ne peut pas s'exprimer, en général, d'une façon exacte par un nombre décimal, mais sa valeur est comprise entre deux nombres décimaux dont la différence est aussi petite que l'on veut, puisqu'on peut choisir l'ordre du dernier chiffre décimal auquel on s'arrête.

On fera donc une erreur en remplaçant une fraction par sa valeur *approchée* en nombre décimal, mais pratiquement cette erreur sera négligeable.

Ainsi, on veut diviser une longueur de 10^m en 3 parties égales.

On trouve, comme valeurs approchées :

3^m à une unité près,

$3^m,3$, à $\frac{1}{10}$ près.

$3^m,33$, à $\frac{1}{100}$ près.

$3^m,333$ à $\frac{1}{1.000}$ près.

Si l'on prend ce dernier nombre, on se trompe de moins de $\frac{1}{1.000}$ de mètre, ou de moins d'un millimètre, ce qui est négligeable pour les besoins courants.

Remarquons que l'on pourrait rendre l'erreur plus faible en poussant les opérations plus loin, si cela était nécessaire.

L'avantage que l'on gagne est dans la facilité des opérations (en particulier dans le système métrique).

L'addition ou la soustraction des fractions ordinaires est compliquée. L'addition ou la soustraction des nombres décimaux est la même que celle des nombres entiers.

C'est pour ces deux opérations en particulier que l'on a un grand avantage à transformer les fractions, considérées comme quotient complet de deux nombres entiers, en nombres décimaux exacts ou approchés.

Conversion d'une fraction ordinaire en fraction décimale.

217. — **Conversion exacte.** On se propose de trouver une fraction décimale **égale** à la fraction ordinaire donnée.

Sous cette forme, le problème **peut être impossible.**

218. — **Conversion approchée.** On se propose alors de faire la division du numérateur par le dénominateur en poussant l'opération jusqu'à un ordre décimal donné. Si l'on faisait grandir cet ordre, on trouverait au quotient des chiffres décimaux, qui se reproduisent périodiquement.

1er *Exemple.* **Conversion exacte.** Soit à convertir $\frac{17}{125}$.

17	125
450	0,136
750	
0	

Le produit de $125 \times 0{,}136$ est égal à **17.**

2e *Exemple*. **Conversion approchée.** Soit la fraction $\frac{20}{7}$.

```
20      | 7
        |--------------
 60     | 2,85714285714...
  40    |
   50   |
    10  |
     30 |
      20|
       60
        40
        ⋮
```

On peut poursuivre **indéfiniment** l'opération sans *être jamais arrêté*.

On a obtenu un quotient dans lequel les chiffres 285714 se succèdent **périodiquement**.

On prendra un nombre de décimales convenables, suivant le degré d'approximation que comporte la question.

Exercices sur les nombres décimaux.

124. Calculer le résultat des opérations suivantes :

$$0{,}345 \times (21{,}56 - 19{,}16) + \frac{14}{25},$$

en nombres décimaux.

125. Calculer $\frac{2}{7}$ à 0,001 près par défaut et vérifier que la fraction décimale obtenue est inférieure à la fraction $\frac{2}{7}$.

126. Montrer que pour diviser un nombre décimal

par 5, il suffit de le multiplier par 2 et de reculer la virgule de un rang vers la gauche.

Appliquer à l'exemple 27.345,72.

127. Montrer que pour diviser un nombre décimal par 25, il suffit de le multiplier par 4 et de reculer la virgule de deux rangs vers la gauche.

Appliquer à 13.872,44.

128. Montrer que pour diviser un nombre décimal par 125, il suffit de le multiplier par 8 et de reculer la virgule de trois rangs vers la gauche.

Appliquer au nombre 14.728,3.

129. Quel est le poids en kilogrammes d'un fût de 225 litres plein de vin, si un litre de vin pèse $0^{kg},994$ et si le fût vide pèse $33^{kg},850$?

130. Deux associés se sont partagé une somme; le premier devait avoir $445^{fr},85$, et le second, trois fois autant que le premier moins $246^{fr},45$. Quelle a été la part du second?

131. Partager $648^{fr},50$ entre deux personnes, de façon que l'une ait $125^{fr},75$ de plus que l'autre.

132. Calculer à 0,001 près par défaut l'expression

$$\frac{2}{3}+\frac{9}{14}+\frac{5}{12}-\frac{3}{11}.$$

133. Quel est le prix de 376 hectolitres de froment, à $15^{fr},75$ l'hectolitre? Combien perd-on sur le tout, si l'hectolitre pèse 75 kilogrammes au lieu de 78?

134. On vend $12^{fr},45$ le mètre du drap qui a coûté $10^{fr},85$ le mètre et on gagne ainsi 138 francs. Combien a-t-on vendu de mètres?

135. Combien aura-t-on d'hectolitres de froment à $16^{fr},75$ l'hectolitre pour 670 francs?

136. Un ouvrier a reçu $214^{fr},20$ pour un certain nombre de jours de travail. S'il avait travaillé 7 jours

de plus, il aurait gagné $258^{fr},30$. Combien de jours a-t-il travaillé?

137. Une barrique de vin contenant 220 litres a coûté 250 francs. On a payé en plus $3^{fr},65$ de droits et $10^{fr},35$ de transport. A combien revient la bouteille de $0^{l},75$.

138. Une pièce d'étoffe de $11^{m},25$ coûte 170 francs au marchand. Combien doit-il vendre $6^{m},30$ de cette étoffe, sachant qu'il veut gagner $2^{fr},25$ par mètre?

139. Y a-t-il avantage à acheter 48 litres d'huile en la payant $1^{fr},65$ le litre, plutôt que $1^{fr},75$ le kilogr.? On sait que le litre d'huile pèse $0^{kg},91$. Quel benéfice réalise-t-on?

140. Un épicier a acheté un fût d'huile à raison de $2^{fr},95$ les 2 kilogrammes. En revendant cette huile $1^{fr},85$ le kilogramme, il réalise un bénéfice total de 39 francs. On demande : 1° le prix d'achat du fût; 2° la contenance du fût.

141. Un tonneau plein d'eau pèse $10^{kg},2$ de plus que lorsqu'il est plein d'huile, dont chaque litre pèse $0^{kg},915$. Quel est le prix de l'huile qui remplit ce tonneau, sachant qu'on l'a acheté à $1^{fr},65$ le kilogramme?

142. Dans 1 kilogramme d'eau de mer il y a $0^{kg},035$ de sel. Combien y a-t-il de sel dans 1.600 litres d'eau de mer, sachant que le litre d'eau de mer pèse $1^{kg},026$?

CHAPITRE XI

SYSTÈME MÉTRIQUE

§ I. — MESURE DES GRANDEURS. SYSTÈME MÉTRIQUE

219. — On a vu, au commencement du chapitre des fractions, ce que l'on entend par *mesurer une grandeur*.

Rappelons ce qui a été dit à ce sujet.

Mesure théorique d'une grandeur. Pour mesurer une grandeur donnée, il faut rechercher si la grandeur a une *commune mesure* avec l'unité.

Si elle a une commune mesure avec l'unité, elle est mesurée exactement par une fraction ; le numérateur indique combien de fois cette commune mesure est contenue dans la grandeur à mesurer, le dénominateur indique combien de fois elle est contenue dans la grandeur unité. Nous avons supposé d'abord, dans les fractions, que cette commune mesure existe, ce qui n'est pas toujours vrai.

Si la grandeur donnée n'a pas de commune mesure avec l'unité, elle ne peut être mesurée que d'une manière approchée. On cherchera, par exemple, combien la grandeur contient de fois $\frac{1}{10}$,

$\frac{1}{100}$, etc., de l'unité. Elle contiendra un nombre entier de dixièmes, de centièmes ..., plus une partie de dixième, centième, ... On aura ainsi des nombres décimaux qui mesurent d'une manière approchée la grandeur, et avec une approximation qui serait toujours **suffisante pratiquement.**

220. — **Mesures pratiques.** En pratique, on opère de la manière suivante.

L'**unité concrète** est divisée d'**avance** en un certain nombres de parties égales. Cette division est faite, une fois pour toutes, avec le plus grand soin.

On fait la division de l'unité en **dixièmes, centièmes, millièmes**, etc., afin d'obtenir pour les nombres qui seront les mesures exactes ou approchées de grandeurs des nombres **décimaux**, dont le calcul est plus simple que celui des fractions.

On forme aussi des unités concrètes nouvelles, ou pratiquement effectuées, formées de 10, 100 ... unités primitives pour faciliter les mesures, quand il y a lieu. Ces nouvelles unités de l'une et l'autre sorte, préparées d'avance, serviront à effectuer les mesures.

On ne s'occupe pas de chercher une commune mesure contenue un nombre exact de fois dans l'unité et la grandeur à mesurer pour les raisons suivantes :

221. — On ne peut pratiquement pousser très loin la division de la matière : il serait impossible, par exemple, de diviser *mécaniquement* un mètre en 1 million de parties égales.

De plus, les grandeurs à mesurer ne sont pas définies avec une **précision absolue**. Ainsi, sur un morceau de drap, la longueur d'un millimètre n'a pas de sens, le drap ne pouvant avoir une section nette. De même, la longueur d'un mur de clôture à un centimètre près.

Donc, pratiquement, on n'a pour les mesures des longueurs par exemple, ou, d'une manière générale, des grandeurs, **que des nombres approchés.** On peut les regarder comme des nombres exacts, sans inconvénient. En particulier, on pourra regarder les **grandeurs concrètes** comme exprimées **en nombres décimaux.**

Système métrique.

222. — On appelle **système métrique** l'ensemble des unités de mesure, de leurs multiples et sous-multiples, unités obligatoires en France.

Il est relatif aux *longueurs, surfaces, volumes, capacités, poids* et *monnaies.*

223. — **Historique.** Ce système résulte du décret rendu le **8 mai 1790** par l'Assemblée constituante, en vue d'établir un système de mesure **simple** et **uniforme** dans toute la France.

Il a été établi par une commission de savants, qui comptait en particulier Delambre et Méchain, après plusieurs années d'étude.

Des décrets de 1801 et 1802 l'ont rendu obligatoire en France, avec quelques tolérances qui ont disparu entièrement en 1840.

Quelques nations l'ont adopté depuis, et un bureau international de poids et mesures a été créé à Sèvres. Une commission internationale a fixé les abréviations à employer : ces abréviations sont actuellement obligatoires en France. Ce sont celles adoptées dans ce qui va suivre.

224. — **Principes du système métrique.** 1° Il

est **décimal**. Les multiples et sous-multiples de l'unité sont de l'un au suivant 10 fois ou une même puissance de 10 fois plus grands ou plus petits.

Les nombres de mesure sont donc *entiers* ou *décimaux*.

2° Les diverses unités de mesure sont rattachées à une **unité fondamentale** : l'unité de longueur, qui est **le mètre**.

Les autres unités (surface, volume, poids) en dérivent simplement, comme on va le voir.

Ces deux principes ont été choisis à cause de la simplification qu'ils apportent dans tous les calculs de mesure.

L'unité de monnaie seule ne se rattache qu'indirectement aux autres.

§ II. — MESURES DE LONGUEUR

225. — Définition du mètre. L'unité principale de longueur est le **mètre**.

Sphère terrestre.

A l'origine, on a défini le mètre : **la dix millio-**

nième partie du quart du méridien terrestre, c'est-à-dire la *quarante millionième partie de la longueur d'un grand cercle, tracé sur la sphère terrestre et passant par les pôles.*

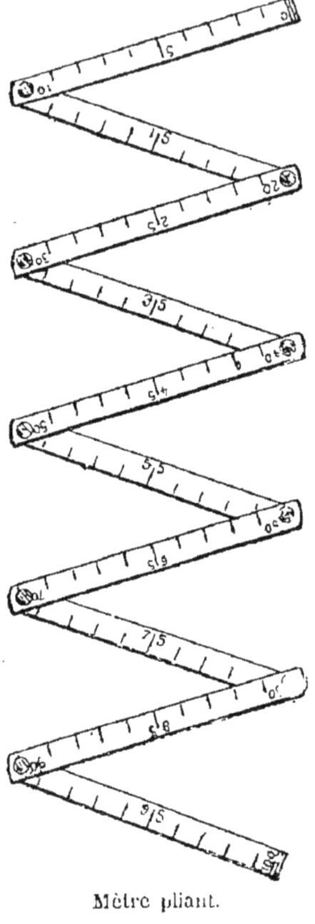
Mètre pliant.

Delambre et Méchain ont évalué cette longueur.

Depuis, l'évaluation a été faite d'une manière plus précise : il en est résulté que le mètre n'est plus exactement la longueur définie plus haut. La différence est d'ailleurs très faible.

Nous adopterons, pour la longueur du mètre, la définition suivante :

Le mètre est la **longueur d'un étalon prototype en platine**, *renfermé dans la cave du Bureau international des Poids et Mesures de Sèvres.* Cette longueur est prise à la température de 0° ou de la glace fondante. Il en existe également un autre étalon *aux Archives*, qui définit *légalement* le mètre.

226. — **Multiples du mètre :**

				Signe abréviatif.
Le **décamètre**,	qui vaut	**10** mètres		dam.
hectomètre,	—	**100**	—	hm.
kilomètre,	—	**1.000**	—	km.
myriamètre,	—	**10.000**	—	Mm.

227. — Sous-multiples du mètre :

Le décimètre, qui vaut	$\frac{1}{10}$	ou 0,1 mètre	dm.
Le centimètre, —	$\frac{1}{100}$	ou 0,01 mètre	cm.
Le millimètre, —	$\frac{1}{1.000}$	ou 0,001 mètre	mm.

On désigne en abrégé le mètre par la lettre *m*.

228. — **Changements d'unités.** On peut adopter comme unité l'un des multiples, l'un des sous-multiples du mètre, ou le mètre lui-même. La mesure d'une longueur est exprimée en nombre entier ou décimal, une fois l'unité choisie.

Rangeons ces unités des différents ordres par ordre décroissant ; on trouve successivement :

Le **myriamètre,**
kilomètre,
hectomètre,
décamètre,
mètre,
décimètre,
centimètre,
millimètre.

229. — **Principe fondamental.** *Chaque unité vaut* **dix fois** *celle qui la suit.* Cela résulte de la définition de ces unités. La mesure d'une longueur étant écrite avec une de ces unités en nombre décimal, si l'on change d'unité :

On **avance** *la virgule de* **1, 2,** ... *rangs* **vers la droite,** *quand on exprime la même longueur avec une unité du* **1**^er^, **2**^e^ ... **ordre inférieur.**

On **recule** *la virgule de* 1, 2, ... *rangs* **vers la gauche,** *quand on exprime la même longueur avec une unité du* **1er, 2e ordre supérieur.**

Ainsi . $4^{m},253$,

qui se lit : 4 mètres, 253 millimètres,

s'écrira : $42^{dm},53$,

c'est-à-dire :

42 décimètres, 53 millimètres,

ou $425^{cm},3$,

c'est-à-dire :

425 centimètres, 3 millimètres.

On l'écrira encore :

$0^{dam},4253$,

ou $0^{hm},04253$,

$0^{km},004253$,

$0^{Mm},0004253$.

230. — Dans la pratique, on prend pour unité celle qui est la plus commode.

La longueur d'une route, la distance de deux points de cette route, s'évaluera en **kilomètres**, parfois en **myriamètres** (peu employé).

La longueur d'une étoffe s'évaluera généralement en **mètres**. L'épaisseur d'une plaque s'évaluera en **millimètres** et fractions décimales de millimètres, auxquelles on n'a pas donné de nom particulier : on dira une plaque de : $4^{mm},2$, ou de 4 millimètres, 2 dixièmes de millimètres d'épaisseur.

Pour mesurer la longueur d'un champ, on emploie parfois le **décamètre**.

231. — Mesures effectives ou mesures réalisées en pratique. On a construit des longueurs qui sont égales au mètre, à certains multiples ou sous-multiples, d'un usage courant et commode.

Il existe des **mètres en bois** ou en **métal**, divisés en décimètres et centimètres, pour mesurer les longueurs des étoffes. Il existe aussi des doubles mètres en bois ou métal.

Il y a également des **mètres pliants**, composés de dix lames de bois articulées à leur extrémité, ayant

Double décimètre (réduit à $\frac{1}{3}$).

chacune 1 décimètre. Chacune est divisée en centimètres. Les extrêmes sont, en plus, divisées en millimètres.

Les dessinateurs emploient des règles de 2 décimètres de longueur ou **double décimètre**, divisées en centimètres et millimètres.

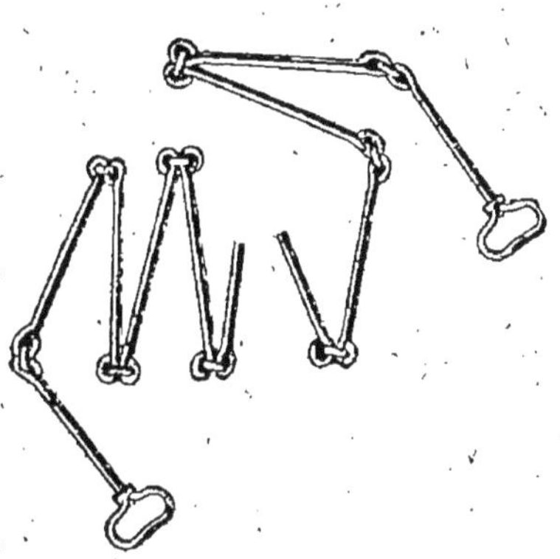

Chaîne d'arpenteur.

Les arpenteurs emploient **la chaîne d'arpenteur**, qui a 1 décamètre ou 10 mètres de longueur, formée de chaînons de 2 décimètres chacun, non divisés. (Voir la figure.)

Ce sont les seules unités *réalisées* dans la pratique courante.

§ III. — MESURES DE SURFACE

232. — L'unité principale de surface **est le mètre carré.**

Le mètre carré est la surface d'un carré d'un mètre de côté.

On le désigne par : m^2.

233. — **Multiples.** Les multiples sont les surfaces des carrés, qui ont respectivement pour longueurs de leurs côtés, les multiples du mètre.

Ces multiples sont :

				Abréviations
Le **décamètre carré**, carré de	10^m ou 1^{dam}	de côté		dam^2,
hectomètre carré,	—	100^m ou 1^{hm}	—	hm^2,
kilomètre carré,	—	1.000^m ou 1^{km}	—	km^2,
myriamètre carré,	—	10.000^m ou 1^{Mm}	—	Mm^2.

234. — **Sous-multiples.**

Le **décimètre carré** ou carré de	$0^m,1$ ou 1^{dm}	de côté		dm^2,
centimètre carré	—	$0^m,01$ ou 1^{cm}	—	cm^2,
millimètre carré	—	$0^m,001$ ou 1^{mm}	—	mm^2.

Rangeons les unités des différents ordres de surface par ordre décroissant; on rencontre successivement :

Le **myriamètre carré**,
kilomètre —
hectomètre —
décamètre —
mètre —
décimètre —
centimètre —
millimètre —

235. — **Principe fondamental.** *Chaque unité vaut* **cent unités** *de l'ordre immédiatement suivant.*

Ainsi le mètre carré vaut 100 décimètres carrés.

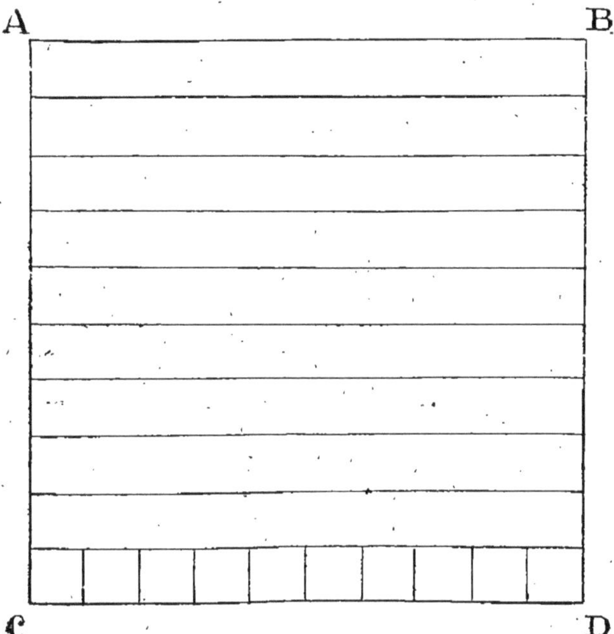

Supposons que le carré ci-contre ABCD soit l'image réduite d'un mètre carré.

Sur la base CD, on pourra placer 10 carrés de $0^{m},1$ de côté.

Sur cette rangée de 10 carrés, on en placera dix autres égaux formant une deuxième rangée, et ainsi de suite. Il faudra 10 rangées superposées pour remplir le carré primitif. Il y a donc $10 \times 10 = 100$ petits carrés dans le grand.

236. — Le mètre carré vaut donc 100 décimètres carrés, ou 10.000 centimètres carrés, ou 1.000.000 de millimètres carrés.

De même, le décimètre carré vaut 100 centimètres carrés, ou 10.000 millimètres carrés.

Le centimètre carré vaut 100 millimètres carrés.

Le décamètre carré vaut 100 mètres carrés.

L'hectomètre carré vaut 100 décamètres carrés, ou 10.000 mètres carrés, etc.

237. — Pour lire un nombre *exprimant une surface*, on lit la *partie entière qui correspond à une unité d'un ordre connu*, indiqué en général par l'abréviation ordinaire, puis on sépare la partie décimale en **tranches de deux chiffres** à partir de la virgule; chaque tranche représente des unités des ordres successivement inférieurs.

Ainsi $325^{m^2},4325$

signifie: 325 mètres carrés 43 décimètres carrés 25 centimètres carrés, ou :

325 mètres carrés 4.325 centimètres carrés.

238. — **Changement d'unité.** *Pour passer d'une unité à l'unité immédiatement* **inférieure**, *il faut* **avancer** *la virgule de* **deux rangs** *vers la droite.*

Pour passer d'une unité à l'unité immédiatement **supérieure**, *il faut* **reculer** *la virgule de* **deux rangs** *vers la gauche.*

Exemple.	$325^{m^2},4325$
est égal à	$32.543^{dm^2},25$,
ou	$3.254.325^{cm^2}$,
ou à	$3^{dam^2},254325$,
ou	$0^{hm^2},03254325$.

239. — *Remarque importante.* Pour mesurer une surface, on ne se sert pas, comme pour une longueur, d'**unités effectives** ou réalisées pratiquement, et que l'on porte autant de fois que l'on peut sur la surface à mesurer.

La géométrie apprend à trouver la mesure d'une surface limitée par une ligne connue, au moyen de dimensions de cette ligne ou de longueurs que l'on mesure directement. C'est ce que l'on verra dans le chapitre suivant.

Mesures agraires.

240. — Pour mesurer la superficie ou surface d'un champ, on emploie une unité particulière, l'are.

Are. L'are vaut **1 décamètre carré ou 100 m²**.

L'are a un multiple : **l'hectare, qui vaut 100 ares ou 1 hm²**.

L'are a un sous-multiple : **le centiare, qui vaut $\frac{1}{100}$ ou 0,01 are.** Le centiare est donc égal à 1 m².

On écrira en abrégé :

a pour **are,**
ha — **hectare,**
ca — **centiare.**

241. — Les multiples et les sous-multiples de l'are croissent de 100 en 100.

On écrira donc les mesures agraires comme celles de surface, où l'on aurait remplacé :

hectare par hectomètre carré,
are » décamètre carré,
centiare » mètre carré.

Ainsi $78^{a},43$
désigne :

78 ares, 43 centiares, ou 7.843^{m^2}.

$23^{ha},4.763$

signifie :

23 hectares, 47 ares, 63 centiares, ou 234.763 m².

§ IV. — MESURES DE VOLUME ET DE CAPACITÉ

242. — **Mesures théoriques.** *L'unité fondamentale est le* **mètre cube**. *C'est le volume d'un* **cube ayant 1 mètre de côté.**

On le désigne en abrégé par m³.

Les multiples ne sont pas *usités.*

Les sous-multiples sont :

			Abréviation légale.
Le **décimètre cube**,	cube de $0^m,1$	ou 1^{dm} de côté	dm³,
centimètre cube,	— $0^m,01$	ou 1^{cm} —	cm²,
millimètre cube,	— $0^m,001$	ou 1^{mm} —	mm³.

243. — **Propriété fondamentale.** Chaque unité

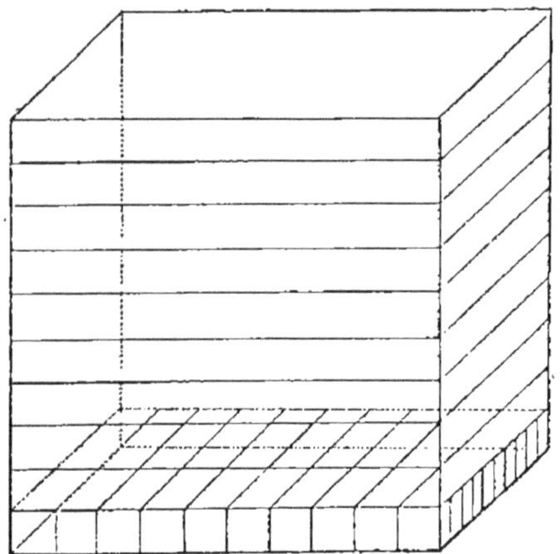

de volume *vaut* **1.000** *unités de l'ordre immédiatement inférieur.*

Ainsi 1^{m^3} vaut $1.000\, d^{m^3}$.

Figurons l'image réduite d'un cube de **1** m. de côté.

Cherchons combien il contient de cubes de 1 dm. de côté.

On peut ranger sur la base 100 cubes de 1 dm. de côté, d'après ce qui a été dit pour le mètre carré. On a ainsi une première assise de 100 cubes de 1 dm. de côté.

Pour remplir tout le grand cube, il faudra 10 assises pareilles. Donc le grand cube contient :

$$100 \times 10 = 1.000 \text{ petits cubes.}$$

Le mètre cube vaut donc 1.000^{dm^3}, ou $1.000.000^{cm^3}$ ou $1.000.000.000^{mm^3}$.

Le décimètre cube vaut 1.000^{cm^3} ou $1.000.000^{mm^3}$.

Le centimètre cube vaut 1.000^{mm^3}.

Inversement :

Le décimètre cube vaut $0^{m^3},001$.

Le centimètre cube vaut $0^{m^3},000001$, etc.

244. — Donc, pour lire un nombre représentant un volume et écrit sous forme décimale, on lit la partie entière qui représente le nombre d'unités indiquées par l'abréviation, puis on sépare la partie décimale en **tranche de trois chiffres**, chaque tranche donne le nombre des unités successivement inférieures.

Ainsi $42^{m^3},27547$

signifie : 42 mètres cubes, 275 décimètres cubes, 470 centimètres cubes, ou

42 mètres cubes, 275.470 centimètres cubes.

245. — **Changement d'unité.** *Pour passer d'une unité à l'unité immédiatement* **inférieure**, *on avance la virgule de* **trois rangs** *vers la* **droite**.

Pour passer d'une unité à l'unité immédiatement **supérieure**, *on recule la virgule de* **trois rangs** *vers la* **gauche**.

Ainsi	$42^{m^3},27547$
s'écrit :	$42.275^{dm^3},47$,
ou	$42.275.470^{cm^3}$.

246. — Remarque sur les mesures de volume. Pour mesurer le volume d'un corps, on peut mesurer ses dimensions qui sont des **longueurs**, s'il a une forme géométrique connue.

On peut aussi, dans certains cas, pour un vase, par exemple, se servir d'autres vases qui sont des mesures ou unités **réalisées pratiquement**, et de **contenances connues**.

Par exemple, on veut évaluer la contenance ou volume d'un vase ; on se sert d'un vase contenant exactement 1 dm^3, et on le verse autant de fois que l'on peut, dans le vase à mesurer jusqu'à ce qu'il soit plein. On a ainsi, par le nombre de fois que l'on a vidé complètement le contenu de

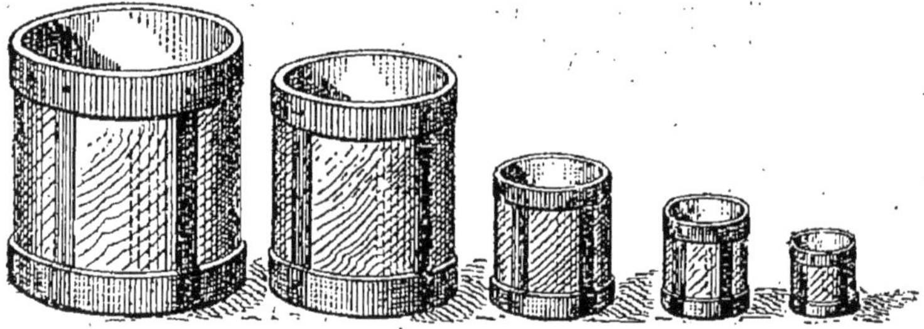

Mesures pour les grains.

1dm^3 dans le vase à mesurer, le volume de ce vase en dm^3.

S'il n'y a pas un nombre exact de dm^3, on complète avec un vase contenant 1 cm^3, et ainsi de suite.

247. — Mesures de capacité. Les unités dont

on se sert pratiquement forment ce que l'on appelle les mesures de **capacité**. Elles servent à mesurer les liquides et les grains.

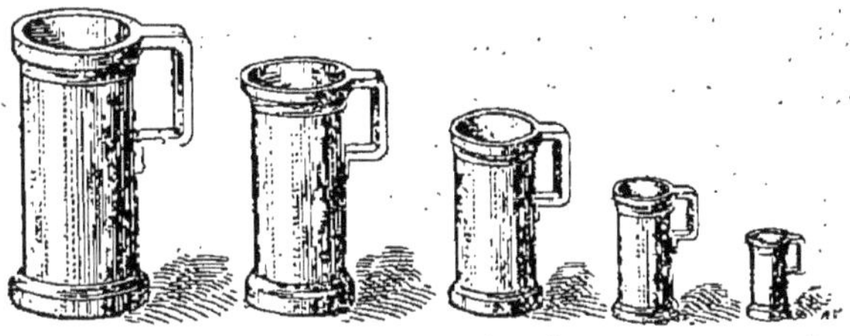

Mesures pour les liquides.

Litre. *L'unité pratique de capacité* est le litre, qui est égal à **1 dm³**. Il se représente par **l**.

Les **multiples** du litre sont :

			Abréviations.
Le **décalitre**, qui vaut	**10**	**litres**	dal.
hectolitre, —	**100**	—	hl.
kilolitre, —	**1.000**	—	kl.

Les **sous-multiples** sont :

Le **décilitre**, qui vaut	**0,1**	—	dl.
centilitre, —	**0,01**	—	cl.
millilitre, —	**0,001**	—	ml.

Ces unités servent pour les liquides et pour les grains. Cependant, le plus souvent, ces derniers s'évaluent **au poids**.

Les mesures effectives réalisées sont le **centilitre**, le **décilitre**, le **décalitre**, l'**hectolitre**, ainsi que leurs moitiés et leurs **doubles**. (Voir la figure.) (Sauf le double hectolitre et le demi-centilitre.)

248. — *Remarque importante*. Les unités pratiques ou unités de capacité sont respectivement chacune **10 fois** plus grande que celle d'ordre immédiatement suivant.

Les mesures théoriques sont, au contraire, respectivement chacune **1.000 fois** plus grande que celle d'ordre immédiatement suivant.

Il faut tenir compte de cette remarque quand on veut passer des unités théoriques aux unités pratiques.

Ainsi

$213^{l},423$ représentent 213 litres, 423 millilitres;
$21^{dal},3423$ ou 21 décal., 3.423 —

Si l'on exprime ces nombres en unités théoriques, on a : $213^{dm^3},423$,

ou 213 décimètres cubes, 423 centimètres cubes,

ou $0^{m^3},213.423$.

Le **mètre cube** vaut **1.000 litres. — Le millilitre** vaut **1 cm³**.

249. — Mesure du bois de chauffage. Stère.

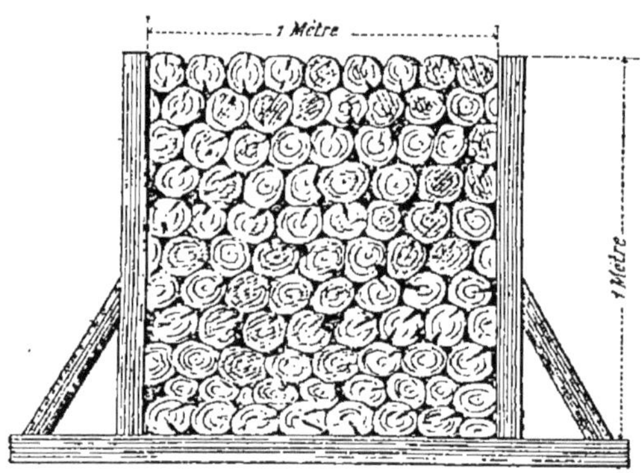

Stère (bûche de 1m de longueur).

On emploie encore quelquefois une mesure de volume, pour le bois de chauffage. C'est **le stère** (abréviation s), qui vaut **1** m³.

Le *stère* a un multiple : **le décastère** (abréviation das), qui vaut **10** stères.

Il a un sous-multiple : **le décistère** (abréviation ds), qui vaut 0,1 ou $\frac{1}{10}$ stère.

Le stère réalisé effectivement est un châssis de 1 mètre d'écartement. On le remplit avec des bûches de longueur variable. On calcule la hauteur en conséquence.

On emploie de moins en moins cette mesure, et le bois se vend au *poids*.

§ V. — MESURES DE POIDS

250. — L'unité fondamentale de poids est le **kilogramme**. C'est le poids d'un **étalon en platine iridié** déposé aux *Archives*. Le kilogramme est, avec une très grande approximation, le poids de 1 dm³ d'eau distillée pesée à Paris, dans le vide et à son maximum de densité (4°,1 centigrade).

Le gramme est la millième partie du kilogramme.

251. — **Multiples du gramme.**

Le **décagramme**,	qui vaut	**10**	**grammes**	dag.
hectogramme,	—	**100**	—	hg.
kilogramme,	—	**1.000**	—	kg.

252. — **Sous-multiples du gramme.**

Le **décigramme**,	qui vaut	$\frac{1}{10}$	ou 0,1	gramme	dg.
centigramme,	—	$\frac{1}{100}$	ou 0,01	—	cg.
milligramme,	—	$\frac{1}{1.000}$	ou 0,001	—	mg.

253. — Les multiples ou sous-multiples vont en croissant ou en décroissant de 10 en 10 de l'un au suivant.

Donc $3^{kgr},128$

se lit : 3 kilogrammes, 128 grammes.

254. — *Pour passer d'une unité à l'unité immédiatement* **inférieure**, *on avance la virgule d'***un rang** *vers la* **droite**.

Pour passer d'une unité à l'unité immédiatement **supérieure**, *on recule la virgule d'***un rang** *vers la* **gauche**.

Exemple.	$3^{kg},128$
s'écrit encore :	$31^{hg},28$,
	3.128 gr.
De même	$2^{g},43$
s'écrit :	$0^{kg},00243$.

255. — **Choix de l'unité.** On exprime pratiquement les poids en grammes, en kilogrammes, et

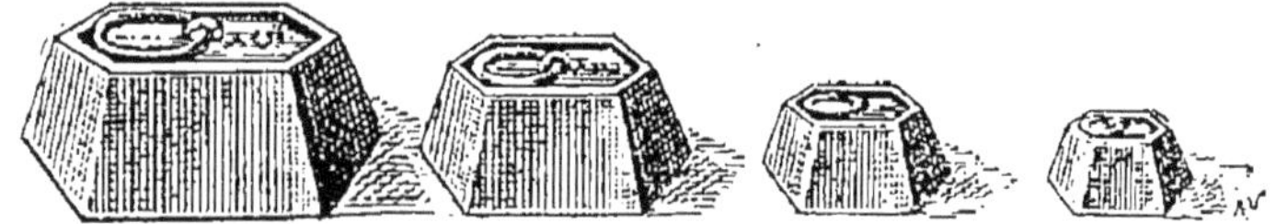

Poids lourds en fonte.

pour les poids lourds, en **tonnes**. La tonne vaut 1.000 kg (en abrégé **t**).

Il subsiste quelques noms d'anciennes mesures : **la livre**, qui vaut $\frac{1}{2}$ kg., et **le quintal métrique**, qui vaut 100 kg. ou **0,1 tonne** (0t,1).

256. — Les instruments qui servent à faire les pesées sont **la balance** et **la bascule**. On se sert à cet effet de poids réalisés et qui sont d'un emploi courant.

Les poids *lourds* sont en *fonte :*

Il existe des poids de 50 kg. et de 20 kg., en fonte, en forme de pyramide tronquée à base rectangulaire ; et des poids depuis 50 gr. jusqu'à 10 kg. en fonte également, en forme de pyramide tronquée à six pans (ou base hexagonale). (Voir figure.)

Poids moyens en cuivre.

Il existe également une série de poids cylindriques en cuivre de 1 gr. à 20 kg. (Voir figure.)

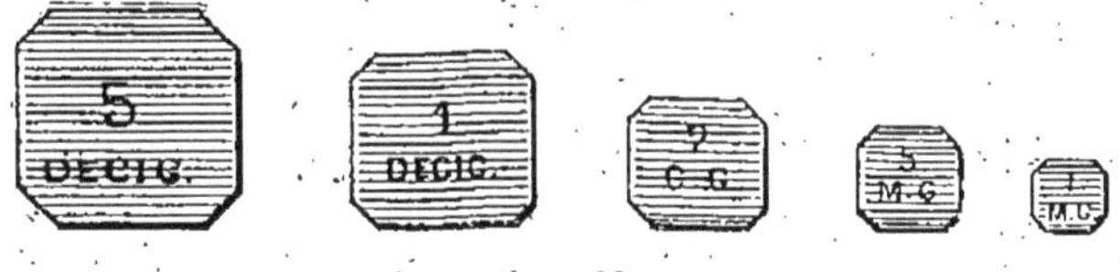

Petits poids.

Enfin, pour les petits poids de moins de 1 gr., ils sont faits en lamelles de cuivre ou de nickel très minces, carrées, avec un pan relevé permettant de les saisir avec une pince : ils varient de 5 dg. à 1 mg. (Voir figure.)

§ VI. — MONNAIES

257. — L'unité de monnaie est le **franc**, en abrégé **fr.**

Il n'y a pas de multiples du franc.

Il existe deux sous-multiples du franc :

le **décime**, qui vaut $0^{fr},1$ ou $\frac{1}{10}$ de franc	Pas d'abré-viation.
le **centime**, qui vaut $0^{fr},01$ ou $\frac{1}{100}$ de franc	

Le **sou**, que l'on emploie souvent, vaut **5 centimes.**

258. — Pour écrire une somme de monnaie, on écrit le nombre de francs ; après quoi l'on écrit une

Pièce d'or 20 fr.

virgule, le premier chiffre est celui des décimes, le suivant celui des centimes :

$$45^{fr},75$$

signifie : 45 francs, 75 centimes.

259. — **Pièces de monnaie.** Il y a trois sortes de pièces de monnaie :

1° **Monnaie d'or.** Il existe des pièces de 100 fr., 50 fr., 20 fr., 10 fr. et 5 fr.

Les pièces de 100 fr. et de 50 fr. sont rares. On ne frappe plus de pièces de 5 francs, qui ont à peu près disparu de la circulation, à cause de leurs petites dimensions.

Tableau des pièces d'or.

Pièces.	Titre.	Poids légal.	Diamètre.
100	0,900	32g,258	35mm
50	»	16g,129	28mm
20	»	6g,451	21mm
10	»	3g,226	19mm
5	»	1g,613	17mm

Le gramme *d'or monnayé vaut* 3fr,10.

2° **Monnaies d'argent.** Il existe des pièces de 5 fr., 2 fr., 1 fr. et 0fr,50.

Pièce d'argent 1 fr.

Tableau des pièces d'argent.

Pièces.	Titre.	Poids légal.	Diamètre.
5	0,900	25g	37mm
2	0,835	10g	27mm
1	»	5g	23mm
0,50	»	2g,5	18mm

Le gramme *d'argent monnayé vaut* 0fr,20.

3° **Monnaies de cuivre.** Les monnaies de cuivre ou de billon sont de : 10, 5, 2 et 1 centimes.

Les deux premières sont employées habituellement.

La pièce de 5 centimes s'appelle vulgairement sou.

Tableau des pièces de cuivre.

Pièces.	Poids légal.	Diamètre.
0 fr. 10	10g	30mm
0 fr. 05	5g	25mm
0 fr. 02	2g	20mm
0 fr. 01	1g	15mm

Pièce de cuivre 0 fr. 05.

Pièce de nickel 0 fr.25.

Le **gramme** *de cuivre monnayé vaut légalement* **0fr,01.**

Il existe en outre une pièce de nickel de **0fr,25** pesant 7g.

260. — **Titre.** Dans les tableaux qui précèdent, on a indiqué le titre pour les monnaies d'or et d'argent.

Le titre indique la fraction du poids total de la pièce formée par le poids de l'or ou l'argent ; la fraction restante représente le poids du cuivre qui entre dans la pièce.

Ainsi les pièces d'or sont au titre de 0,900, c'est-à-dire elles enferment :

$$\frac{9}{10} \text{ ou } \frac{900}{1.000} \text{ d'or,}$$

et

$$\frac{1}{10} \text{ ou } \frac{100}{1.000} \text{ de cuivre.}$$

261. — Les pièces d'argent, sauf la pièce de 5 fr., sont à un titre moins élevé. Cela n'a d'ailleurs pas grande importance, car la valeur des pièces d'argent monnayé, qui est légalement de $0^{fr},20$ le gramme, est en réalité de beaucoup moindre. Cette valeur **légale** était celle de la pièce au moment de l'établissement du système métrique; elle a beaucoup baissé depuis (de plus de moitié).

Quant aux monnaies de cuivre, formées de 95 parties de cuivre, 4 parties d'étain et 1 de zinc, leur valeur légale ($0^{fr},01$ le gramme) est de beaucoup supérieure à leur valeur réelle. Cette valeur légale est donc, encore plus que pour les monnaies d'argent, *purement conventionnelle.*

Seule la monnaie d'or a la même **valeur réelle** *que sa valeur légale.* On s'en sert pour les sommes importantes, la monnaie d'argent, et à plus forte raison celle de cuivre, n'étant qu'une monnaie d'appoint.

En fait, on se sert de **billets de banque** pour les sommes considérables.

262. — *Remarque.* C'est très **indirectement** que les monnaies se rattachent au système métrique par le poids de la pièce de 1 fr. qui vaut 5 gr. Encore a-t-on vu que la valeur de la pièce de 1 fr. est *conventionnelle.*

Les monnaies d'or ne rentrent pas par leurs poids ni leurs dimensions dans ce système.

Exercices sur le système métrique.

143. Écrire, en prenant le mètre pour unité :

$1^{dam},274$, $1^{km},8767$, $24.673^{cm},5$.

144. Écrire, en prenant le kilomètre pour unité, les longueurs suivantes :

$37.875^{m},30$, $37^{hm},8773$, $18.792^{dm},25$.

145. Lorsqu'on paye le drap $8^{fr},75$ le mètre, combien coûtent 75 décimètres ?

146. Que payera-t-on pour $0^{m},15$ d'une étoffe qui se vend 30 francs le mètre ?

147. Écrire, en prenant le mètre carré pour unité :

$1^{dam^2},8772$, $1^{km^2},54934$, 485.347^{cm^2}.

148. Écrire, en prenant le kilomètre carré pour unité :

$3.254.700^{dam^2}$, 74.350^{hm^2}.

149. Convertir en ares les nombres suivants :

$714^{m^2},305$, $54^{hm^2},37^{dam^2}$.

150. Convertir en mètres carrés les nombres suivants :

$218^{a},35$, $1^{ha},07^{a},15^{ca}$.

151. Combien y a-t-il de mètres carrés dans 1 hectare 12 ares ?

152. Un terrain qui a une superficie de $345^{a},50^{ca}$ a été vendu pour la somme de 18.200 francs. Quel est le prix du décamètre carré ? du mètre carré ?

153. Que coûtera un champ de 2 hectares 15 ares, à raison de $0^{fr},75$ le mètre carré ?

154. Convertir en décimètres cubes :

$9^{m^3},0345$, 72.100^{cm^3}.

155. Transformer en stères $2^{dam^3},3275$. Convertir ce nombre en décistères.

156. Combien y a-t-il de litres dans $3^{m^3},703$?

157. Combien de mètres cubes valent 450 hectolitres 23 litres ?

158. Quel est le prix de 45 mètres cubes de chaux, à à raison de 0fr,90 l'hectolitre ?

159. Un vase pèse, vide, 1kg,250, et plein d'eau pure, il pèse 35kg,315. Combien contient-il de litres?

160. Quel est le poids de 250 hectolitres 85 litres d'eau pure ?

161. Écrire, en prenant le kilogramme pour unité, 59g,2cg et 4g,728mg.

162. Combien peut-on faire de pièces de 1 franc avec 800 pièces de 5 francs?

163. Un homme peut porter 80 kilogrammes. Quelle est la valeur de cette somme : 1° en or? 2° en argent monnayé?

164. Combien pèsent 45.475 francs en or monnayé?

165. Un robinet qui fournit 24 décimètres cubes d'eau par minute, a rempli un bassin en 3 heures 54 minutes. Quelle est, en mètres cubes, la capacité du bassin ?

166. Une salle a une capacité de 450$^{m^3}$. Calculer le poids de l'oxygène qui rentre dans la composition de l'air de cette salle, sachant que l'air contient 23 p. 100 de son poids d'oxygène et pèse 773 fois moins que l'eau.

167. Calculer en kilomètres la distance de deux îles, sachant qu'elle est de 23 lieues marines (la lieue marine vaut 5.550 mètres).

168. Une rue a 1km,5 de longueur. Les 0,7 sont pavés et le reste est bitumé. Le pavage revient à 150 fr. et le bitumage à 220 francs par mètre de longueur. Quelle a été la dépense totale pour l'établissement de la chaussée?

169. Le cours de la Seine a une longueur de 776 kilomètres. Combien faudra-t-il de fois cette longueur pour faire le tour de la terre?

170. Une pièce de vin contenait 226 litres; on en a tiré d'abord $0^{hl},75$ puis $12^{dal},6$. Calculer, à raison de 25 francs l'hectolitre, le prix de ce qui reste.

171. Pour faire la fouille d'un puits, on a extrait 96 brouettes de terre, de chacune 135^{dm^3}. Quel est le volume de cette terre? Combien recevra l'ouvrier qui a fait ce travail, à raison de $4^{fr},50$ le mètre cube?

172. Un are de terrain produit 20 litres de blé; les frais de culture sont de 80 francs par hectare. Sachant que l'hectolitre de blé vaut $23^{fr},75$ et que le champ a une surface de 358 ares, on demande le revenu du champ.

173. Combien pourra-t-on mettre de litres de blé dans un wagon dont la charge est de 10.000 kilogr.? L'hectolitre de blé pèse 76 kilogrammes.

CHAPITRE XII

NOTIONS DE GÉOMÉTRIE

---

§ I. — GÉOMÉTRIE PLANE

263. — **Droite.** Tout le monde a la notion de **ligne droite**, dont un fil très fin tendu donne l'image. Le bord d'une règle bien faite est une portion de droite. Une droite géométrique n'a pas de *largeur appréciable*, elle est pratiquement de *largeur nulle*.

264. — **Plan.** La notion de **plan** est aussi immédiate. Le dessus d'une table bien dressée, la surface des eaux tranquilles en donnent des images courantes.

265. — **Courbes.** On a parfois à considérer d'autres lignes non droites, qu'on appelle lignes **courbes** ou simplement **courbes**, de largeur négligeable ou pratiquement nulle : un fil très fin non tendu donne une image approximative de telles lignes.

266. — **Point.** La partie de l'espace où se coupent deux lignes et qui est de dimensions inappréciables en tous sens, s'appelle **point**.

On considère souvent une ligne comme l'ensemble des *positions successives d'un point qui se déplace*. C'est ainsi que la pointe d'un crayon bien taillé décrit sur une feuille de papier plane une ligne ; la largeur en est pratiquement nulle. On dit alors que la ligne est tracée sur le plan (figuré en partie par la feuille de papier).

267. — **Figure plane.** L'ensemble de points et de lignes tracés sur un **plan** s'appelle **figure plane**. On dit que les points et les lignes sont dans le plan. Une droite qui a deux points dans un plan est tout entière dans ce plan.

Il existe des ensembles de lignes et de points qui ne sont pas tous dans un plan. On appelle un tel ensemble **figure de l'espace.**

268. — **Surface.** On appelle **surface** la limite qui sépare deux portions de l'espace. Ainsi on parlera de la surface d'une *boule* ou *sphère*. On peut tracer sur de telles surfaces des *lignes qui pourront ne pas être droites*.

269. — **Volume.** On appelle **volume** une partie de l'espace limitée en tous sens. La surface qui la limite se nómme une **surface fermée.**

Définitions et propriétés des lignes planes.

270. — **Demi-droite.** On appelle **demi-droite** une droite limitée à un point et prolongée indéfiniment d'un côté de ce point.

O

Demi-droite.

271. — **Segment de droite.** On appelle **segment**

de droite une portion de droite limitée à deux points.

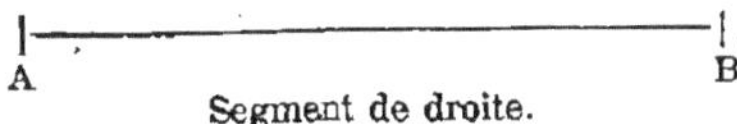

Segment de droite.

Les points A et B sont les **extrémités** du segment.

272. — **Ligne brisée.** Une **ligne brisée** est formée de segments de droite consécutifs : A et B sont les

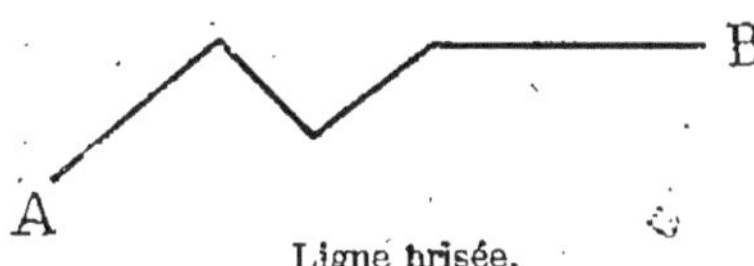

Ligne brisée.

extrémités de la ligne brisée. Quand les **extrémités** coïncident, on dit que la ligne brisée est **fermée** ou qu'elle forme un **polygone**.

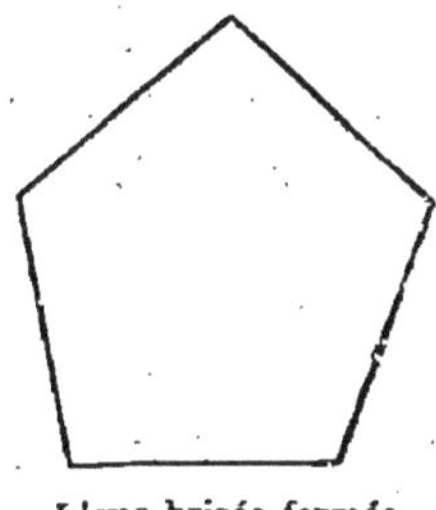

Ligne brisée fermée.

273. — **Angles.** Un **angle** est une figure formée

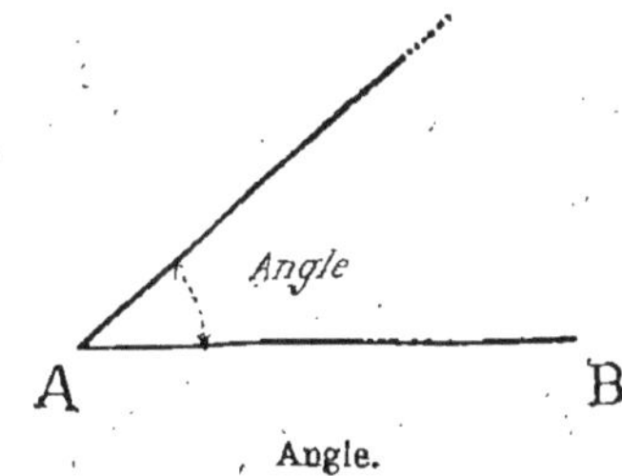

Angle.

par deux demi-droites issues d'un point. Ce point

se nomme le **sommet**; les deux demi-droites sont les **côtés** de l'angle.

Le point A est le sommet de l'angle.

Les demi-droites AB, AC sont les côtés.

274. — **Angles égaux.** Deux angles sont **égaux** quand, en déplaçant l'un d'eux on peut sans le

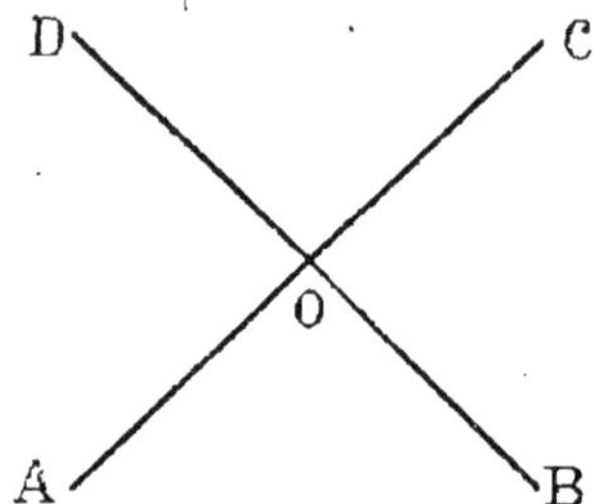

Angles formés par deux droites qui se coupent.

déformer l'amener à coïncider avec l'autre, sommet sur sommet et côtés sur côtés.

Deux **droites** qui se coupent forment quatre angles égaux deux à deux.

275. — **Perpendiculaires.** Deux droites qui se

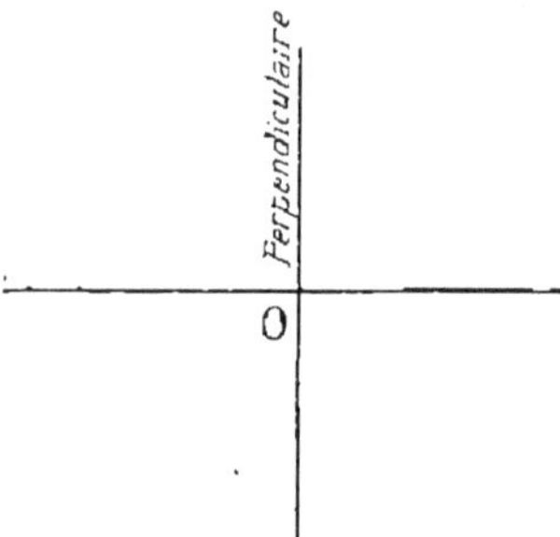

Perpendiculaire à une droite.

coupent sont **perpendiculaires** quand les quatre

angles qu'elles forment autour de leur point de rencontre sont **égaux.**

Ces quatre angles sont des angles **droits.**

276. — **Angle droit.** Un **angle droit** est donc l'angle de deux droites perpendiculaires l'une sur l'autre.

277. — La **distance** d'un point à une droite est la longueur de la perpendiculaire menée du point à cette droite.

278. — **Droites parallèles.** On appelle **parallèles** deux droites situées dans un même plan et qui ne se rencontrent pas.

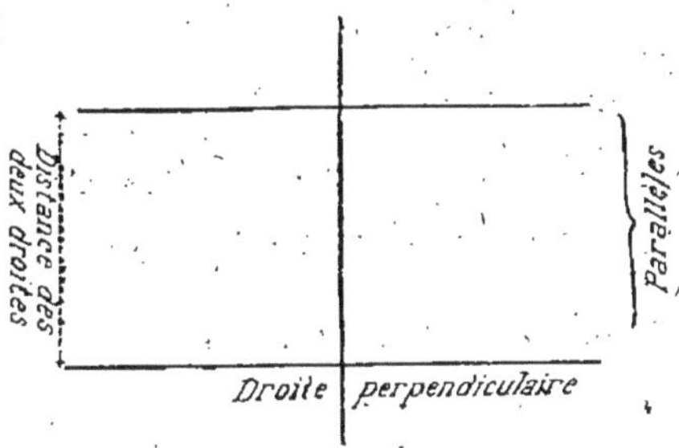

Droites parallèles.

Une droite *perpendiculaire à l'une des parallèles* est *perpendiculaire à l'autre.* On l'appelle **perpendiculaire commune aux** deux parallèles.

La distance de deux droites *parallèles* est égale à la longueur de leur perpendiculaire commune.

279. — **Triangle.** *On appelle* **triangle** *la partie du plan limitée par une ligne brisée fermée de trois côtés.*

Ces trois segments de droite sont les côtés du triangle. Leurs points de rencontre sont les sommets.

Les segments AB, BC, CA sont les côtés. Les points

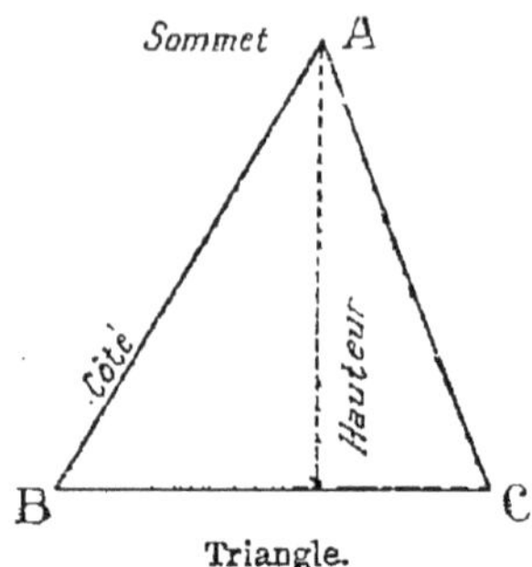

Triangle.

A, B, C sont les **sommets**. A est le sommet **opposé** à BC, B à AC, C à AB.

Hauteur. On appelle **hauteur** la perpendiculaire abaissée d'un sommet sur le côté opposé.

280. — **Quadrilatère.** *Un* **quadrilatère** *est la partie de plan limitée par une ligne brisée fermée de quatre côtés.*

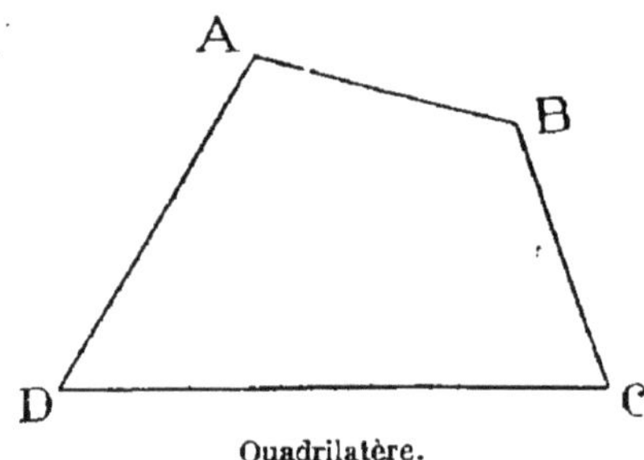

Quadrilatère.

Côtés : AB, BC, CD, DA.

Sommets : A, B, C, D.

AB et CD sont des côtés opposés.

BC et AD sont des côtés opposés.

281. — **Trapèze.** *Un* **trapèze** *est un quadrilatère qui a deux côtés parallèles.*

Ces côtés parallèles s'appellent bases.

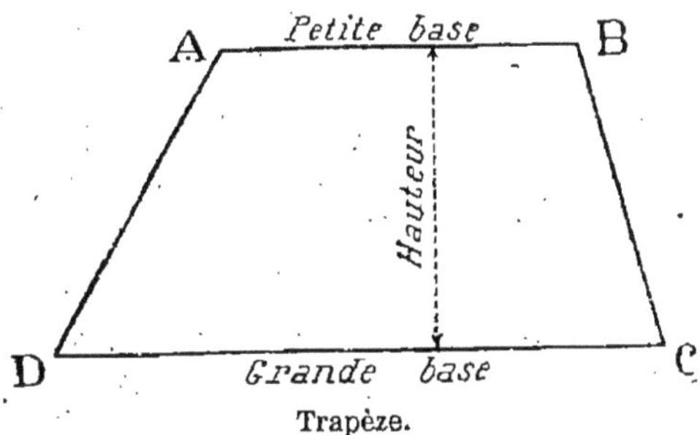

Trapèze.

La **hauteur** est la *distance* des deux bases.

282. — **Parallélogramme.** *On appelle* **parallélogramme** *un quadrilatère dont les côtés opposés sont deux à deux parallèles.* Ces côtés sont aussi égaux deux à deux.

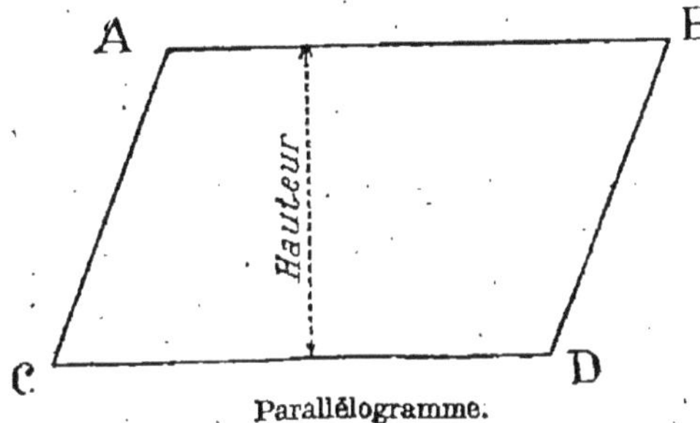

Parallélogramme.

Le parallélogramme est donc un trapèze particulier, dont les bases sont égales :

$$AB = CD,$$

$$AC = BD.$$

283. — **Rectangle.** *Un* **rectangle** *est un parallé-*

logramme dont les angles sont droits. Si on prend

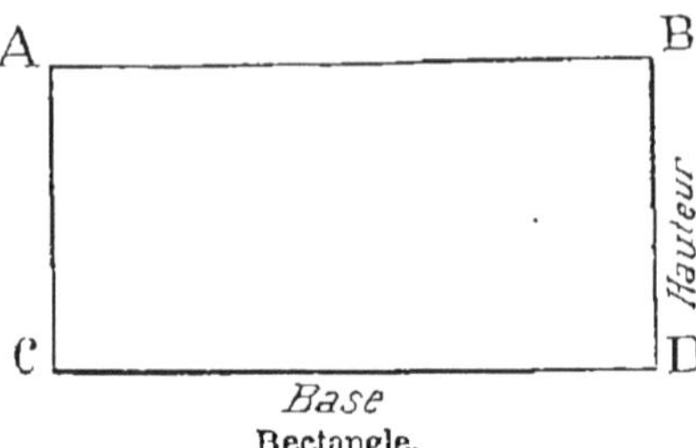

Rectangle.

pour base un des côtés, la hauteur correspondante est égale à un côté consécutif à celui-là.

284. — **Carré.** *Un* **carré** *est un rectangle dont les côtés sont égaux.*

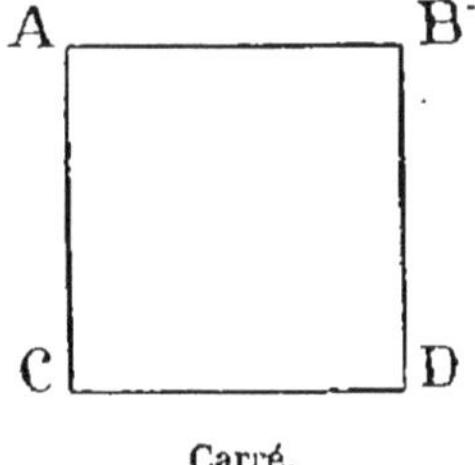

Carré.

La base et la hauteur sont égales :

$$AB = AC.$$

285. — **Circonférence et cercle.** *On appelle* **circonférence** *une ligne courbe fermée dont tous les points sont à égale distance d'un point appelé* **centre.**

Cette distance est le **rayon** du cercle.

Toute droite qui passe par le centre s'appelle **diamètre.**

La longueur d'un diamètre est le **double d'un rayon.**

Le segment de droite qui joint deux points de la circonférence se nomme **corde**.

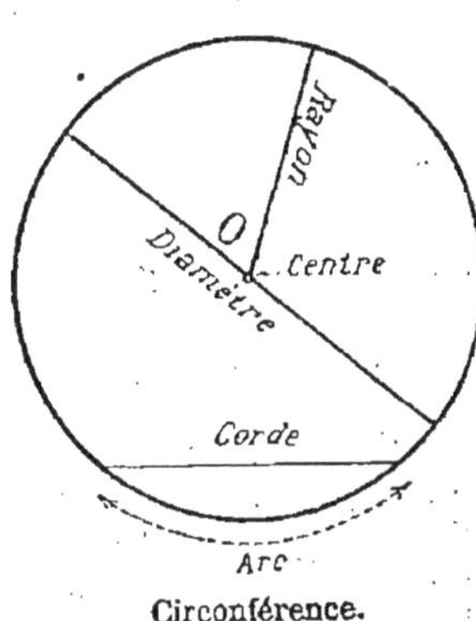

Circonférence.

Une portion de circonférence limitée à deux points s'appelle **arc**. On appelle **cercle** la partie du plan limitée par une circonférence.

§ II. — LONGUEURS ET SURFACES DES FIGURES PLANES

I. — MESURE DES LONGUEURS.

286. — *On mesure, en général, la longueur d'un segment de droite avec un* **mètre effectif.** Pour les *dessins*, on se sert du **double-décimètre.** Sur le *terrain*, on emploie la **chaîne d'arpenteur.**

287. — **Longueur de la circonférence.** Pour **calculer la longueur de la circonférence**, c'est-à-dire la longueur d'un fil très fin qu'on aurait enroulé une fois sur la circonférence, on multiplie le double de la mesure de son rayon par un nombre **représenté par** π, et qui est égal à

3,1416.

On a ainsi la longueur de la circonférence exprimée avec la même unité que le rayon.

Exemple. Soit un cercle de $4^{m},53$ de rayon.

La longueur de la circonférence est :

$$4,53 \times 3,1416 \times 2 = 28^{m},462,$$

en se bornant aux millimètres.

II. — MESURE DES AIRES DES FIGURES PLANES.

288. — Mesurer l'aire d'une surface plane, c'est trouver le nombre d'unités métriques de surface qu'elle contient.

Ce nombre est un **nombre décimal**, exact ou approché, d'après les principes du système métrique.

Nous allons énoncer les règles qui donnent la surface d'une figure géométrique plane dont on connaît les dimensions.

289. — 1° **Aire du rectangle.** *On obtient l'aire du rectangle en faisant le* **produit de la mesure de sa base par la mesure de sa hauteur.**

Il faut que ces deux longueurs soient mesurées avec la même unité de longueur.

L'aire est alors exprimée en unités **correspondantes** de surface. Ainsi, si la base et la hauteur sont mesurées en

mètres,	l'aire est mesurée en	**mètres**	**carrés,**
centimètres,	— —	**centimètres**	—
kilomètres,	— —	**kilomètres**	—

Exemple. Une cour rectangulaire a pour dimensions : $24^{m},30$ de longueur et $13^{m},75$ de largeur.

Sa surface est :

$$(24,3 \times 13,75)^{m^2} = 334^{m^2},125.$$

Exemple. Un champ rectangulaire a pour longueur $143^m,5$ et pour largeur $75^m,5$. Calculer sa contenance en *hectares*.

Nous allons chercher cette contenance en m^2 :

$$75,5 \times 143,5^{m^2} = 10.834^{m^2},25.$$

Pour avoir le nombre d'hectares, on divise par 10.000, ce qui donne :

$$1^{ha},08^{a},34^{ca},25.$$

290. — 2° **Aire du parallélogramme.** *L'aire du parallélogramme s'obtient, comme celle du rectangle, en faisant le produit* **de la mesure de la base par la mesure de la hauteur.**

291. — 3° **Aire du triangle.** *L'aire du triangle est égale à la* **moitié du produit de la mesure de la base par la hauteur.**

L'aire d'un triangle est donc la moitié de l'aire d'un parallélogramme ayant même base et même hauteur.

292. — 4° **Aire du trapèze.** *L'aire du trapèze s'obtient en faisant le produit* **de la mesure de la hauteur par la mesure de la demi-somme des bases.**

Ainsi le trapèze qui a pour bases 3 mètres et 4 mètres et pour hauteur 2 mètres, a pour aire :

$$2 \times \frac{3+4}{2} = 7\ m^2.$$

293. — 5° *Pour mesurer* **l'aire d'un polygone,** *on le décompose en* **trapèzes** *ou en* **triangles.** On évalue l'aire de chaque trapèze dans le premier cas, de chaque triangle dans le second, et on fait la **somme** de ces aires.

294. — 6° **Aire du cercle.** *Pour avoir l'aire du cercle*, on **multiplie par π (3,1416) le carré de la mesure de son rayon.**

Soit un cercle de 3m,4 de rayon. Sa surface est :

$3{,}1416 \times \overline{3{,}4}^2 = 3{,}1416 \times 3{,}4 \times 3{,}4 = 36^{m^2}{,}3169.$

295. — **Changements d'unités.** Dans les exemples précédents, on a évalué avec une même unité de longueur les dimensions des figures dont on cherche l'aire, et l'on a l'aire exprimée en unités **correspondantes** de surface.

Si l'on fait un changement d'unité de longueur, le nouveau nombre que l'on trouve en appliquant les règles données est celui qui mesure la même aire avec la **nouvelle unité** de **surface correspondant** à cette nouvelle unité de longueur.

Ainsi, soit le rectangle de dimensions

$24^m{,}30$ et $13^m{,}75.$

On a trouvé pour la surface :

$334^{m^2}{,}125.$

Exprimons les dimensions en centimètres :

2.430 cm. et 1.375 cm.

Le produit est : 3.341.250 cm².

C'est celui qu'on aurait trouvé en avançant, plus haut, la virgule de quatre rangs vers la droite (ce qui correspond à un changement d'unité du deuxième ordre suivant).

Il y a donc constamment concordance dans les mesures de surface, quand on prend des unités de surface et de longueur **correspondantes.**

La même remarque s'applique aux **mesures des volumes** de solides, que l'on calcule au moyen **des longueurs** de leurs dimensions.

§ III. — GÉOMÉTRIE DANS L'ESPACE

296. — **Deux plans** *se coupent en général suivant une* **droite.**

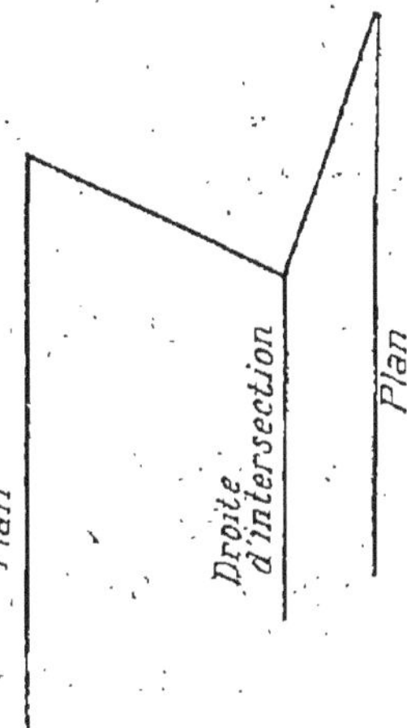

On dit que cette droite est la droite d'*intersection* des deux plans.

On figure un plan par une portion limitée à un rectangle que l'on figure sur un dessin en perspective sous la forme d'un parallélogramme.

297. — *Droite* **perpendiculaire** *à un plan.* **Plan**

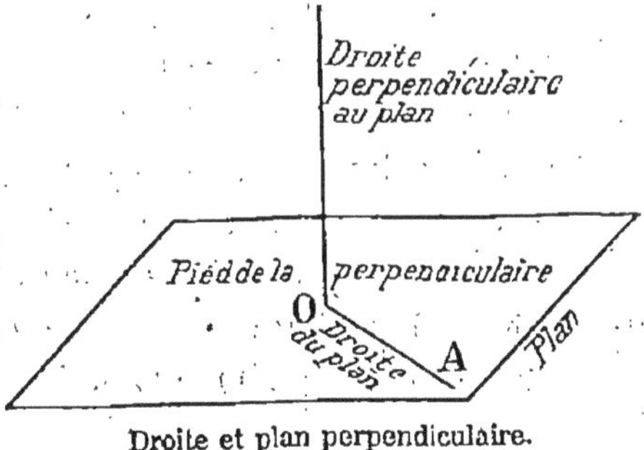

Droite et plan perpendiculaire.

perpendiculaire *à une droite. Une droite est perpen-*

diculaire à un plan quand elle est perpendiculaire à toute droite passant par son pied dans le plan, telle que OA (fig.).

On dit inversement que le plan est *perpendiculaire à la droite.*

Exemple. Le fil à plomb est perpendiculaire au plan formé par la surface des eaux tranquilles.

La **distance** d'un point à un plan est la distance du point au pied de la perpendiculaire menée par ce point au plan.

298. — **Droite parallèle à un plan.** *Une droite et un plan sont* **parallèles** *quand ils ne se* **rencontrent pas,** *si loin qu'on les prolonge.*

299. — **Plans parallèles.** Des plans parallèles

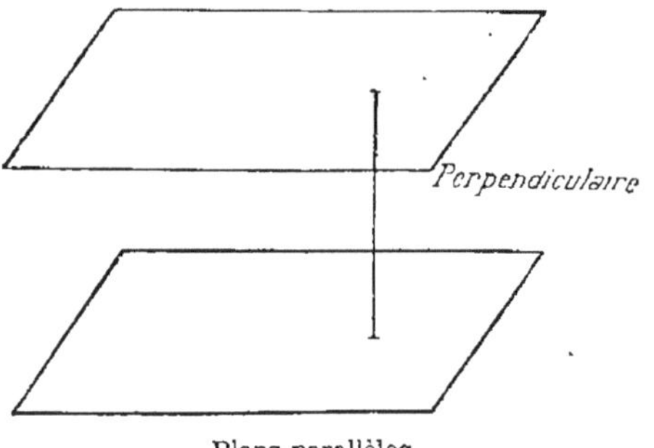

Plans parallèles.

sont des plans qui ne se rencontrent pas, si loin qu'on les prolonge en tous sens.

Toute droite perpendiculaire à l'un des plans est perpendiculaire à l'autre. La longueur de cette perpendiculaire commune est la **distance** des plans parallèles.

300. — **Droites parallèles dans l'espace.** *Ce*

sont des droites situées **dans un même plan** *et qui ne se* **rencontrent pas.**

301. — **Polyèdre.** *On appelle polyèdre un solide limité par des polygones plans ayant deux à deux un côté commun. Ces polygones sont les* **faces,** *leurs côtes sont les* **arêtes,** *et leurs sommets les* **sommets** *du polyèdre.*

302. — **Prisme.** *Le prisme est un polyèdre limité par deux polygones égaux appelés* **bases,** *situés dans*

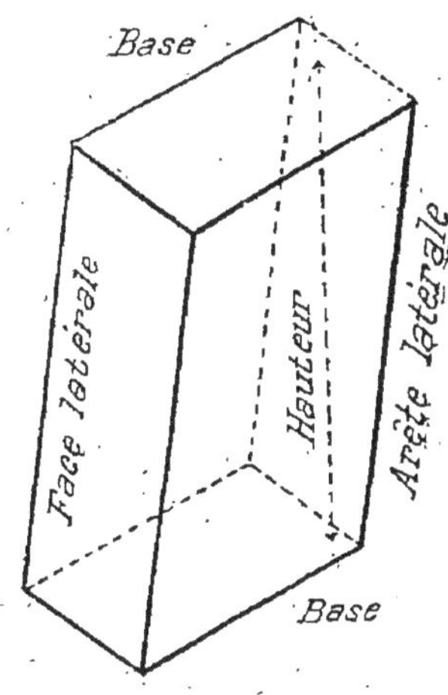

Prisme.

des plans parallèles et ayant leurs côtés deux à deux parallèles. Ils sont réunis par des parallélogrammes qui forment les **faces latérales** *du prisme.*

Un prisme est **droit** quand les arêtes latérales sont perpendiculaires aux plans des bases.

La distance des deux bases est la **hauteur** du prisme.

303. — **Parallélépipède.** *On nomme ainsi un prisme dont la base est un* **parallélogramme.**

Parallélépipède oblique. Un parallélépipède

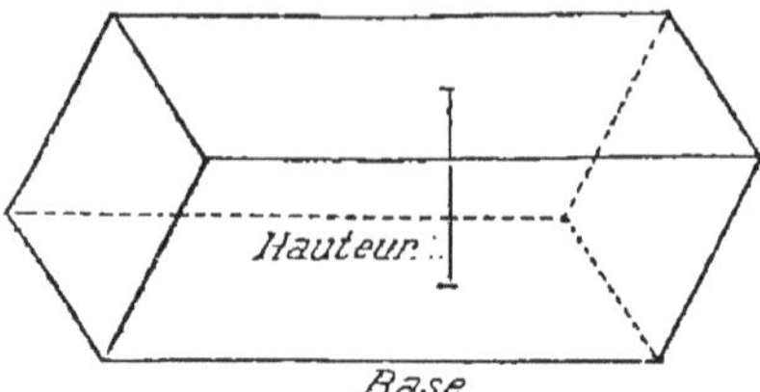

Parallélépipède oblique.

est *oblique* quand les arêtes latérales ne sont pas perpendiculaires aux plans de base.

304. — **Parallélépipède rectangle.** *On nomme ainsi un* **parallélépipède droit** *dont la base est un* **rectangle.**

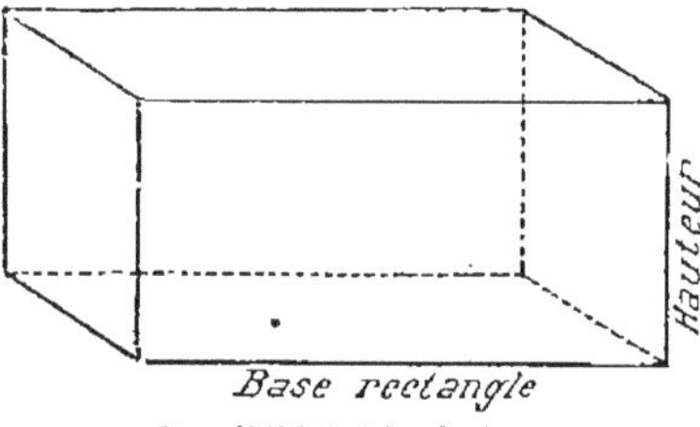

Parallélépipède droit.

La hauteur est égale à l'une des arêtes latérales.

305. — **Un cube** *est un parallélépipède* **rectangle** *dont toutes les arêtes sont* **égales.** *Les faces sont des carrés égaux.*

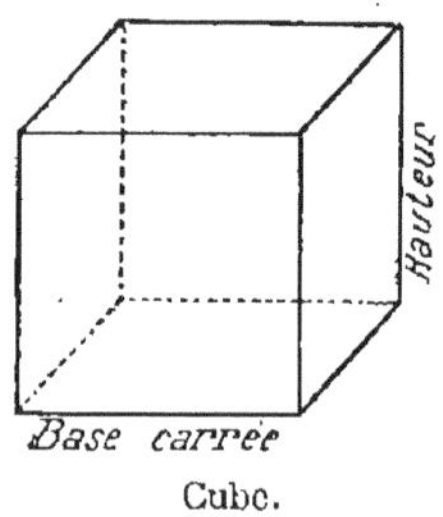

Cube.

La hauteur est égale à l'une des arêtes.

306. — **Pyramide.** *On appelle* pyramide *un polyèdre dont une face appelée base est un polygone plan ; les autres faces, appelées faces latérales, sont*

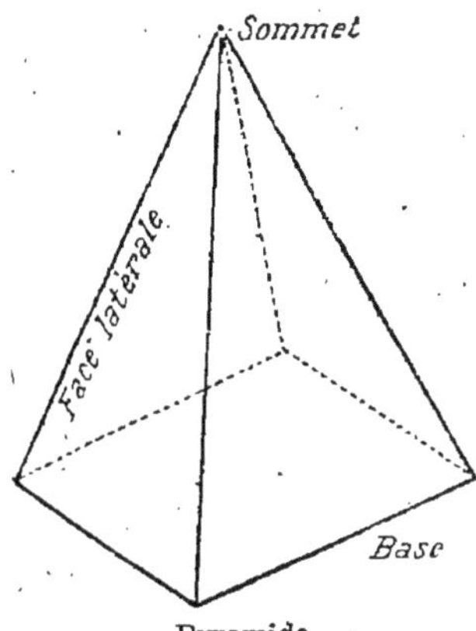

Pyramide.

des triangles ayant un sommet commun appelé sommet de la pyramide et ayant pour côtés opposés à ce sommet les côtés de la base.

307. — **Le tronc de pyramide** *est la partie de la pyramide comprise entre la base et un plan parallèle à cette base.*

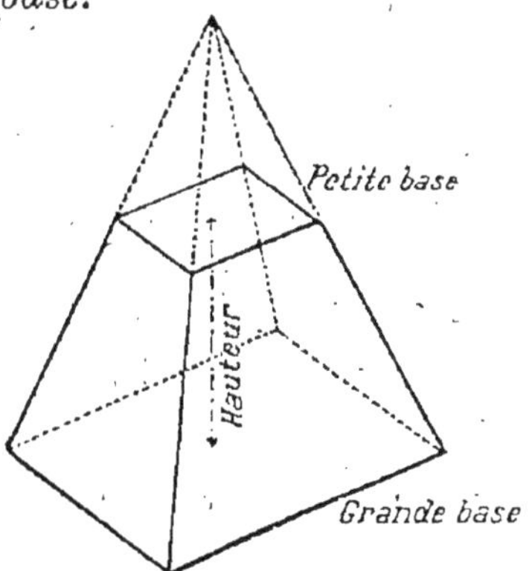

Tronc de pyramide.

La hauteur est la distance des deux bases.

308. — **Cylindre.** *On appelle* **cylindre** *un solide limité 1° à deux bases qui sont des cercles égaux dans des plans parallèles, et tels que la droite qui*

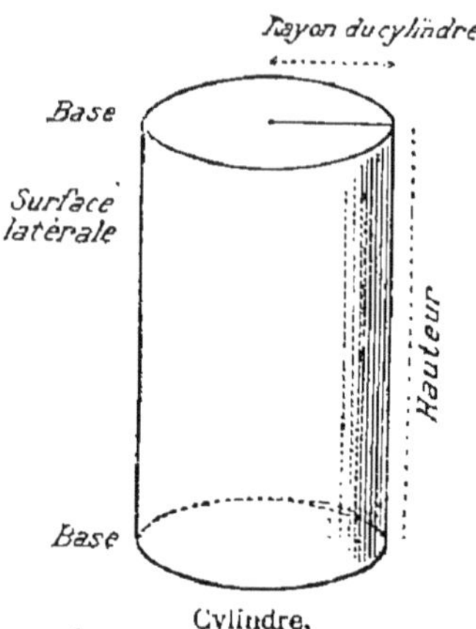

Cylindre.

joint leurs centres soit perpendiculaire commune à leurs plans et 2° à la **surface courbe** *engendrée par une droite restant perpendiculaire aux plans des deux cercles et s'appuyant sur les deux circonférences de ces cercles.*

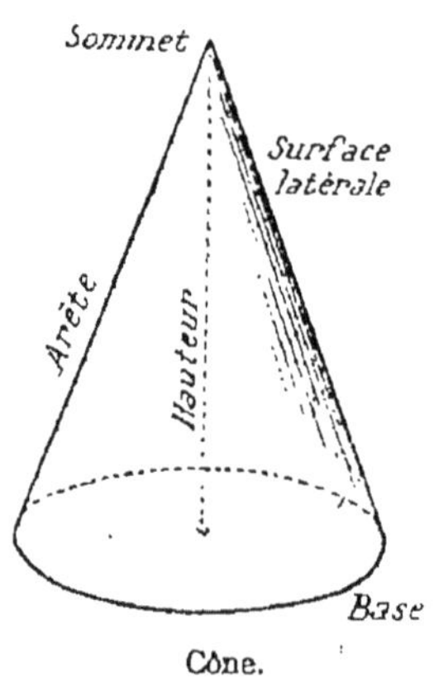

Cône.

309. — **Cône.** *Solide limité 1° à un cercle et 2° à*

la surface courbe engendrée par une droite qui passe par un point de la perpendiculaire élevée au plan du cercle en son centre, et qui s'appuie sur la circonférence de ce cercle.

310. — **Sphère.** *Corps rond limité par une surface dont tous les points sont à la même distance*

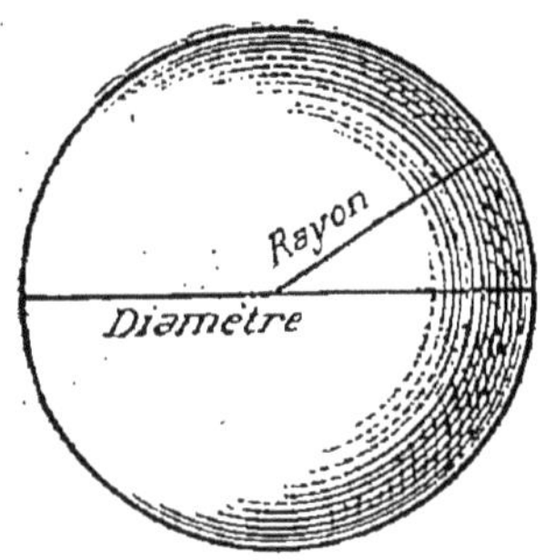

Sphère.

d'un point appelé centre. Cette distance est le rayon *de la sphère.*

On appelle diamètre une droite limitée à la sphère et passant par son centre. La longueur d'un *diamètre* est le *double* du rayon.

§ IV. — MESURE DE QUELQUES VOLUMES SIMPLES. POIDS

I. — VOLUMES.

On peut mesurer le volume des solides géométriques précédents, connaissant leurs dimensions.

311. — **Prisme** (*et en particulier parallélipèdes*). *La mesure du volume d'un prisme* est **égal au produit de la mesure de la base par la mesure de la hauteur.**

La mesure de la base se fera en unités de surface,

— et celle de la hauteur en unités correspondantes de longueur.

On aura alors le volume en unités correspondantes de volume.

Exemple. La base est un rectangle de dimensions

$$12^{m},50 \quad \text{et} \quad 5^{m},45.$$

La hauteur est égale à $8^{m},3$.

Le volume est égal à

$$12,5 \times 5,45 \times 8,3 = 565^{m^3},4375.$$

312. — **Pyramide.** *La mesure du volume de la pyramide est* **égale au tiers du produit de la mesure de la base par la mesure de sa hauteur.**

Le volume d'une pyramide est donc le $\frac{1}{3}$ du volume d'un prisme de même base et de même hauteur.

Il faut dans ce cas, comme plus haut, prendre des unités de longueur, de surface et de volume *correspondantes.*

313. — **Cylindre.** *La mesure du volume d'un cylindre est égale au* **produit de la mesure de la base par la mesure de la hauteur.**

Si l'on se donne le *rayon* de la base et la hauteur, on opère comme il suit :

On forme le carré de la mesure du rayon.

On multiplie par $\pi = 3,1416$; puis on multiplie ce produit par la hauteur.

Exemple. Volume d'un cylindre de $1^{m},5$ de rayon et de 3 mètres de hauteur :

$$\overline{1,5}^2 \times 3,1416 \times 3 = 21^{m^3},2058.$$

314. — **Cône.** *La mesure du volume d'un cône est égale* **au tiers du produit de la mesure de la base par la mesure de la hauteur.**

Le volume d'un cône est donc le $\frac{1}{3}$ du volume d'un cylindre de même base et de même hauteur.

Exemple. Cône de 1m,50 de rayon de base et 4m,10 de hauteur.

Le volume est :

$$\frac{1}{3} \times \overline{1,5}^2 \times 3,1416 \times 4,1 = 9^{m^3},66042.$$

315. — **Volume de la sphère.** *La mesure du volume de la sphère est égale* **au cube de la mesure du rayon multiplié d'abord par** π, **puis par** $\frac{4}{3}$.

Exemple. Sphère de 1m,5 de rayon.

Le volume est :

$$\frac{4}{3} \times \overline{1,5}^3 \times 3,1416 = 14^{m^3},1372.$$

Remarque fondamentale. Les longueurs et les volumes sont exprimés à l'aide des règles précédentes en **unités correspondantes.**

II. — POIDS.

Relation entre le volume et le poids d'un corps.

316. — **Densité.** On appelle **densité** le nombre qui exprime le poids de l'unité de volume de ce corps, les **volumes** et les **poids** étant exprimés en **unités correspondantes.**

On a dressé ci-dessous le tableau des unités correspondantes de volume et de poids usuels.

Unité de volume.	*Unité correspondante de poids.*
mètre cube	tonne (1.000 kg.).
décimètre cube ou litre	**kilogramme.**
centimètre cube $\left(\frac{1}{1.000}\right.$ de litre$\left.\right)$	**gramme.**

D'après le choix des unités, la **densité** *de l'eau est égale à* **1.**

317. — **Règle.** *Le poids d'un corps s'obtient en* **multipliant son volume par sa densité;** *le poids et le volume sont alors exprimés en unités correspondantes.*

1er *Exemple.* La densité du *mercure* est 13,6.

Quel est le poids de $3^l,35$ de mercure?

Ce poids est égal à

$$13,6 \times 3,35 = 45^{kg},560,$$

ou 45.560 grammes.

2e *Exemple.* Sachant que la densité du cuivre est 8,8, quel est le poids d'une boule pleine de cuivre de 20 centimètres de diamètre?

Prenons le centimètre pour unité.

Le rayon de la boule est 10 centimètres.

Son volume est :

$$\frac{4}{3} \times 3,1416 \times \overline{10}^3 = 4.188^{cm^3},8.$$

Son poids s'obtient en multipliant ce nombre par 8,8, ce qui donne :

$$36.861^g,$$

ou $36^{kg},861.$

§ V. — FORMULES

318. — **Formule. Définition.** On appelle formule l'écriture abrégée qui permet, au moyen de lettres figurant des nombres, de représenter des opérations à effectuer.

Exemple. Soit un rectangle. Nous désignerons par a et b les nombres qui expriment la longueur de ses côtés mesurés avec une même unité de longueur, et S le nombre qui exprime son aire mesurée avec l'unité correspondante de surface.

On a la formule $S = a \times b$,

qui signifie que pour trouver l'aire du rectangle, *on fait le produit des nombres qui mesurent les longueurs de ses côtés.*

Une formule est un procédé rapide pour écrire en résumé une règle de calcul.

Formules de longueurs et de surfaces.

319. — **Aire du triangle.** S représentant la surface, a la base, h la hauteur, la formule qui donne S est :

$$S = \frac{a \times h}{2}.$$

320. — **Aire du trapèze.** Soient a et b les longueurs des deux bases, h la hauteur, S l'aire. La formule de l'aire du trapèze est :

$$S = \frac{h(a+b)}{2}.$$

321. — **Longueur de la circonférence.** Soient R le rayon, C la longueur de la circonférence.

$$C = 2 \times \pi \times R. \qquad (\pi = 3,1416)$$

322. — **Aire du cercle.** Soient R le rayon, S l'aire du cercle. $S = \pi \times R^2$.

Formule de volumes.

323. — **Volume du prisme.** Soient S la surface de la base et h la hauteur (exprimées en unités correspondantes), V le volume.

$$V = S \times h.$$

324. — **Pyramide.** Soient S la surface de la base, h la hauteur, V le volume.

$$V = \frac{S \times h}{3}.$$

325. — **Cylindre.** Soient R le rayon de base, h la hauteur, V le volume.

$$V = \pi \times R^2 \times h.$$

326. — **Cône.** Soient R le rayon de base, h la hauteur, V le volume.

$$V = \frac{\pi \times R^2 \times h}{3}.$$

327. — **Volume de la sphère.** Soient R le rayon de la sphère, V le volume.

$$V = \frac{4 \times \pi \times R^3}{3}.$$

Remarque très importante. Dans toutes ces formules, les unités de longueur, surface et volume sont des **unités correspondantes.**

Formules relatives aux poids.

328. — Soient P le nombre qui représente le poids d'un corps, V celui qui représente son volume, D sa densité.

$$P = V \times D.$$

(Les poids et les volumes sont exprimés en unités correspondantes.)

329. — **Emploi des formules.** *On substitue aux lettres les nombres relatifs à chaque exemple particulier, et l'on fait les opérations indiquées.*

Formules dérivées.

330. — De ces formules on peut en déduire d'autres qui en dérivent.

Ainsi, pour trouver le rayon d'un cercle, connaissant la longueur de la circonférence, on applique la formule $R = \frac{C}{2\pi}$.

Le deuxième membre représente le **quotient complet** du numérateur par le dénominateur.

L'opération représentée dans le deuxième membre est la **division** de deux fractions décimales, division que l'on a appris à faire d'une manière approchée en pratique et que l'on pousse au degré d'approximation qui convient à chaque problème.

331. — De même, on peut calculer le volume d'un corps, connaissant son poids et sa densité, par la formule $\mathbf{V} = \frac{\mathbf{P}}{\mathbf{D}}$.

On aurait aussi la densité par la formule

$$\mathbf{D} = \frac{\mathbf{P}}{\mathbf{V}},$$

connaissant le poids et le volume d'un corps (exprimés en unités correspondantes).

Problèmes sur les mesures des aires et des volumes et sur les densités.

174. Calculer en dm^2 la surface d'un triangle qui a $12^m,35$ de base et $6^m,40$ de hauteur.

175. Aire d'un trapèze de $2^m,35$ de hauteur et dont les bases ont pour longueur $1^m,78$ et $4^m,22$; l'aire devra être évaluée en cm^2.

176. Longueur d'une circonférence de $40^m,18$ de rayon. Quel est le rayon d'un cercle de $14^m,25$ de circonférence?

177. La surface d'un champ rectangulaire est de $72^a,57$; la largeur est de 79 mètres. Quelle est sa longueur?

178. Quelle est en mètres carrés la surface d'un cercle de 121 décimètres de rayon?

179. Quel est le poids d'une plaque de fonte de $2^m,50$ de long, $1^m,20$ de large et 2 centimètres d'épaisseur, la densité de la fonte étant 7,4?

180. Un navire est blindé de plaques d'acier sur une hauteur de $3^m,75$. La longueur du navire est de 128 mètres. Les plaques ont 24 centimètres d'épaisseur. Quel est le poids en tonnes du blindage total, sachant que la densité de l'acier est 7,8?

181. Le poids de la pièce de 10 centimes est de 10 grammes; son diamètre est 30 millimètres. Quelle est son épaisseur, sachant que la densité du métal est 8,8?

182. Quel est le poids d'une boule de cuivre pleine, de 14 centimètres de diamètre, la densité du cuivre étant 8,8?

183. Quel est le poids d'un boulet plein en fer, de 14 centimètres de diamètre, la densité du fer étant 7,5?

184. Une barre de fer a une section carrée de 40 millimètres de côté et a 5 mètres de long; on l'étire en la faisant passer dans un orifice carré de 24 millimètres de côté. Quelle sera la longueur de la barre après l'opération?

185. Un puits circulaire a $12^{m},50$ de profondeur et $0^{m},95$ de rayon. Il est rempli d'eau aux $\frac{2}{5}$. En supposant qu'on le vide, quelle serait la hauteur du bassin en forme de parallélépipède droit qu'on pourrait remplir avec son contenu, sachant que la base est un rectangle de $3^{m},25$ de largeur et de $4^{m},50$ de longueur? Quelle serait la surface latérale de ce bassin en mètres carrés?

186. La plus grande des pyramides d'Égypte a 146 mètres de hauteur et a pour base un carré de 233 mètres de côté. Calculer : 1° son volume; 2° la longueur du mur que l'on pourrait construire avec ses matériaux, ce mur ayant 5 mètres de hauteur et 35 centimètres d'épaisseur.

187. La densité du mercure étant 13,6, on en remplit aux $\frac{3}{4}$ un vase rectangulaire dont les dimensions sont 15 centimètres, 12 centimètres et 7 centimètres. Calculer en centilitres le volume d'eau dont le poids serait égal à celui du mercure.

188. Trouver combien coûterait le toit d'une maison qui a $45^{m},50$ de long et $24^{m},20$ de largeur, en sachant qu'il faut 40 tuiles par mètre carré et que les tuiles coûtent 68 francs le mille.

189. On va d'une ville à une autre au moyen d'une voiture munie d'un compteur qui enregistre le nombre de tours que fait une roue de la voiture. Sachant que le rayon de cette roue est 60 centimètres et que le compteur marque à l'arrivée 4.027 tours, on demande la distance des deux villes. ($\pi = 3,1416$)

190. Un pavé a 18 centimètres de longueur. Sachant que ce pavé à la forme d'un parallélépipède rectangle dont la longueur est les $\frac{3}{2}$, la hauteur la $\frac{1}{2}$ de la largeur, calculer les trois dimensions de ce pavé et son volume. Quel est son poids, si la densité est de 0,95?

191. La circonférence des grandes roues d'une voiture est de $5^{m},40$. Quand la voiture marche, les petites roues font 8 tours contre 3 des grandes. Quelle est la circonférence des petites roues et quel est leur rayon?

192. Un tas de terre a la forme d'une pyramide dont la base a 528 m^2 de surface et dont la hauteur est 8 mètres. On veut étendre cette terre sur un champ de 85 mètres de longueur sur 42 mètres de largeur. Quelle sera l'épaisseur de la terre étendue sur le champ?

CHAPITRE XIII

NOMBRES COMPLEXES

§ I. — GÉNÉRALITÉS

332. — Les unités de mesure que l'on a étudiées jusqu'ici suivent la **division décimale**. C'est en cette propriété que résulte la grande **simplification** apportée par le système métrique aux différents systèmes des anciennes mesures.

Nombres complexes. Pour certaines grandeurs, on n'a pas adopté la division décimale.

Les nombres qui mesurent ces grandeurs s'appellent **nombres complexes.**

Les calculs relatifs à ces nombres sont plus longs et plus compliqués que les calculs relatifs aux nombres qui mesurent des grandeurs rentrant dans le système métrique.

333. — **Mesure du temps.** Les nombres complexes les plus usités sont relatifs **à la mesure du temps.** Nous ne nous occuperons que de ceux-là.

Le jour **solaire moyen** a été divisé en **24 heures.**

Chaque **heure** se divise en **60 minutes.**

Chaque **minute** se divise en **60 secondes.**

Les secondes se divisent en fractions décimales de secondes.

Un jour contient donc :

$$24 \times 60 = 1.440 \text{ minutes},$$

$$1.440 \times 60 = 86.400 \text{ secondes}.$$

Une heure contient :

$$60 \times 60 = 3.600 \text{ secondes}.$$

On désigne dans l'écriture l'heure par **h**, la minute par **m**, la seconde par **s**.

334. — Il arrive souvent que le nombre qui mesure un temps cherché est le résultat d'un calcul portant sur des nombres entiers ou décimaux. Ce nombre est alors un nombre décimal de jours, par exemple, contenant un nombre entier de jours et une fraction décimale de jour.

On se propose de mesurer ce temps en jours, heures, minutes, secondes et fractions décimales de secondes. C'est le premier problème que l'on va traiter.

335. — **Problème I.** *Étant donné un temps mesuré en jours par un nombre décimal, le mesurer en jours, heures, minutes et secondes.*

Soit, par exemple, $17^{\text{jours}},2457$.

On raisonne ainsi :

Ce temps comporte d'abord 17 jours complets, puis $0^{\text{j}},2457$.

Or il y a 24 heures par jour ; donc le nombre d'heures restant est : $24 \times 0,2457 = 5,8968$.

Le temps cherché comporte donc, outre les jours, 5 heures complètes, puis $0^{\text{h}},8968$.

Il y a 60 minutes par heure. Donc le nombre de minutes qui restent est : $60 \times 0,8968 = 53^{\text{m}},808$.

Le temps cherché contient donc 53 minutes complètes, outre les jours et les heures, et en plus $0^{\text{m}},808$.

Il y a 60 secondes à la minute; donc ce dernier reste comprend :

$$60 \times 0{,}808 = 48^{s},48.$$

Le temps complet est donc :

$$17^{j}5^{h}53^{m}48^{s},48.$$

De là on déduit la règle suivante :

336. — **Règle pratique.** *Pour transformer un temps mesuré en jours et fractions décimales de jours, en jours, heures, minutes, secondes et fractions décimales de secondes,*

On écrit la partie entière qui représente les jours;

On multiplie la partie décimale par 24 : la partie entière de ce produit est le nombre d'heures. Il peut rester une nouvelle partie décimale;

On multiplie cette partie décimale par 60 : la partie entière de ce second produit est égale au nombre de minutes. Il peut rester une nouvelle partie décimale;

On multiplie cette nouvelle partie décimale par 60 : le produit ainsi trouvé donne le nombre de secondes et de fractions décimales de secondes.

337. — **Problème II.** *Transformer en nombre décimal de secondes un nombre complexe.*

Il arrive aussi que l'on a à effectuer des calculs où rentrent des nombres complexes, par exemple un temps exprimé en nombres de jours, heures, etc.

On a intérêt à les transformer en nombres décimaux; on les transformera en secondes et fractions décimales de secondes.

Pour cela on multiplie le nombre de jours par 86.400;

Puis on multiplie le nomhre d'heures par 3.600;

Puis on multiplie le nombre de minutes par 60.

On ajoute les nombres ainsi formés au nombre

de secondes. On a ainsi le nombre *de secondes cherché.*

338. — **Problème III.** *Changement d'unités dans les nombres complexes.*

On peut avoir à chercher le nombre de minutes, heures, jours compris dans un nombre donné de secondes.

Soit, par exemple, 3.417.887^s,25.

Cherchons le nombre de minutes. Pour cela divisons par 60 la partie entière. Il suffit de supprimer le dernier chiffre 7 du nombre entier de secondes et de diviser par 6 le nombre restant, et avoir soin de multiplier le reste obtenu par 10.

```
34·1788 | 6
        |------
  41    | 56964
   57   |
    38  |
     28 |
      4 |
```

On a donc 5.6964 minutes plus 40 secondes. Il faut ajouter 7 secondes, 25.

Donc on a : 47^s,25,

et 5.6964 minutes.

Pour avoir le nombre de minutes, on divise 5.6964 par 60, ou 5.696 par 6, en multipliant le reste par 10 et en lui ajoutant 4 minutes.

```
56·96 | 6
      |-----
 29   | 949
  56  |
   2  |
```

On obtient ainsi 20 + 4 = 24 m., plus 949 h.

Pour avoir le nombre d'heures, divisons 949 par 24 :

949	24
229	39
13	

On a donc 13 heures et 39 jours.

Le nombre est donc :

$$39^j 13^h 24^m 47^s,25,$$

d'où la règle.

339. — **Règle** *Étant donné un temps exprimé en secondes, pour avoir le nombre de minutes, on divise le nombre entier donné de secondes par 60 ; le reste est le nombre de secondes proprement dites. On obtient un premier quotient.*

Pour avoir le nombre de minutes proprement dites, on divise ce premier quotient par 60. Le reste est le nombre cherché de minutes. On obtient un second quotient.

Pour avoir le nombre d'heures proprement dites, on divise par 24 ce second quotient. Le reste est le nombre d'heures cherché. Et le quotient de cette seconde division est le nombre de jours.

§ II. — OPÉRATIONS SIMPLES SUR LES NOMBRES COMPLEXES

340. — **Addition.** Règle. *Pour additionner plusieurs nombres complexes, on les écrit les uns au-dessous des autres. On additionne les unités des différents ordres, en ayant soin d'exprimer chaque*

somme, quand il y a lieu, au moyen des unités de l'ordre supérieur.

Exemple. Soit à faire l'addition des nombres suivants :

$$\begin{array}{r} 2^h25^m13^s{,}23 \\ 4^h43^m29^s{,}31 \\ 6^h21^m47^s{,}29 \\ \hline 13^h30^m29^s{,}83 \end{array}$$

On fait d'abord l'addition des unités de chaque ordre.

On trouve $89^s{,}83$, ce qui donne $1^m29^s{,}83$.

On ajoute les minutes, ce qui donne 89^m plus 1^m précédente, ou 90^m ; or 90^m valent 1^h30^m.

On ajoute ensuite les heures, ce qui donne 12^h, plus 1^h précédente, ou 13^h.

341. — **Soustraction.** Règle. *On écrit les deux nombres l'un au-dessous de l'autre, celui à soustraire au-dessous, et l'on retranche les unités des différents ordres. Quand une de ces opérations partielles est impossible, on emprunte au plus grand nombre une unité de l'ordre immédiatement supérieur.*

Exemple. Soit à soustraire les deux nombres suivants :

$$\begin{array}{r} 15^h25^m13^s{,}41 \\ 7^h42^m28^s{,}34 \\ \hline 7^h42^m45^s{,}07 \end{array}$$

La première soustraction, celle des secondes, est impossible. On emprunte une minute au premier nombre. On aura donc à retrancher $28^s{,}34$ de $73^s{,}41$, ce qui donne pour différence $45^s{,}07$.

Puis on retranche 43^m de $60 + 25 = 85^m$; on trouve pour différence 42^m.

Ensuite on retranche 8^h de 15^h, ce qui donne 7^h.

On remarque que, chaque fois que l'on a emprunté une unité d'un ordre au premier nombre pour faire la différence des unités de l'ordre inférieur, on ajoute une unité du même ordre au nombre à retrancher.

342. — **Multiplication.** *Soit à multiplier un nombre complexe par un nombre entier.*

Règle. *On multiplie par cet entier les nombres d'unités de chaque ordre du nombre complexe, en exprimant, quand il y a lieu, chacun de ces produits au moyen des unités de l'ordre immédiatement supérieur.*

Exemple. Soit à multiplier :

$$3^h27^m42^s,21 \text{ par } 4.$$

On dispose l'opération ainsi :

$$\begin{array}{r} 3^h27^m42^s,21 \\ 4 \\ \hline 13^h50^m48^s,84 \end{array}$$

On multiplie le nombre de secondes par 4 : on obtient $168^s,84$ ou $2^m48^s,84$. On écrit $48^s,84$ et on retient 2^m. — On multiplie le nombre de minutes par 4 : on obtient 108 minutes, auxquelles on ajoute les 2 minutes précédentes. Ce qui donne 110^m ou 1^h50^m. — On multiplie le nombre d'heures par 4 : on obtient 12^h, auxquelles on ajoute 1^h : le nombre final d'heures est alors 13.

343. — **Division. Règle.** *Pour diviser un nombre complexe par un entier, on divise les nombres d'uni-*

tés de chaque ordre par ce nombre entier, et on transforme la partie décimale, s'il y en a, en unité des ordres suivants.

Exemple. Soit à diviser par 3 le nombre complexe $13^h 24^m 15^s,45$.

13^h divisé par 3 donne $4^h 20^m$;

24^m divisé par 3 donne 8^m;

$15^s,45$ divisé par 3 donne $5^s,15$.

Donc le résultat est : $4^h 28^m 5^s,15$.

§ III. — MOUVEMENTS. VITESSE

344. — Mouvement uniforme. — Définition. Un mouvement est **uniforme** quand le mobile *parcourt des* **longueurs égales** *dans des* **temps égaux**.

Vitesse. La **vitesse** dans un mouvement uniforme est le nombre qui mesure l'espace parcouru pendant l'**unité** de temps.

Pour connaître cette vitesse, il faut donc ainsi faire le choix :

1° D'une **unité de longueur**, qui servira à mesurer l'espace parcouru ;

2° D'une **unité de temps**, qui sert à mesurer le temps employé à parcourir cet espace.

De là résulte que, ces deux unités étant connues, l'*unité de vitesse* l'est aussi : c'est la vitesse d'un mobile qui parcourt l'*unité de longueur* pendant l'*unité de temps,* d'un mouvement uniforme.

Ainsi on dira qu'un train fait 55 kilomètres à l'heure, c'est-à-dire qu'il parcourt 55 kilomètres pendant une heure.

On dira d'un obus qui parcourt 900 mètres par

seconde, qu'il a une vitesse de 900 mètres à la seconde.

345. — **Formule.** La longueur parcourue par un mobile dans un temps donné et dans un mouvement uniforme est **égal au produit du nombre qui mesure la vitesse par le nombre qui mesure le temps.**

Soient e le nombre qui mesure la longueur parcourue,

v — — la vitesse —

t — — le temps —

346. — **Calcul de l'espace.** On a :

$$e = v \times t.$$

Il est entendu que la vitesse v a été exprimée au moyen d'une unité de longueur et d'une unité de temps, et que les nombres e et t qui entrent dans la formule mesurent l'espace et le temps considérés au moyen des *mêmes* unités respectives.

De la formule précédente, on peut déduire les opérations à effectuer pour calculer :

1° La vitesse dans un mouvement uniforme, connaissant la longueur parcourue par le mobile et le temps correspondant;

2° Le temps employé à parcourir une longueur connue avec une vitesse donnée.

On a vu, en effet, que l'on a entre les trois nombres e, v, t la relation

$$e = v \times t;$$

e est le *produit* des deux nombres entiers ou fractionnaires v et t.

347. — **Calcul de la vitesse.** Donc inversement,

$$v = \frac{e}{t};$$

c'est-à-dire la mesure de la vitesse est le *quotient complet* des deux nombres e et t.

348. — **Calcul du temps.** Et l'on a aussi :

$$t = \frac{e}{v};$$

t est le *quotient complet* des deux nombres e et v.

349. — *Exemples.* 1° Un train a une vitesse de 54 kilomètres à l'heure sans arrêts. Combien de mètres parcourt-il en une seconde?

Cherchons sa vitesse en mètres à l'heure : elle est égale à 54.000^{m}.

On aura donc le nombre de mètres parcourus en une seconde en divisant par 3.600 :

$$\frac{54.000}{3.600} = 15 \text{ mètres.}$$

2° Un coureur parcourt $4^{m},25$ par seconde. Quel temps lui faut-il pour parcourir $1^{km},520$?

Appliquons la formule :

$$t = \frac{e}{v}.$$

La vitesse est 4,25 si l'unité de temps est la seconde et l'unité de longueur le mètre.

Donc le temps cherché exprimé *en secondes* sera :

$$\frac{1.520}{4,25}.$$

Faisons l'opération :

```
1520·00 | 425
        |------
  2450  | 357,64
   3250 |
    2750|
     2000
      300
```

On a donc $357^s,64$.

Cherchons le nombre de minutes. Il faut diviser 357 par 60. Pour cela il suffit de diviser 35 par 6, ce qui donne 5.

On obtient alors $5^m57^s,64$.

3° Un navire a une vitesse de 18 nœuds à l'heure. Quelle est sa vitesse en mètres à la minute, sachant qu'un nœud vaut 1.852 mètres?

Cherchons le nombre de mètres parcourus en une minute.

Pour cela remarquons que la distance parcourue en une heure est :

$$18 \times 1.852 = 33.336^m.$$

Divisons ce nombre par 60, qui est le nombre de minutes contenues dans une heure :

$$\frac{33.336}{60} = 555^m,60.$$

Problèmes sur les nombres complexes et les mouvements.

193. Faire la somme

$$3^j15^h23^m13^s,46,$$

$$4^j21^h47^m56^s,69,$$

et en retrancher :

$$7^j16^h59^m23^s,52.$$

194. Une éclipse a commencé à $10^h13^m12^s$ et elle s'est terminée à $10^h45^m21^s$. Combien a-t-elle duré?

195. Un cycliste parcourt 12 kilomètres en $20^m42^s,5$. Quelle est sa vitesse en kilomètres à l'heure? en mètres à la minute?

196. Un train a fait, d'un mouvement uniforme, 88 kilomètres en 1^h22^m. Calculer sa vitesse à l'heure, à la minute. Chercher le temps qu'il mettrait pour aller de Paris à Reims, la distance de ces deux villes étant de 154 kilomètres.

197. Une montre avance de 1^m13^s en 49 heures. Le quatorzième jour après qu'on l'a remontée, elle marque $3^h45^m18^s$ de l'après-midi. En supposant qu'on l'ait remontée à minuit au début du premier jour, quelle est l'heure exacte?

198. Un train fait 88 kilomètres à l'heure en moyenne. Quel temps mettra-t-il pour aller de Paris à Marseille, la distance étant de 864 kilomètres?

199. Un aéroplane a volé pendant $5^h23^m16^s$ et a parcouru $468^{km},235$. Quelle est sa vitesse moyenne en kilomètres à l'heure? en mètres à la seconde?

200. Un train marchant à 85 kilomètres à l'heure siffle en passant devant une station où il ne s'arrête pas. Il siffle ensuite quand il en est à 1.250 mètres. A quel intervalle de temps le chef de gare de la station entend-il les deux coups de sifflet, sachant que le son parcourt 330 mètres à la seconde?

201. Sachant que la lumière fait 300.000 kilomètres à la seconde et qu'elle met 8 m. $\frac{1}{2}$ pour venir du soleil, quelle est la distance de la terre au soleil?

202. Un train part de Paris à 8^h45^m du matin, et marche à 38 kilomètres à l'heure et va vers Lyon. Un train part de Lyon à 10^h28^m du matin et marche vers Paris à 65 kilomètres à l'heure. A quelle heure et à

quelle distance de Paris se rencontreront-ils? La distance de Paris à Lyon est de 512^{km}.

203. Un bicycliste part à $11^h 43^m$ et marche à 18 kilomètres à l'heure. Un second part du même point à midi 24 et marche à 25 kilomètres à l'heure et suit la même route que le premier. A quelle heure se rencontreront-ils et à quelle distance du point de départ?

204. Pour faire un trajet de 48 kilomètres, un bicycliste a marché la moitié du temps à 14 kilomètres à l'heure et l'autre moitié du temps à $19^{km},500$ à l'heure. Quel temps a-t-il mis pour accomplir tout le trajet?

205. Pour faire un trajet de 15 kilomètres, une personne a parcouru la moitié du trajet à une vitesse de 4 kilomètres à l'heure et l'autre moitié du trajet à une vitesse de $5^{km},250$ à l'heure. Quel temps a-t-elle mis pour parcourir tout le trajet?

206. Le pas ordinaire de l'homme est de $0^m,80$. D'après cela, combien un voyageur doit-il mettre de temps pour parcourir une route de 40 kilomètres en faisant 100 pas par minute?

CHAPITRE XIV

RAPPORTS ET PROPORTIONS

§ I. — RAPPORTS

1° Définitions.

350. — **Rapport de deux grandeurs.** *On appelle* **rapport** *de deux grandeurs de même espèce le nombre entier ou fractionnaire qui* **mesure la première** *quand on prend la* **seconde comme unité.**

Nous admettons qu'il existe une commune mesure entre les deux grandeurs, c'est-à-dire une autre grandeur de même espèce qui soit contenue un nombre entier de fois dans chacune d'elles prise séparément.

351. — *Le rapport de deux grandeurs de même espèce est égal au* **quotient complet** *de leurs mesures faites avec la même unité.*

Soient, en effet, deux grandeurs telles que si l'on prend la seconde comme unité, la première soit mesurée par le nombre $\frac{7}{5}$.

Cela signifie qu'il existe une troisième grandeur contenue 7 fois dans la première et 5 fois dans la deuxième.

Si l'on prend cette troisième grandeur comme unité :

la première est mesurée par le nombre 7,
la deuxième — — 5.

Le quotient complet des deux mesures $\frac{7}{5}$ est égal au rapport des deux grandeurs.

352. — On a supposé, dans ce qui précède, qu'on avait pris comme unité pour mesurer les deux grandeurs une troisième grandeur *contenue* séparément un nombre entier exact de fois dans chacune d'elles.

Les deux mesures étaient donc *chacune un nombre entier*. Le quotient complet des deux mesures était le quotient complet de deux nombres entiers.

Il peut arriver que l'unité choisie ne soit pas contenue un nombre entier exact de fois dans chacune des deux grandeurs.

Dans ces conditions, la mesure de la première grandeur avec cette unité n'est plus un entier, mais une fraction.

Il en est de même de la mesure de la deuxième grandeur avec cette même unité.

353. — **Propriété fondamentale.** *Le rapport des deux grandeurs est encore égal au quotient complet de leurs mesures, ce quotient complet étant ici celui de deux fractions.*

354. — **Rapport de deux nombres.** On convient d'appeler rapport de deux nombres le quotient complet de ces deux nombres, qu'ils soient des entiers ou des fractions.

On pourra donc dire, d'après ce qui précède :

Le rapport de deux grandeurs est égal au rapport des deux nombres qui les mesurent avec une unité de même espèce arbitraire.

2° Propriétés du rapport de deux nombres.

355. — Soient les deux nombres $\frac{2}{3}$ et $\frac{4}{5}$.

Leur rapport est leur quotient complet, c'est-à-dire :
$$\frac{2}{3} : \frac{4}{5}.$$

On l'écrit souvent :
$$\frac{\frac{2}{3}}{\frac{4}{5}},$$
sous la forme d'une fraction dont le numérateur et le dénominateur sont eux-mêmes des fractions.

Fraction généralisée. On obtient ainsi ce que l'on nomme une **fraction généralisée.**

356. — **Propriété fondamentale des fractions généralisées.** *On peut opérer sur ces nouvelles fractions comme sur les fractions ordinaires, en leur appliquant les mêmes règles de calcul.*

Pratiquement, on transforme le plus souvent les fractions généralisées en fractions ordinaires.

Exemple I. Ainsi soit la fraction généralisée
$$\frac{\frac{2}{3}}{\frac{4}{5}}.$$

Nous avons vu que, d'après sa définition, elle représente le quotient exact
$$\frac{2}{3} : \frac{4}{5},$$
c'est-à-dire : $\frac{2}{3} \times \frac{5}{4} = \frac{10}{12} = \frac{5}{6}$.

Exemple II. Soit la fraction généralisée

$$\frac{3,5}{4,5};$$

le numérateur et le dénominateur sont des fractions décimales.

On ne change pas le quotient complet de deux nombres en les multipliant par un autre. Si on multiplie par 10 le numérateur et le dénominateur de cette fraction généralisée, elle devient :

$$\frac{35}{45}=\frac{7}{9}.$$

357. — **Rapports inverses.** *On appelle* **rapports inverses** *deux rapports dont le* **produit est égal à 1.**

Exemple. Ainsi les rapports

$$\frac{\frac{2}{3}}{\frac{4}{5}} \quad \text{et} \quad \frac{\frac{4}{5}}{\frac{2}{3}}$$

sont inverses.

§ II — PROPORTIONS

1o Définitions.

358. — **Définition d'une proportion.** *On appelle* **proportion** *l'égalité de deux rapports.*

Quatre nombres forment une *proportion* quand le rapport des deux premiers est égal au rapport des deux derniers.

Ces quatre nombres sont les **termes** de la proportion.

Les nombres 2, 3, 6 et 9 forment une proportion.

En effet, le rapport des deux premiers (c'est-à-dire du premier au second) $\frac{2}{3}$ est égal au rapport des deux derniers (c'est-à-dire du troisième au quatrième) $\frac{6}{9}$.

Le premier et le quatrième nombre de la proportion s'appellent les **extrêmes** : ici 2 et 9.

Le deuxième et le troisième nombre s'appellent les **moyens** : ici 3 et 6.

On écrit la proportion précédente comme il suit :

$$\frac{2}{3}=\frac{6}{9}.$$

Sous cette forme, on voit que les **extrêmes** sont le **numérateur** de la **première** fraction et le **dénominateur** de la **deuxième**, et que les **moyens** sont le **dénominateur** de la **première** et le **numérateur** de la **seconde**.

2° Propriétés des proportions.

359. — **1re Propriété.** *Dans une proportion, le produit des extrêmes est égal à celui des moyens.*

Soit la proportion $\frac{2}{3}=\frac{6}{9}$.

Multiplions les deux termes de la première fraction par le dénominateur de la seconde (ce qui ne la change pas), puis multiplions les deux termes de la deuxième fraction par le dénominateur de la première (ce qui ne la change pas). Les deux nouvelles fractions ainsi obtenues sont égales :

$$\frac{2\times 9}{3\times 9}=\frac{6\times 3}{9\times 3}.$$

Mais elles ont alors le même dénominateur. Donc les numérateurs sont égaux, et

$$2\times 9=6\times 3.$$

Le produit des extrêmes est égal au produit des moyens.

360. — Si l'on représente les termes de la proportion par des lettres (pour ne pas indiquer de nombres particuliers), une proportion s'écrit : $\frac{a}{b}=\frac{c}{d}$.

a et d sont les extrêmes, b et c sont les moyens.

De la proportion précédente, on déduit immédiatement :

$$a\times d=b\times c.$$

En effet, $\frac{a}{b}=\frac{a\times d}{b\times d}$, d'où $\frac{a\times d}{b\times d}=\frac{b\times c}{b\times d}$,

$\frac{c}{d}=\frac{b\times c}{b\times d}$, ou $a\times d=b\times c$.

361. — **Réciproquement,** *si quatre nombres sont tels que le produit des extrêmes soit égal au produit des moyens, ils forment une proportion.*

Ainsi, si quatre nombres a, b, c, d sont tels que

$$a\times d=b\times c,$$

on en déduit la proportion

$$\frac{a}{b}=\frac{c}{d}.$$

En effet, on a : $a\times d=b\times c$.

Divisons par le produit $b\times d$; on a :

$$\frac{a\times d}{b\times d}=\frac{b\times c}{b\times d},$$

ou

$$\frac{a}{b}=\frac{c}{d}.$$

362. — *Remarque.* On peut dire que les deux égalités

$$a\times d=b\times c$$

et

$$\frac{a}{b}=\frac{c}{d}$$

sont équivalentes. *L'une d'elles est vraie dès que l'autre l'est.*

De cette remarque on peut déduire une conséquence importante.

L'égalité $a \times d = b \times c$

peut s'écrire de plusieurs manières :

$$a \times d = c \times b,$$

$$d \times a = b \times c,$$

$$d \times a = c \times b.$$

Chaque manière donnera une proportion entre les nombres a, b, c, d.

Ainsi

$$a \times d = b \times c \text{ donne } \frac{a}{b} = \frac{c}{d} \text{ ou } \frac{c}{d} = \frac{a}{b},$$

$$a \times d = c \times b \text{ donne } \frac{a}{c} = \frac{b}{d} \text{ ou } \frac{b}{d} = \frac{a}{c},$$

$$d \times a = b \times c \text{ donne } \frac{d}{b} = \frac{c}{a} \text{ ou } \frac{c}{a} = \frac{d}{b},$$

$$d \times a = c \times b \text{ donne } \frac{d}{c} = \frac{b}{d} \text{ ou } \frac{b}{a} = \frac{d}{c}.$$

Ce sont les différentes manières d'écrire une proportion. Il y a donc 8 manières différentes d'écrire une proportion.

Elles se déduisent les unes des autres :

En intervertissant entre eux les extrêmes ;

En intervertissant entre eux les moyens ;

En permutant les deux extrêmes avec les deux moyens.

363. — **2e Propriété.** *Si dans chaque membre d'une proportion on ajoute le dénominateur au numérateur, on obtient une nouvelle proportion.*

Il en est de même si on ajoute le numérateur au dénominateur.

On peut également retrancher les numérateurs et dénominateurs au lieu de les ajouter.

Soit la proportion $\frac{a}{b}=\frac{c}{d}$.

Je dis que l'on a aussi :

$$\frac{a+b}{b}=\frac{c+d}{d}.$$

En effet, $\frac{a}{b}$ et $\frac{c}{d}$ sont deux fractions égales ; elles restent égales si on ajoute 1 à chacune d'elles :

$$\frac{a}{b}+1=\frac{c}{d}+1,$$

ou $$\frac{a}{b}+1=\frac{a}{b}+\frac{b}{b}=\frac{a+b}{b}.$$

De même, $$\frac{c}{d}+1=\frac{c}{d}+\frac{d}{d}=\frac{c+d}{d}.$$

Donc $$\left(\frac{a+b}{b}=\frac{c+d}{d}\right).$$

De même, si $\frac{a}{b}>1$, on pourra former :

$$\frac{a}{b}-1 \text{ et } \frac{c}{d}-1,$$

qui sont égaux. Or

$$\frac{a}{b}-1=\frac{a-b}{b}, \quad \frac{c}{d}-1=\frac{c-d}{d}.$$

Donc $$\frac{a-b}{b}=\frac{c-d}{d}.$$

364. — **3e Propriété.** *On montre de même que l'on peut opérer sur les dénominateurs comme sur les numérateurs.*

365. — En résumé, de l'égalité

$$\frac{a}{b}=\frac{c}{d}$$

résultent :

$$\left\{\begin{aligned}\frac{a+b}{b}&=\frac{c+d}{d}\\ \frac{a-b}{b}&=\frac{c-d}{d}\end{aligned}\right\}$$

$\left(\text{si } \frac{a}{b} \text{ et } \frac{c}{d} \text{ sont plus grands que } 1\right)$.

On a également :

$$\frac{a}{b+a}=\frac{c}{d+c},$$

$$\frac{a}{a-b}=\frac{c}{c-d}.$$

§ III. — SUITE DE RAPPORTS ÉGAUX

366. — Il arrive que l'on ait à considérer plusieurs rapports égaux.

Par exemple, $\frac{2}{3}=\frac{4}{6}=\frac{10}{15}$.

On pourra, pour ne pas considérer des rapports particuliers, imaginer, comme plus haut, qu'on désigne par des lettres les nombres qui y figurent.

On aura, par exemple, l'égalité de trois rapports :

$$\frac{a}{b}=\frac{c}{d}=\frac{e}{f}.$$

On suppose, bien entendu, que les nombres a, b, c, d, e, f sont tels que ces rapports soient égaux.

Propriété des suites de rapports égaux.

367. — **1re Propriété.** *Si l'on a une suite de rapports égaux, le rapport obtenu en prenant pour numérateur la somme des numérateurs et pour dénominateur la somme des dénominateurs des rapports donnés est égal à ces rapports.*

Soient les trois rapports égaux :

$$\frac{a}{b}=\frac{c}{d}=\frac{e}{f}.$$

La valeur commune de ces rapports est un entier ou une fraction qu'on désignera par une seule lettre : q.

$$\frac{a}{b}=q,\quad \frac{c}{d}=q,\quad \frac{e}{f}=q.$$

Or q est le quotient complet de a par b, c'est-à-dire que l'on a :

$$a = b \times q.$$

De même,

$$c = d \times q,$$

$$e = f \times q.$$

Ajoutons ces égalités membre à membre :

$$a + c + e = b \times q + d \times q + f \times q.$$

Mais l'on sait que le second membre peut s'écrire :

$$(b + d + f) \times q,$$

en vertu de ce qui a été dit pour le produit d'une somme de fractions ou d'entiers par une fraction ou un entier. Donc

$$a + c + e = (b + d + f) \times q.$$

Ce qui montre que q est le quotient complet de $a + c + e$ par $b + d + f$, ou que

$$q = \frac{a + c + e}{b + d + f}.$$

Donc

$$q = \frac{a}{b} = \frac{c}{d} = \frac{e}{f} = \frac{a + c + e}{b + d + f}.$$

Cette propriété est vraie quel que soit le nombre des rapports, pourvu qu'ils soient égaux.

368. — En particulier, de

$$\frac{a}{b} = \frac{c}{d},$$

on déduit :

$$\frac{a}{b} = \frac{c}{d} = \frac{a + c}{b + d}.$$

369. — **2e Propriété.** *De même, si dans une suite de rapports égaux, on fait tantôt la somme, tantôt la différence des numérateurs, et qu'on opère de même sur les dénominateurs, les nouveaux rapports formés sont égaux aux rapports donnés, pourvu que les soustractions soient possibles.*

Exemple. Soit : $\frac{a}{b} = \frac{c}{d}.$

Soit q la valeur commune de ces rapports :

$$a = b \times q,$$
$$c = d \times q.$$

Donc $$a - c = b \times q - d \times q = (b - d) \times q,$$

ou $$q = \frac{a-c}{b-d} = \frac{a}{b} = \frac{c}{d} = \frac{a+c}{b+d}.$$

Ceci suppose $a > c$ et, par suite, $b > d$.

Exercices sur les rapports et proportions.

207. Quel est le rapport de 45 minutes à une journée de 24 heures ?

208. Écrire, sous la forme de proportion, de toutes les manières possibles, l'égalité

$$3 \times 12 = 9 \times 4.$$

209. Les trois premiers termes d'une proportion sont 4, 6, 12 ; quel est le quatrième ?

210. Calculer le terme inconnu x dans la porportion

$$\frac{x}{2{,}1} = \frac{10}{7}.$$

211. Calculer le terme inconnu x dans la proportion

$$\frac{28}{x} = \frac{7{,}7}{12{,}1}.$$

212. Un corps qui tombe dans le vide parcourt des espaces qui sont proportionnels aux carrés des temps comptés à partir de l'instant initial de la chute. Quel est l'espace parcouru en 6 secondes par un corps qui tombe dans le vide, sachant que pendant la première seconde il tombe de $4^{m},9$?

213. Trouver un rapport égal à $\frac{2}{3}$, et tel que la somme des deux termes du rapport soit égale à 60.

214. Trouver un rapport égal à $\frac{3}{4}$, et tel que la différence des termes du rapport soit égale à 13.

CHAPITRE XV

GRANDEURS PROPORTIONNELLES RÈGLES DE TROIS, D'INTÉRÊT MÉLANGES ET ALLIAGES

§ I. — GRANDEURS PROPORTIONNELLES

Grandeurs directement proportionnelles.

370. — **Définition.** On dit que deux grandeurs **qui dépendent l'une de l'autre sont directement proportionnelles ou simplement proportionnelles** quand le rapport *de deux valeurs quelconques de l'une d'elles est égal au rapport des deux valeurs correspondantes de l'autre.*

Quand deux grandeurs sont proportionnelles, si l'une devient 2, 3, 4 ... fois plus grande, l'autre devient 2, 3, 4 ... fois plus grande.

De même, si l'une devient 2, 3 ... fois plus petite, l'autre devient 2, 3 ... fois plus petite.

371. — **Exemples de grandeurs proportionnelles.** Quand un train marche avec une vitesse constante, le chemin parcouru est proportionnel au temps employé à le parcourir.

Le prix d'une marchandise vendue au poids est proportionnel au poids.

Le travail fait par plusieurs ouvriers travaillant dans le même temps est proportionnel au nombre des ouvriers.

Etc., etc.

Grandeurs inversement proportionnelles.

372. — **Définition.** On dit que deux grandeurs qui **dépendent l'une de l'autre** sont **inversement proportionnelles** quand le rapport de deux valeurs de l'une est égal à l'inverse du rapport des deux valeurs correspondantes de l'autre.

Quand deux grandeurs sont inversement proportionnelles :

Si l'on rend l'une d'elles 2, 3 . . fois plus grande, l'autre devient 2, 3 ... fois plus petite ;

Si l'on rend l'une d'elles 2, 3 ... fois plus petite, l'autre devient 2, 3 ... fois plus grande.

373. — **Exemples de grandeurs inversement proportionnelles.** Le temps mis par plusieurs ouvriers travaillant ensemble pour faire un ouvrage déterminé est inversement proportionnel au nombre des ouvriers.

Quand on partage également une même somme entre plusieurs personnes, la part de chacune est inversement proportionnelle au nombre des personnes.

Etc., etc.

Grandeurs directement ou inversement proportionnelles à plusieurs autres.

374. — Une grandeur variable peut **dépendre à la fois de plusieurs autres.** Ainsi le nombre de jours mis par plusieurs ouvriers travaillant ensemble

pour effectuer un travail déterminé dépend à la fois du nombre des ouvriers et du nombre d'heures qu'ils travaillent par jour.

Le chemin parcouru par un train dépend à la fois du temps employé et de la vitesse du train.

Quand une grandeur dépend de plusieurs autres, on dit qu'elle est **proportionnelle** à l'une d'elles quand le rapport de deux de ses valeurs est **égal au rapport** des valeurs correspondantes de cette dernière, les autres grandeurs dont elle dépend n'ayant pas changé.

De même, on dira qu'une grandeur qui dépend de plusieurs autres est **inversement proportionnelle** à l'une d'elles quand le rapport de deux de ses valeurs est égal à **l'inverse du rapport** des valeurs correspondantes de cette dernière, les autres grandeurs dont elle dépend n'ayant pas changé.

Exemple. Le temps mis par un train qui se meut sans arrêt est proportionnel au chemin parcouru et inversement proportionnel à la vitesse.

§ II. — RÈGLE DE TROIS

375. — **Définition.** Une grandeur dépend de plusieurs autres. On connaît sa valeur pour des valeurs connues de ces autres grandeurs. On se propose de trouver sa nouvelle valeur pour de nouvelles valeurs connues de ces mêmes grandeurs. Ce problème est celui dont la solution est donnée d'une manière générale par la méthode dite : **règle de trois.**

La règle de trois est **simple** quand la grandeur dont on veut calculer une valeur inconnue ne dépend que d'une **seule** autre grandeur.

La règle de trois est **composée** quand la grandeur dont on veut calculer une valeur inconnue dépend **de plusieurs autres grandeurs.**

1° Règle de trois simple.

376. — **Règle de trois simple et directe.** La règle de trois **simple est directe** quand les deux grandeurs qui dépendent l'une de l'autre **sont directement** proportionnelles.

On emploie pour résoudre la question la méthode de **réduction à l'unité.** On va l'exposer sur des exemples.

Exemple I. Un ouvrier a reçu 90 francs pour 12 jours de travail. Combien recevra-t-il pour 21 jours ?

On raisonne de la manière suivante :

L'ouvrier a reçu pour 12 jours de travail 90 fr.

Il recevrait donc pour une journée 12 fois moins,

ou $$\frac{90}{12},$$

et pour 21 jours, il recevra 21 fois plus,

ou $$\frac{90 \times 21}{12}.$$

Donc le nombre de francs reçu est :

$$\frac{90 \times 21}{12} = 157^{fr},50.$$

Exemple II. 35 kilos d'une marchandise coûtent 49 francs ; combien coûtent 15 kilos ?

35 kilos coûtent 49 francs,

1 kilo coûte 35 fois moins, ou $\frac{49}{35}$,

15 kilos coûtent 15 fois plus, ou $\frac{49 \times 15}{35}$.

Le prix est donc en francs :

$$\frac{\overset{7}{\cancel{49}} \times \overset{3}{\cancel{15}}}{\underset{\underset{1}{\cancel{7}}}{\cancel{35}}} = 21 \text{ fr.}$$

377. — **Règle de trois simple et inverse.** La règle de trois simple est **simple et inverse** quand les deux grandeurs qui dépendent l'une de l'autre sont **inversement** proportionnelles. On emploie pour résoudre la question la **méthode de réduction à l'unité**, comme le montrent les exemples suivants.

Exemple I. 15 ouvriers ont mis 28 jours à faire un ouvrage ; combien de jours mettront 21 ouvriers pour faire le même ouvrage?

15 ouvriers ont employé pour faire l'ouvrage 28 jours.

1 ouvrier mettra pour le même ouvrage 15 fois plus ou 28×15 jours.

Et 21 ouvriers mettront 21 fois moins, ou

$$\frac{28 \times 15}{21}.$$

La réponse est donc :

$$\frac{28 \times 15}{21} \text{ jours}$$

ou 20 jours.

Exemple II. Un train marchant à 55 kilomètres à l'heure met 38 minutes pour effectuer un trajet; combien de temps met un train marchant à 76 kilomètres à l'heure?

Le train marchant à 55 kilomètres à l'heure met 38 minutes.

Un train qui marcherait à 1 kilomètre à l'heure mettrait 55 fois plus ou 38×55.

Et le train marchant à 76 kilomètres à l'heure met 76 fois moins ou $\frac{38 \times 55}{76}$.

Le nombre de minutes est donc :

$$\frac{38 \times 55}{76} = \frac{55}{2} \text{ m.}$$
$$= 27^{m}30^{s}.$$

378. — **Résumé de la méthode de réduction à l'unité.** Le principe de la méthode de réduction à l'unité est résumé dans ce qui suit.

Reprenons d'abord le problème :

On a deux grandeurs qui dépendent l'une de l'autre (proportionnelles ou inversement proportionnelles). On connaît deux valeurs correspondantes, l'une de la première grandeur, l'autre de la seconde.

On cherche quelle est la valeur de la première grandeur qui correspond à une nouvelle valeur donnée de la seconde.

Pour résoudre ce problème, on cherche, *au moyen des deux premiers nombres donnés, quelle est la valeur que prend la première grandeur quand la seconde est égale à l'unité.* Il est facile ensuite de passer de cette valeur intermédiaire à la valeur cherchée de la première grandeur qui correspond à la nouvelle valeur donnée à la seconde.

2° Règle de trois composée.

379. — **Définition.** On dit que la règle de trois est **composée** quand la grandeur dont on se propose de calculer une valeur inconnue dépend de **plusieurs**

autres grandeurs, et que de plus elle est, soit **proportionnelle**, soit **inversement proportionnelle** à chacune d'elles prise séparément.

380. — La méthode à employer est la même que plus haut : **méthode de réduction à l'unité.**

On va d'abord l'expliquer sur un exemple.

Exemple. 9 ouvriers travaillant 8 heures par jour ont mis 21 jours pour faire un ouvrage. Combien de jours mettront 12 ouvriers travaillant 7 heures par jour pour faire cet ouvrage?

On raisonne ainsi :

9 ouvriers travaillant 8 heures par jour ont mis 21 jours.

1 ouvrier travaillant 8 heures par jour mettra 9 fois plus ou 21×9.

1 ouvrier travaillant 1 heure par jour mettra 8 fois plus ou $21 \times 9 \times 8$.

12 ouvriers travaillant 1 heure par jour mettront 12 fois moins ou $\frac{21 \times 9 \times 8}{12}$.

12 ouvriers travaillant 7 heures par jour mettront 7 fois moins ou $\frac{21 \times 9 \times 8}{12 \times 7}$.

Le nombre cherché de jours est :

$$\frac{21 \times 9 \times 8}{12 \times 7} = 18 \text{ jours.}$$

381. — **Résumé de la méthode.** La méthode à employer est la même que plus haut.

On cherche d'abord la valeur que prend la grandeur variable (dont on veut calculer une valeur inconnue) quand toutes les autres sont égales à l'unité. Pour cela on opère successivement sur chacune d'elles comme si elle était seule, au moyen d'une règle de trois simple. Puis ayant calculé la valeur que prend la grandeur dont on veut calculer une valeur inconnue, quand toutes les autres ont la valeur un, on donne successivement à ces grandeurs les secondes valeurs indiquées dans l'énoncé, et, en appliquant successivement des règles de trois simples, on en déduit la valeur inconnue demandée.

§ III. — RÈGLES D'INTÉRÊT

1° Règle d'intérêt.

382. — Lorsqu'une personne emprunte à une autre une somme, elle paye au prêteur ou créancier une somme périodiquement, à date fixe et tant que dure le prêt.

La somme empruntée s'appelle **capital**. L'ensemble des sommes payées périodiquement s'appelle **intérêt**.

L'intérêt est **proportionnel** au **capital** et à la **durée du prêt**.

On appelle **taux** de l'intérêt, l'intérêt rapporté par une somme de 100 francs pendant un an.

Pour écrire le taux, on écrit le nombre qui le représente qu'on fait suivre du symbole 0/0.

Ainsi on écrira un taux de 5 0/0,
qui se lit un taux de 5 pour 100.

383. — Dans le calcul de l'intérêt on considère l'année comme formée de 12 mois chacun de 30 jours, ce qui donne 360 jours en tout.

La **rente** d'un capital est l'*intérêt produit par ce capital pendant un an.*

384. — Les calculs d'intérêt reviennent à l'application d'une règle de trois, comme on va le voir.

On peut se proposer de calculer :

1° L'intérêt rapporté par un capital donné, pendant un temps donné, à un taux donné.

2° Le capital qui, placé pendant un temps donné, donne un intérêt connu à un taux donné.

3° Le temps pendant lequel il faut placer un capital pour avoir un intérêt connu à un taux donné.

4° Le taux auquel il faut placer un capital donné pendant un temps connu pour avoir un intérêt donné.

Nous allons traiter successivement ces quatre problèmes qui se ramènent chacun à une règle de trois.

La solution est fondée sur la remarque suivante : l'intérêt est proportionnel séparément au capital, au taux et au temps.

385. — 1° **Calcul de l'intérêt.** *Exemple.* Calculer l'intérêt de 34.500 francs placés à 3,5 °/₀ pendant 2 ans 6 mois.

On raisonne ainsi :

100 francs rapportent en 1 an 3fr,50 ;

1 franc rapporte en 1 an 100 fois moins ou :

$$\frac{3,5}{100};$$

34.500 francs rapportent en 1 an 34.500 fois plus

ou $$\frac{3,5 \times 34.500}{100}.$$

Pendant 2 ans et 6 mois ou 2 ans $\frac{1}{2}$, ils rapportent 2,5 fois plus, ou

$$\frac{3,5 \times 2,5 \times 34.500}{100} = 3.018^{fr},75.$$

386. — 2° **Calcul du capital.** *Exemple.* Quel est le capital qui, placé à 4 % pendant 15 mois, produit 7.240 francs d'intérêts?

Le capital qui rapporte:

4 fr. en 12 mois est 100;

1 fr. en 12 mois est $\frac{100}{4}$;

1 fr. en 1 mois est $\frac{100 \times 12}{4}$;

1 fr. en 15 mois est $\frac{100 \times 12}{4 \times 15}$;

7.240 fr. en 15 mois est $\frac{100 \times 12 \times 7.240}{4 \times 15}$.

Donc le capital en francs est:

$$\frac{100 \times 12 \times 7.240}{4 \times 15} = 144.800 \text{ fr.}$$

387. — 3° **Calcul du temps.** Combien de temps faut-il placer 18.600 francs à 4,5 % pour avoir 2.511 francs d'intérêts?

18.600 fr. rapportent à 4,5 p. 100 en un an:

$$\frac{18.600 \times 4,5}{100} = 837 \text{ fr.}$$

Pour avoir 837 francs d'intérêt il faut un an;

Pour avoir 1 franc d'intérêt il faut:

$$\frac{1}{837} \text{ d'année};$$

et pour avoir 2.511 francs il faut: $\frac{2.511}{837} = 3$ ans.

388. — 4° **Calcul du taux.** A quel taux doit-on placer 16.500 francs pendant 8 mois pour avoir 440 francs d'intérêts ?

Cherchons d'abord ce que rapportent 16.500 francs pendant un an :

16.500 fr. rapportent en 8 mois 440 fr.

16.500 fr. — 1 — $\frac{440}{8}$;

16.500 fr. — 12 — $\frac{440 \times 12}{8}$.

Il en résulte que :

1 fr. rapporte en 12 — $\frac{440 \times 12}{8 \times 16.500}$,

100 fr. rapportent en 12 — $\frac{440 \times 12 \times 100}{8 \times 16.500}$.

Or ce que rapportent 100 francs pendant un an est le *taux cherché*.

Donc le taux est :

$$\frac{440 \times 12 \times 100}{8 \times 16.500} = \frac{440}{110} = 4\ \%.$$

Formule générale.

389. — On peut exprimer au moyen d'une formule unique la solution de tous les problèmes d'intérêt.

Soient : a le capital placé en francs ;

N la durée du placement en années et fractions d'années ;

t le taux ;

I l'intérêt rapporté pendant toute la durée du placement (exprimé en francs).

On a la relation

$$I = \frac{a \times t \times N}{100}.$$

390. — En effet,

100 fr. pendant 1 an rapportent t fr.;

1 fr. — rapporte $\frac{t}{100}$;

a fr. pendant 1 an rapporte a fois plus $\frac{t \times a}{100}$.

La même somme placée pendant N années rapporte N fois plus : $\frac{t \times a \times N}{100}$.

Donc $$I = \frac{a \times t \times N}{100}.$$

Cette formule donne l'*intérêt,* connaissant le capital, le taux et la durée du placement.

De cette formule on déduit les formules dérivées suivantes :

Calcul du temps :

$$N = \frac{100 \times I}{a \times t}.$$

(N exprime le nombre d'années et de fractions d'années, s'il y a lieu.)

Calcul du capital :

$$a = \frac{100 \times I}{t \times N}.$$

Calcul du taux :

$$t = \frac{100 \times I}{a \times N}.$$

Remarques. Si la durée est un nombre entier d'années, N est cet entier.

Si la durée est un nombre entier de **mois**, soit n mois,
$$N = \frac{n}{12}.$$

Si la durée est un nombre entier de **jours**, soit p jours,
$$N = \frac{p}{360}.$$

2° Escompte.

391. — Dans le commerce, un payement se fait au moyen d'**effets de commerce** payables de un à six mois généralement.

Il y a deux sortes d'*effets de commerce :*

Le **billet à ordre** est souscrit par **l'acheteur** qui s'engage à payer au vendeur, ou à celui qui se présente au nom du vendeur, la somme indiquée sur le billet à ordre, à une date indiquée aussi, qui est la date de **l'échéance**.

La traite ou lettre de change est écrite par **le vendeur**, qui prie l'acheteur de payer au vendeur ou à son ordre une somme déterminée, due à une date indiquée sur la traite et qui est **la date de l'échéance.**

Ces deux sortes d'effets représentent donc une somme due à une époque connue. Celui à qui la somme est due peut céder cet effet à une autre personne en payement de somme qu'il doit à cette troisième personne. A son tour cette dernière peut la céder à d'autres, et ainsi de suite. A la date de l'échéance, la somme portée sur le billet est due à la personne qui l'a en sa possession. Le billet porte au dos le nom des personnes entre les mains desquelles il a successivement passé. Chacune de celles-ci, avant de le passer à une autre, écrit sur le dos cette formule : Payez à l'ordre de M... (nom de celui qui reçoit le billet), date et signe.

Lorsqu'une personne qui a un effet de commerce en sa possession veut toucher l'argent avant l'échéance, elle le *négocie* à un *banquier*, qui lui paye la somme portée sur l'effet ou valeur *nominale*, moins une retenue appelée **escompte**.

On n'emploie dans le commerce que l'*escompte commercial* ou *escompte en dehors*, le seul dont nous nous occuperons.

392. — **Escompte commercial.** **L'escompte commercial** *est l'intérêt que rapporterait la somme inscrite sur l'effet placée depuis le moment où il est escompté jusqu'à la date de l'échéance.*

Le taux de cet intérêt s'appelle le taux de l'escompte.

Valeur actuelle. La **valeur actuelle** de l'effet est la différence entre la valeur nominale et l'escompte. C'est donc la somme touchée par la personne qui négocie le billet pour le transformer en argent.

Les calculs d'escompte sont donc des calculs d'intérêt simple et se traitent exactement de la même manière.

393. — **Calcul de l'escompte et de la valeur actuelle.** Un billet de 450 francs est payable le 8 avril. Quel est l'escompte si on le négocie le 18 janvier, le taux étant de 4 %?

Cherchons le temps qui sépare la date de la négociation de celle de l'échéance. On compte le jour de la négociation et on ne compte pas celui de l'échéance.

On trouve ici :	14 jours en janvier,		
	28	—	février,
	31	—	mars,
	7	—	avril,
donc	80 jours.		

On a donc à chercher l'intérêt de 450 francs à 4 % pendant 80 jours.

100 fr. rapportent pendant 360 jours 4 fr.

1 fr. — — 360 — $\frac{4}{100}$;

450 fr. — — 360 — $\frac{4 \times 450}{100}$;

450 fr. — — 1 — $\frac{4 \times 450}{100 \times 360}$;

450 fr. — — 80 — $\frac{4 \times 450 \times 80}{100 \times 360}$;

c'est-à-dire, après réductions faites, 4 fr.

L'escompte est donc de 4 francs.

La valeur du billet est $450 - 4 = 446$ francs.

Pour calculer la date de l'échéance, le taux de l'escompte ou la valeur nominale du billet, on opère de même. (Voir les problèmes analogues relatifs aux intérêts.)

On peut appliquer aussi les formules données plus haut pour résoudre tous les problèmes d'intérêt.

3° Rentes sur l'État.

394. — Quand un État veut se procurer de l'argent, il l'emprunte et donne au prêteur un **titre de rente**. Ce titre de rente est à un capital **nominal** égal

ou supérieur à la somme versée à l'État. L'État verse au possesseur du titre une rente annuelle déterminée à un taux fixé d'avance; cette rente est calculée à ce taux d'après la valeur *nominale* du titre.

L'État se réserve le droit de rembourser le titre à sa valeur nominale, le prêteur ne peut exiger le remboursement de ce titre.

Quand un État fait un emprunt, on dit qu'il fait une **émission** de titres de rente. Le prix de l'émission est la somme versée par le prêteur pour avoir un titre de rente. Ce prix est inférieur ou au plus égal, comme on l'a vu, à la valeur *nominale* du titre.

Si le prêteur veut échanger un titre contre de l'argent, il le vend à une autre personne. Un titre est donc une marchandise qui se vend et s'achète. Le prix d'un titre à un moment donné s'appelle le *cours* du titre à ce moment. Il est variable suivant les circonstances.

Quand le prix auquel se vend ou s'achète un titre est inférieur à sa valeur nominale, on dit que le cours est **au-dessous du pair.**

Quand ce prix est supérieur à la valeur nominale, le cours est **au-dessus du pair.**

Enfin, quand le prix d'achat ou de vente est égal à la valeur nominale du titre, le **cours est au pair.**

395. — **Problème I.** On achète de la rente 3 % à 97 francs. A quel taux a-t-on placé son argent?

97 fr. rapportent 3 francs;

$$1 \text{ fr.} \quad — \quad \frac{3}{97};$$

$$100 \text{ fr.} \quad — \quad \frac{3 \times 100}{97} = 3{,}09.$$

Le taux est donc 3,09 %.

Problème II. La rente 3 % est à 98 francs. Quel capital faut-il placer pour avoir 2.940 francs de rente ?

Pour avoir 3 fr. de rente, il faut placer 98 francs.

Pour avoir 1 fr. de rente, il faut placer $\frac{98}{3}$.

Pour avoir 2.940 fr. de rente, il faut placer :

$$\frac{98 \times 2.940}{3} = 96.040 \text{ fr.}$$

§ IV. — MÉLANGES ET ALLIAGES

1° Mélanges.

396. — On mélange des marchandises analogues de prix divers, on obtient une marchandise semblable à chacune de celles qui ont été mélangées.

On cherche le *prix de l'*unité du mélange obtenu ou **prix moyen**.

1° **Calcul du prix moyen.** Nous allons montrer sur un exemple comment on traite ce problème.

Exemple. Un marchand mélange :

75 litres de vin à 0fr,60 le litre,
125 — — 0fr,40 —
100 — — 0fr,45 —

Quel est le prix d'un litre de mélange ?

Le mélange comprend :

$$75 + 125 + 100 = 300 \text{ litres.}$$

Cherchons le prix de ce mélange :

Pour le 1er vin :	$75 \times 0{,}60 =$	45 fr.
— 2e —	$125 \times 0{,}40 =$	50
— 3e —	$100 \times 0{,}45 =$	45
Donc en tout		140 fr.

Le prix est donc :

$$\frac{140}{300} = 0^{fr},466.$$

397. — **Règle.** *Pour trouver le prix de l'unité d'un mélange, on cherche le* **prix total** *du mélange et on le* **divise** *par le nombre d'unités que contient le mélange.*

398. — **Calcul des proportions d'un mélange de deux marchandises.** On possède deux sortes de marchandises de prix différents. On se propose de les mélanger de telle sorte que l'unité du mélange ait un prix donné intermédiaire entre les deux prix précédents, et l'on demande quelle est la **proportion** dans laquelle il faut les mélanger.

Exemple. Un marchand a du vin à $0^{fr},75$ le litre, et du vin à $0^{fr},45$ le litre. Dans quelle proportion doit-il les mélanger pour avoir du vin à $0^{fr},55$ le litre ?

Raisonnons ainsi :

Le marchand qui vend $0^{fr},55$ un litre à $0^{fr},75$, *perd*

$$0,75 - 0,55 = 0^{fr},20 \text{ par litre.}$$

Le marchand qui vend $0^{fr},55$ un litre à $0^{fr},45$, *gagne*

$$0,55 - 0,45 = 0^{fr},10 \text{ par litre.}$$

Donc il perd sur chaque litre du premier $0^{fr}.20$.

— gagne — — — $0^{fr},10$.

Il faut donc qu'il prenne 2 *litres du second pour 1 litre du premier.*

Donc :

399. — **Règle**. *Le* **rapport du mélange** *des deux marchandises est égal à l'***inverse du rapport** *des différences de leurs prix avec le prix moyen ou prix de l'unité du mélange.*

2° Alliages.

400. — **Alliage.** Un alliage est obtenu en fondant ensemble plusieurs métaux différents.

Il entre souvent dans l'alliage un métal précieux, tel que l'or ou l'argent; on l'appelle le **métal fin** de l'alliage.

Titre. Le **titre** est le rapport du poids du métal fin contenu dans l'alliage au poids total de l'alliage.

On exprime généralement le titre en fractions décimales (d'habitude en **millièmes**). Ainsi un alliage au titre de 0,900 contient, pour 1 kilogramme d'alliage, 900 grammes de métal fin et 100 grammes de cuivre.

401. — Les problèmes sur les alliages se traitent comme les problèmes sur les mélanges.

Problème I. *Trouver le titre d'un alliage obtenu en fondant ensemble des lingots de poids et de titres connus.*

Nous allons traiter cette question sur un exemple.

Exemple. On fond ensemble 250 grammes d'un lingot au titre de 0,920 et 150 grammes d'un lingot au titre de 0,840. Quel est le titre de l'alliage ainsi obtenu?

Cherchons le poids de l'alliage :

$$250 + 150 = 400 \text{ gr.}$$

Cherchons le poids du métal fin :

Le premier lingot donne	$250 \times 0{,}920 = 230$ gr.	
second — —	$150 \times 0{,}840 = 126$ gr.	
Donc l'alliage contient :	356 gr.	

de métal fin.

Le titre est donc : $\frac{356}{400} = 0{,}890.$

Problème II. *Proportion dans laquelle il faut mélanger des poids de deux alliages de titres connus pour avoir un alliage de titre connu intermédiaire entre les deux précédents.*

Traitons cette question sur un exemple.

Exemple. Dans quelle proportion de poids mélanger deux alliages aux titres de 0,920 et 0,840 respectivement pour obtenir un alliage au titre de 0,900?

Si l'on prend 1 kilogramme du premier alliage, il contient 920 grammes de métal fin, donc 20 gr. *de plus* que 1 kilogramme de l'alliage cherché.

Si l'on prend 1 kilogramme du second alliage, il contient 840 grammes de métal fin, donc 60 gr. *de moins* que 1 kilogramme de l'alliage cherché.

Il faut donc prendre 3 kilogrammes du premier alliage pour 1 kilogramme du second.

Règle. On arrive, comme pour les mélanges, à la règle analogue suivante :

Le rapport des poids d'un mélange de deux alliages est égal à l'inverse du rapport des différences des titres de chacun d'eux avec le titre de l'alliage définitif.

§ V. — PARTAGES PROPORTIONNELS RÈGLE DE SOCIÉTÉ

402. — Nous nous sommes occupés de plusieurs rapports égaux ou d'une suite de rapports égaux.

On dit que les numérateurs de ces rapports sont **proportionnels** aux dénominateurs respectifs, — et qu'inversement les dénominateurs sont **proportionnels** aux numérateurs respectifs.

Des nombres a, b, c sont respectivement proportionnels à des nombres c, d, e si l'on a :

$$\frac{a}{c}=\frac{b}{d}=\frac{c}{e}.$$

Nous allons traiter le problème suivant :

Partager un nombre en parties proportionnelles à des nombres donnés.

403. — **Définition.** *Partager un nombre en parties proportionnelles à trois nombres donnés consiste à trouver trois nombres respectivement proportionnels aux trois nombres donnés et dont la somme soit égale au premier nombre.*

Exemple. Partager 450 en nombres proportionnels à 2, 3, 5.

On a d'abord : $2+3+5=10$.

Si l'on devait partager 10 en nombres proportionnels à 2, 3, 5, les nombres cherchés seraient 2, 3, 5.

Si le nombre à partager était 1 au lieu de 10, les nombres proportionnels seraient 10 fois plus petits

ou $$\frac{2}{10},\quad \frac{3}{10},\quad \frac{5}{10}.$$

Or le nombre à partager est 450, donc les parties sont 450 fois plus grandes que ces dernières, ou

$$\frac{450 \times 2}{10} = 90, \quad \frac{450 \times 3}{10} = 135, \quad \frac{450 \times 5}{10} = 225.$$

404. — On pourrait opérer autrement en se servant des propriétés des rapports égaux.

Soient x, y, z les nombres cherchés. On doit avoir :

$$\frac{x}{2} = \frac{y}{3} = \frac{z}{5},$$

et

$$x + y + z = 450.$$

Or les premiers rapports sont égaux à

$$\frac{x+y+z}{2+3+5} = \frac{450}{10} = 45.$$

Donc $\frac{x}{2} = 45$ ou $x = 2 \times 45 = 90$;

$\frac{y}{3} = 45$ ou $y = 3 \times 45 = 135$;

$\frac{z}{5} = 45$ ou $z = 5 \times 45 = 225$.

405. — **Règle de société.** Quand plusieurs associés veulent se partager les bénéfices de l'affaire traitée en commun, on admet que la part que chacun d'eux doit toucher est **proportionnelle** à la somme ou capital qu'il a apporté à la société.

Par conséquent, la question revient à partager le bénéfice en nombres proportionnels à l'apport de chaque associé.

Exemple. Trois associés ont apporté :

le premier 15.000 fr. ;
le deuxième 25.000 fr. ;
le troisième 20.000 fr.

Le bénéfice à partager est 9.000 francs ; quelle est la part de chacun ?

Il faut partager 9.000 en nombres respectivement proportionnels

à	15.000	25.000	20.000,
ou à	15	25	20,
ou à	3	5	4.

Appliquons la méthode précédente :

$$3 + 5 + 4 = 12.$$

Si la somme était 12 francs,

le premier toucherait 3 fr. ;
le deuxième — 5 fr. ;
le troisième — 4 fr.

Si la somme était 1 franc,

les parts seraient $\frac{3}{12}$,

— — $\frac{5}{12}$,

— — $\frac{4}{12}$.

La somme est 9.000 francs ; les parts sont donc :

Pour le premier associé :

$$\frac{3 \times 9.000}{12} = 2.250 \text{ fr.};$$

Pour le deuxième associé :

$$\frac{5 \times 9.000}{12} = 3.750 \text{ fr.};$$

Pour le troisième associé :

$$\frac{4 \times 9.000}{12} = 3.000 \text{ fr.}$$

Problèmes sur les grandeurs proportionnelles.

215. Sachant que 100 kilogrammes de blé donnent 81 kilogrammes de farine, on demande la quantité de farine que l'on aura avec 38 sacs de blé pesant chacun 125 kilogrammes.

216. Un ouvrage est fait en 24 jours par 26 ouvriers; combien faudra-t-il d'ouvriers pour faire le travail en 10 jours?

217. Si 15 ouvriers mettent 28 jours à faire un ouvrage, combien de temps mettront 7 ouvriers à faire le même ouvrage?

218. Une personne marchant 8 heures par jour a mis 24 jours pour faire un trajet; combien de jours aurait-elle mis pour faire le même trajet en marchant 6 heures par jour?

219. On a dépensé 800 francs pour la nourriture de 50 personnes pendant 12 jours; combien dépenserait-on pour la nourriture de 80 personnes pendant 18 jours?

220. Une machine à vapeur fonctionnant 14 heures par jour a consommé en 27 jours 10.350 kilogrammes de charbon. Combien dépensera-t-elle en charbon si on la fait fonctionner 300 jours et 12 heures par jour? La tonne de charbon vaut 30 francs.

221. Une garnison de 1.800 hommes a des vivres pour 230 jours; au bout de 52 jours, elle reçoit un renfort de 336 hommes. Combien de jours encore pourra-t-on nourrir toute la garnison?

222. Un voyageur parcourt $1^{km},8$ en 12 minutes. On demande quelle distance il aura parcourue en marchant de 8 heures du matin à 5 heures du soir, sachant qu'il s'est arrêté 1 h. $\frac{3}{4}$ pour déjeuner.

223. Une personne place les $\frac{3}{4}$ d'un capital à 4,75

p. 100 et le reste à 5,50 p. 100. Elle retire ainsi 493^{fr},75 d'intérêt pour 72 jours. On demande quel est le capital.

224. Une somme, placée à intérêts simples au taux de 4,5 p. 100 pendant 7 ans, est devenue, capital et intérêts compris, 5.207^{fr},40. Quelle est cette somme?

225. Une personne place les $\frac{2}{5}$ de sa fortune à 5 p. 100, le $\frac{1}{3}$ à 4 p. 100 et le reste, qui s'élève à 4.000 francs, à 3 p. 100. On demande : 1° la fortune de cette personne; 2° le revenu annuel.

226. Un banquier a payé 5.208 francs pour un billet de 5.600 francs à 14 mois d'échéance. Quel est le taux de l'escompte?

227. Quelle rente peut-on acheter avec 375.000 francs au cours de 101^{fr},25?

228. Quel est le montant d'un billet qui, escompté pour 15 mois à 5 p. 100, est réduit à 4.350 francs?

229. Calculer à 6 p. 100 et pour 120 jours l'escompte d'un billet dont le montant vaut 3.330 francs.

230. Quelle est la somme qui, placée à 3,5 p. 100, produit pendant un an 12.000 francs de rentes?

231. Partager le nombre 4.366 proportionnellement aux trois nombres : 4, 5, 9.

232. Partager 1.200 francs entre deux personnes, de manière que, quand la première aura 4^{fr},50, la seconde n'aura que 3^{fr},10.

233. Trois associés ont apporté dans une affaire : le premier 12.500 francs, le deuxième 23.000 francs, le troisième 45.500 francs. Répartir entre eux le bénéfice de l'affaire qui est de 24.300 francs.

234. On fond ensemble trois lingots : le premier, au titre de 0,900, pèse 450 grammes; le deuxième, au titre de 0,850, pèse 900 grammes; le troisième, au

titre de 0,950, pèse 240 grammes. Quel est le titre du lingot obtenu?

235. Dans quelle proportion faut-il mélanger deux marchandises à $2^{fr},50$ et $3^{fr},75$ respectivement le kilogramme pour que le mélange, revendu à $3^{fr},60$ le kilogramme, donne un bénéfice de 5 %?

236. Deux associés se sont partagé 2.400 francs de bénéfice. Le premier a touché 1.500 francs et avait apporté 27.000 francs dans l'affaire. Quelle était la mise du second?

237. Dans un vase de 80 litres, on a 65 litres de vin et 15 litres d'eau; on remplace 10 litres du mélange par 10 litres d'eau. Quelle sera la proportion de vin et d'eau dans le nouveau mélange?

238. On a du vin à 45 centimes le litre et du vin à 70 centimes. Combien faut-il prendre de chaque espèce pour obtenir 225 litres de vin à 60 centimes le litre?

239. Un marchand achète 125 litres de rhum à $1^{fr},50$ le litre. Combien doit-il y ajouter d'eau pour qu'il puisse gagner 60 p. 100 sur le prix d'achat en revendant cette liqueur 2 francs le litre?

240. On a deux lingots d'argent aux titres de 0,946 et 0,884. Combien faut-il prendre de chacun de ces lingots pour faire $2^{kg},035$ d'alliage monétaire au titre de 0,900?

241. On a un lingot d'argent au titre de 0,825; on y ajoute 2 kilogrammes d'argent pur et on obtient ainsi un lingot au titre de 0,850. Quel était le poids du premier lingot?

CHAPITRE XVI

ÉQUATIONS DU 1er DEGRÉ

§ I. — GÉNÉRALITÉS

406. — Nous avons jusqu'ici résolu les divers problèmes d'arithmétique en faisant dans chaque cas un *raisonnement direct* sur les données de ce problème. Cependant on a vu que l'on peut éviter de refaire chaque fois le raisonnement quand on a déjà traité un problème semblable à celui dont on cherche la solution : on se sert alors de *formules* qui, au moyen de *lettres, représentent les opérations à effectuer* pour toute une série de problèmes de même nature, où seules les données numériques varient d'un problème à l'autre.

On va indiquer une nouvelle manière d'opérer qui permet d'abréger considérablement les raisonnements et de simplifier la solution.

407. — **Représentation des inconnues par des lettres.** On cherche en général à déterminer un ou plusieurs nombres **inconnus** au moyen d'autres nombres connus, qui sont les **données** du problème. On représente ces nombres cherchés par des **lettres** qui sont ordinairement x, y, z. On désigne d'habitude le nombre inconnu, qu'on appelle souvent

l'*inconnue*, par la lettre x, quand il n'y en a qu'un.

On raisonne sur ce ou ces nombres inconnus comme si on les connaissait et on cherche les égalités numériques auxquelles ils satisfont et qui les détermineront. Ces égalités, qui *traduisent* en nombres connus ou inconnus l'énoncé du problème, s'appellent **équations.**

408. — **Qu'est-ce qu'une équation?** Donc: *une* **équation** *est une égalité où figurent des nombres connus et d'autres inconnus, représentés par des lettres, mais qui n'est vérifiée que pour des valeurs numériques particulières données aux inconnues.*

Résoudre une équation, c'est trouver les *valeurs numériques qu'il faut donner aux inconnues pour qu'elle soit vérifiée.*

Exemple. L'égalité

$$2x + 1 = 3 + x,$$

est vérifiée pour $x = 2$; si l'on donne à x toute autre valeur que 2, l'égalité n'*est plus vraie.*

Cette égalité constitue donc une équation.

409. — Donc la solution d'un problème dépend de deux opérations distinctes :

1° **Mettre le problème en équations.**

2° **Résoudre les équations du problème.**

§ II. — ÉQUATIONS A UNE INCONNUE

410. — Nous allons d'abord traiter cette *seconde question* sur des cas simples.

On dit que l'équation est à **une inconnue** quand elle ne contient qu'un **seul nombre** *inconnu* ou *à déterminer.*

L'équation $2x + 1 = 3 + x$

est une équation à une inconnue.

On peut aussi avoir plusieurs équations à plusieurs inconnues. C'est un cas que l'on ne rencontrera pas dans ce qui va suivre.

Rappelons que le **premier membre** d'une égalité est formé des nombres qui se trouvent à la **gauche** du signe $=$, le **deuxième membre** est formé des nombres qui se trouvent à la **droite** du signe $=$. On conserve ces mêmes définitions dans une équation.

411. — **Propriétés fondamentales.** La résolution d'une équation à une inconnue est fondée sur les propriétés suivantes :

1° Si l'on **ajoute** aux deux membres d'une équation un même nombre, on obtient une nouvelle équation **équivalente** à la première, c'est-à-dire qui est vérifiée pour la même valeur de l'inconnue.

De même, si l'on **retranche** un même nombre aux deux membres d'une équation, on obtient une équation **équivalente** à la première.

2° Si l'on **multiplie** ou si l'on **divise** par un même nombre connu différent de zéro les deux membres d'une équation, on obtient une équation équivalente.

Le mot diviser signifie ici former le *quotient complet* du dividende par le diviseur.

412. — **Conséquences.** Il résulte de là que :

1° *Si les nombres connus sont fractionnaires, on peut réduire les fractions au plus petit dénominateur commun et le chasser ensuite en multipliant les deux membres de l'équation par ce dénominateur.*

Alors les nombres connus entrant dans l'équation seront tous entiers.

2° *On peut faire* **passer un terme d'un membre dans un autre, à condition de changer son signe.**

Soit l'équation

$$3x + 1 = 21 - x.$$

On peut retrancher 1 aux deux membres, ce qui donne : $3x + 1 - 1 = 21 - x - 1,$

ou $3x = 21 - x - 1,$

ce qui revient à faire passer 1 dans le second membre en changeant son signe.

De même, on peut ajouter le nombre x aux deux membres de l'équation.

On a donc :

$$3x + 1 + x = 21 - x + x,$$

ou $3x + 1 + x = 21,$

ce qui revient à faire passer le terme en x du deuxième membre dans le premier membre en changeant son signe.

413. — Par l'opération qui vient d'être dite, on peut donc faire **passer tous les termes en x dans un membre**, le premier, par exemple, tous les termes qui ne contiennent pas x dans l'autre.

414. — *Cela fait, on* **groupe ensemble les termes en x.**

Supposons que l'on ait :

$$13x - 5x + 2x.$$

On remarque que l'on a à multiplier x par 13, à en retrancher le produit de x par 5 et à ajouter au résultat le produit de x par 2.

D'après ce que l'on a vu à propos de la multiplication des entiers et des fractions, cela revient au même que de faire le produit

$$x \times (13 - 5 + 2) = x \times 10 = 10 \times x.$$

C'est ce que l'on appelle **mettre x en facteur**.

415. — Si l'on a groupé les termes du deuxième membre et fait les opérations indiquées, on trouve pour ce deuxième membre un nombre connu b.

Le premier membre est de la forme

$$a \times x,$$

a étant un nombre déterminé comme on vient de le voir, en mettant x en facteur. Ce nombre a s'appelle le **coefficient** de x.

L'équation est devenue :

$$a \times x = b.$$

Si l'on divise les deux membres par a, on obtient :

$$x = \frac{b}{a},$$

x est le **quotient complet** de b par a.

On peut le calculer d'une manière **exacte** ou **approchée**, suivant les cas, sous la forme de nombre **décimal**.

416. — En résumé :

Règle pour la résolution d'une équation à une inconnue. Pour résoudre une équation du premier degré :

1° *On chasse les dénominateurs s'il y en a ;*

2° *On fait passer tous les termes en* x *dans un membre, les termes connus dans l'autre ;*

3° *On réduit les termes des deux membres ainsi*

trouvés, en mettant x *en facteur dans le membre qui le contient, et en faisant ensuite dans les deux membres les opérations indiquées;*

4° On divise le nombre que l'on a obtenu ainsi dans le membre ne contenant pas x *par le coefficient de* x. *Le quotient complet de cette division est le nombre à déterminer* x.

Exemple. Soit à résoudre l'équation

$$\frac{2}{3}-\frac{5x}{12}=\frac{x}{2}-\frac{1}{4}.$$

Le plus petit dénominateur commun est 12. Multiplions les deux membres de l'équation par 12; on obtient : $8-5x=6x-3.$

Faisons passer les termes connus dans le premier membre, les termes en x dans le second :

$$8+3=5x+6x.$$

Réduisons : $11=11x,$

d'où $x=\frac{11}{11}=1.$

La solution est : $x=1.$

§ III. — MISE EN ÉQUATION

Nous allons seulement montrer sur des exemples, comment on peut mettre les problèmes en équation.

417. — **Problème I.** Trouver deux nombres dont la somme est 22 et la différence est 8.

Soit x le plus petit des deux nombres. L'autre est : $8+x,$

en remarquant que la différence doit être égale à 8.

Faisons la somme de x et de $8+x$ et égalons-la à 22 : $$x+8+x=22,$$
d'où l'équation du problème :
$$2\times x=22-8=14.$$
On en déduit :
$$x=\frac{14}{2}=7.$$
Le plus petit nombre est 7; le plus grand est donc : $$8+7=15.$$
La différence est 8, et la somme
$$7+15=22.$$

418. — **Problème II.** Un père a 44 ans, son fils en a 8. Dans combien de temps l'âge du père sera-t-il le triple de celui du fils ?

Soit x le nombre d'années au bout duquel cela aura lieu.

L'âge du père sera :
$$44+x.$$
Celui du fils sera : $8+x$,
et l'on doit avoir :
$$44+x=3\times(8+x),$$
ou $$44+x=3\times 8+3\times x.$$
Faisons les opérations :
$$44+x=24+3\times x.$$
Résolvons cette équation :
$$2x=20,$$
$$x=10.$$
Donc le nombre d'années cherché est 10.

419. — **Problème III.** Une fontaine seule remplit un bassin en 10 heures. Une autre seule le remplit en 6 heures.

On laisse couler la première fontaine seule pendant 2 heures ; puis on les fait couler ensemble. Combien de temps faudra-t-il, à partir du moment où les fontaines coulent ensemble, pour qu'elles remplissent le bassin ?

La première fontaine remplit en 2 heures les $\frac{2}{10}$ ou le $\frac{1}{5}$ du bassin. Donc les deux fontaines doivent remplir ensemble les $\frac{4}{5}$ du bassin. Soit x le nombre d'heures qu'elles mettent à remplir les $\frac{4}{5}$ du bassin.

Dans x heures, la première fontaine remplit une fraction du bassin égale à $\frac{x}{10}$.

Dans x heures, la seconde fontaine remplit une fraction du bassin égale à $\frac{x}{6}$:

Donc la fraction du bassin remplie en x heures par les deux fontaines est :

$$\frac{x}{6}+\frac{x}{10}.$$

Égalons ce nombre à $\frac{4}{5}$:

$$\frac{x}{6}+\frac{x}{10}=\frac{4}{5}.$$

Cette équation est l'équation du problème.

Pour résoudre, on multiplie les deux membres par 60.

$$10x+6x=48,$$

ou

$$16x=48,$$

$$x=3.$$

Le nombre d'heures est 3.

Problèmes sur l'équation du 1er degré à une inconnue.

242. Résoudre l'équation

$$\frac{x}{2}-\frac{x}{3}=14-x.$$

243. Résoudre l'équation

$$x-\frac{x}{5}=43+\frac{x}{12}.$$

244. La roue de devant d'une bicyclette a 40 centimètres de rayon, la roue de derrière a 73 centimètres de diamètre; sur un certain parcours la petite roue a fait 415 tours de plus que la grande; calculer ce parcours.

245. Un bicycliste fait 300 mètres à la minute. Son chien part 84 secondes après lui; dans combien de temps le chien le rattrapera-t-il, sachant que ce chien fait 6 mètres par seconde?

246. Un joueur perd les $\frac{3}{8}$ de ce qu'il avait et dépense en plus 40 francs, après quoi il lui reste encore les $\frac{7}{12}$ de ce qu'il possédait. Combien avait-il avant le jeu?

247. Une personne a dépensé d'abord les $\frac{3}{5}$ de ce qu'elle avait moins 4 francs, puis le quart du reste plus 3 francs, enfin les $\frac{2}{5}$ du nouveau reste plus $1^{fr},20$; il lui reste 24 francs. Quelle somme avait-elle?

248. Un renard poursuivi par un lévrier a 60 sauts d'avance; le renard fait 3 sauts pendant que le lévrier en fait 2, et 7 sauts du renard valent 3 sauts du lévrier. Quel est le nombre de sauts que doit faire le lévrier pour atteindre le renard?

249. La distance de Paris à Lyon est de 512 kilomètres. Un train express part de Paris à $1^h,20^m$ et un omnibus de Lyon à $3^h,20^m$ de l'après-midi. Ils marchent d'un mouvement uniforme, le premier vers Lyon à 80 kilomètres à l'heure, le deuxième vers Paris à 40 kilomètres à l'heure. A quelle heure se rencontreront-ils et à quelle distance de Paris?

250. Quel est le rayon de la circonférence dont la longueur en mètres et la surface du cercle en mètres carrés s'expriment par le même nombre?

251. La vitesse du son dans l'air étant de 340 mètres à la seconde et de 1.435 mètres dans l'eau, on demande à quelle distance d'un bateau, qui est sur un lac, se trouve une personne qui a entendu le bruit d'une explosion, produite à bord du bateau, transmis par l'eau 4 secondes avant la transmission par l'air.

252. Deux personnes sont âgées, l'une de 60 ans, l'autre de 36 ans; combien y a-t-il d'années que l'âge de la première était le double de celui de la seconde?

253. Les contenances de deux fûts pleins de bière sont entre elles comme 10 est à 7. Quand on a tiré 40 litres du premier et 60 litres du deuxième, il reste dans le premier 6 fois plus de bière que dans le deuxième. Trouver les contenances de chacun de ces fûts.

254. La population d'une ville augmente chaque année du $\frac{1}{20}$ sur l'année précédente; la ville compte aujourd'hui 194.481 habitants. Quelle était sa population il y a 4 ans?

255. La différence entre deux nombres est 18; on les augmente chacun de 4; le plus grand devient alors le quadruple du plus petit: quels sont ces deux nombres?

256. Une personne place les $\frac{3}{4}$ de sa fortune à 6 p. 100 et le reste à 5 p. 100; elle retire en tout

1.840 francs d'intérêt annuel. Quelle était sa fortune et combien a-t-elle placé à chaque taux ?

257. Un nombre est composé de 2 chiffres dont la différence est 5; si l'on renverse les chiffres, le nombre ainsi obtenu ne sera que les $\frac{3}{8}$ du précédent. Quel est ce nombre?

258. Une personne place le $\frac{1}{3}$ de sa fortune à 2fr,80 p. 100 et a un revenu annuel de 1.456 francs. A quel taux doit-elle placer le reste pour avoir un revenu total de 4.680 francs?

259. Partager 520 francs en trois parties, telles que la première soit les $\frac{5}{7}$ de la seconde et que la troisième soit double de la seconde.

260. Une balle rebondit chaque fois à une hauteur égale aux $\frac{2}{5}$ de la hauteur d'où elle est tombée. Après avoir rebondi trois fois, elle s'élève à 24 centimètres; calculer en mètres et fractions de mètres la hauteur d'où la balle était tombée primitivement.

261. Diophante passa dans l'enfance le $\frac{1}{6}$ de sa vie et dans l'adolescence le $\frac{1}{12}$; puis il s'est marié et a passé dans cette union le $\frac{1}{7}$ de sa vie plus cinq ans, avant d'avoir un fils auquel il survécut quatre ans, et qui n'a atteint que la moitié de l'âge auquel son père est parvenu. A quel âge Diophante est-il mort ?

CHAPITRE XVII

RACINE CARRÉE

§ I. — DÉFINITIONS

420. — **Le carré** d'un nombre est le produit de ce nombre par lui-même. Un nombre est **carré parfait** quand il est le carré d'un autre nombre.

Extraire la racine carrée d'un nombre carré parfait, c'est trouver le nombre dont il est le carré.

421. — **Signe de la racine carrée exacte.**

Quand un nombre est carré parfait, le nombre dont il est le carré est sa **racine carrée exacte.** On la désigne par le signe $\sqrt{\ }$ qui s'énonce **racine carrée de :**

1er *Exemple.* $\sqrt{25} = 5$

s'énonce : racine carrée de 25 égale 5.

Cela veut dire que 25 est le carré de 5. L'égalité précédente est donc équivalente à la suivante :

$$25 = 5^2 = 5 \times 5.$$

2e *Exemple.* $\sqrt{\frac{25}{49}} = \frac{5}{7}$,

est une égalité équivalente à

$$\frac{25}{49} = \left(\frac{5}{7}\right)^2 = \frac{5}{7} \times \frac{5}{7}.$$

422. — **Remarque.** Étant donné un nombre, entier ou fraction, il n'existe pas en général d'entier ou de fraction dont ce nombre donné soit le carré. On dit que le *nombre donné n'est pas carré parfait.* Il n'y a donc pas de racine carrée exacte d'un tel nombre.

Mais nous en définirons plus tard une racine carrée approchée. Nous allons étudier d'abord le cas où le nombre donné, carré parfait ou non, est entier.

§ II. — RACINE CARRÉE EXACTE OU APPROCHÉE A UNE UNITÉ PRÈS D'UN NOMBRE ENTIER

423. — **Définition.** *On appelle racine carrée approchée à une unité près d'un nombre entier, le plus grand nombre entier dont le carré est contenu dans le nombre entier donné.*

On a vu que en général le nombre donné n'est pas carré parfait.

La différence entre ce nombre et le carré de sa racine carrée approchée à une unité près est le reste de l'opération.

Le nombre donné est **carré parfait** quand le reste **est nul.**

Opération.

424. — 1) *Le nombre entier donné est inférieur à* 100.

Formons la suite des carrés des 9 premiers nombres.

Nombres.	1	2	3	4	5	6	7	8	9
Carrés.	1	4	9	16	25	36	49	64	81

Règle. *Pour extraire la racine carrée approchée à une unité près d'un nombre inférieur à* 100, *on cherche dans le tableau précédent le plus grand carré inférieur au nombre donné. La racine carrée de ce carré est la racine carrée cherchée. La différence entre le nombre donné et le carré précédemment choisi est le reste de l'opération.*

Exemple. Soit à extraire la racine carrée approchée à une unité près de 67.

Le plus grand carré contenu dans 67 est 64, dont la racine carrée est 8.

Donc la racine approchée à une unité près de 67 est 8; le reste de l'opération est 3.

En réalité, on doit faire *mentalement* et très vite l'opération ci-dessus.

425. — 2) *Le nombre est supérieur à* 100.

Règle pratique. — *Pour extraire la racine carrée approchée à une unité près d'un nombre entier donné:*

On divise le nombre donné en tranches de deux chiffres à partir de la droite, la dernière tranche à gauche pouvant n'avoir qu'un chiffre.

On extrait la racine carrée approchée à une unité près de la première tranche à gauche (cas précédent), ce qui donne le premier chiffre à gauche de la racine cherchée.

On écrit sous la première tranche à gauche le reste de cette opération, c'est le premier reste partiel. On abaisse à la droite du premier reste partiel la tranche suivante et l'on sépare par un point le dernier chiffre à droite du nombre ainsi obtenu. On divise la partie à gauche du point par le double du premier chiffre de la racine. On obtient ainsi le second chiffre de la racine ou un chiffre trop fort. Pour l'essayer, on l'écrit à la droite du double du premier chiffre de la racine et on le multiplie par le nombre ainsi formé. Le chiffre essayé convient si ce produit peut se retrancher du nombre formé par le premier reste partiel suivi de la seconde tranche. Dans le cas contraire, on le diminue successivement de 1, 2... unités, jusqu'à ce que la soustraction précédente soit possible. Le résultat de cette soustraction est le deuxième reste partiel.

On abaisse à la droite de ce deuxième reste partiel la troisième tranche et on sépare par un point le dernier chiffre du nombre ainsi formé. On divise la partie à gauche du point par le double du nombre trouvé à la racine. On obtient ainsi le troisième chiffre de la racine ou un chiffre trop fort. On l'essaye comme plus haut.

On continue l'opération jusqu'à ce que l'on ait utilisé la dernière tranche du nombre donné. Le dernier reste partiel obtenu est le reste de l'opération.

Exemple. Soit à extraire la racine carrée de :

237.248.

Disposition pratique. On dispose l'opération comme ci-dessous :

	Nombre donné.	Racine approchée.	
	2 3·7 2·4 8	487	
1er Reste partiel →	7	88	967
	7 7·2	8	7
	7 0 4	704	6769
2e Reste partiel →	6 8		
	6 8 4·8		
	6 7 6 9		
Reste de l'opération.	7 9		

La première tranche à gauche est 23; la racine est 4, et le premier reste partiel est : $23 - 4^2 = 7$.

On abaisse à la suite de 7 la seconde tranche 72, ce qui donne 772, et, en séparant le dernier chiffre, on obtient 77.

On divise 77 par 8 (double du premier chiffre de la racine). Le quotient est 8. On essaye 8 en l'écrivant à la droite du 8 précédent et en multipliant 88 par 8, ce qui donne 704. 704 peut se retrancher de 772; donc 8 convient à la racine. Le deuxième reste partiel est 68.

On abaisse la tranche suivante, ce qui donne 6.848, et, en séparant le dernier chiffre, on a 684, que l'on divise par 96 (double de 48 obtenu à la racine). Le quotient est 7. On essaye 7 en l'écrivant à la droite de 96, ce qui donne 967, et, en multipliant ce dernier nombre par 7, le produit est 6.769, qui peut se retrancher de 6.848. Donc 7 est le 3e chiffre de la racine.

La racine est donc 487.

En retranchant 6.769 de 6.848 on obtient 79.

Donc 79 est le reste de l'opération.

Dans la pratique courante, on n'écrit pas le nombre à soustraire dans chaque soustraction partielle, mais seulement le résultat de la soustraction, et l'opération est disposée comme ci-dessous :

<table>
<tr><td>2 3·7 2·4 8</td><td colspan="2">487</td></tr>
<tr><td>7 7·2
6 8 4·8</td><td>88
8</td><td>967
7</td></tr>
<tr><td>7 9</td><td>704</td><td>6769</td></tr>
</table>

426. — **Remarque.** 1) *Dans une division partielle, le plus grand chiffre à essayer est 9.*

2) *Il peut se faire que dans l'une de ces divisions le quotient soit 0. On écrit 0 à la racine. On abaisse la tranche suivante et on continue l'opération.*

1er *Exemple.* Soit à extraire la racine carrée de 15 7.6 09.

Opération :

<table>
<tr><td>15·76·09</td><td colspan="2">397</td></tr>
<tr><td>67·6
550·9</td><td>69
9</td><td>787
7</td></tr>
<tr><td>000</td><td>621</td><td>5509</td></tr>
</table>

Pour trouver le second chiffre de la racine, il faut diviser 67 par 6. Le quotient est 11. Or, il ne peut dépasser 9. Donc on essaye 9.

Le nombre 157.609 est carré parfait.

Sa racine carrée exacte est 397.

2e *Exemple*. Soit à extraire la racine carrée de 94·617.

Opération :

9·46·17	307	
4·6	6	607
461·7		7
368		4249

La première tranche est 9, dont la racine exacte est 3. Donc le premier reste partiel est 0. On abaisse la 2e tranche et on sépare le dernier chiffre, on a à diviser 4 par 6 (double du premier chiffre de la racine); le quotient est 0. On écrit 0 à la racine. On abaisse à côté de 46 la tranche suivante 17, ce qui donne 4617; on sépare le dernier chiffre. On divise 461 par 60 (double du nombre 30, trouvé à la racine); on obtient 7 qu'on essaye comme plus haut.

La racine approchée est 307.

Le reste de l'opération est 368.

§ III. — RACINE CARRÉE APPROCHÉE A 0,1, 0,01... D'UN NOMBRE ENTIER OU DÉCIMAL

427. — **Définition.** *La racine carrée approchée à* 0,1, 0,01... (*ou à un dixième, un centième,... près*), *d'un nombre entier ou décimal est la plus*

grande fraction décimale à 1, 2... chiffres décimaux dont le carré est contenu dans le nombre donné.

Le **reste** est la différence entre le nombre donné et le carré de sa racine carrée approchée à 0,1, 0,01... près.

Règle. *Pour extraire la racine carrée approchée à 0,1, 0,01,... près d'un nombre entier ou décimal :*

On partage ce nombre en tranches de deux chiffres à partir de la virgule et dans les deux sens. On prend à la suite de la virgule autant de tranches de deux chiffres décimaux que l'on veut de décimales à la racine, en complétant au besoin ces tranches par des zéros.

On fait l'opération comme pour la racine carrée à une unité près. Lorsqu'on a utilisé toutes les tranches de la partie entière du nombre donné, on met une virgule à la racine et on continue l'opération en abaissant successivement les tranches décimales.

Le dernier reste partiel, dont on sépare à droite autant de chiffres décimaux que dans le nombre donné, y compris les zéros que l'on a ajoutés, est le reste de l'opération.

Exemple. Soit à extraire la racine carrée approchée à 0,01 près de 41,271.

Opération :

41,27·10	6,42	
52·7	124	1282
311·0	4	2
546	496	2564

La racine est : 6,42 (approchée à 0,01 près).
Le reste est : 0,0546.

428. — Cas particulier. La racine carrée approchée à une unité près d'un nombre décimal est le plus grand entier dont le carré est contenu dans ce nombre décimal.

La règle précédente renferme comme cas particulier le calcul de la racine carrée approchée à une unité près d'un nombre décimal. Il suffit d'extraire la racine carrée à une unité près de la partie entière.

Preuve de la racine carrée.

429. — Règle. *On fait le carré de la racine carrée approchée.*

On y ajoute le reste de l'opération.

Le résultat de cette addition doit être le nombre donné.

1er *Exemple.* On a vu plus haut que :
la racine approchée à une unité près de 237.248
est : 487
le reste de l'opération est : 79

Formons 487^2; on a :

$$487^2 = 237.169$$

on ajoute le reste 79

237.248 nombre donné.

2e *Exemple.* On a vu que la racine carrée approchée à 0,01 près de de 41,271 est : 6,42
le reste de l'opération est : 0,0546

Le carré de 6,42 est : 41,2164
on ajoute le reste 0,0546

41,2710 nombre donné.

§ IV. — RACINE CARRÉE D'UNE FRACTION.

430. — Nous énoncerons sans démonstration la propriété suivante :

Une fraction irréductible n'est carré parfait que si son numérateur et son dénominateur sont séparément carrés parfaits. Sa racine carrée est une fraction dont le numérateur et le dénominateur sont respectivement les racines carrées du numérateur et du dénominateur de la fraction donnée. Dans tous les autres cas, la fraction n'est pas carré parfait, c'est-à-dire n'est le carré ni d'un entier, ni d'une fraction.

440. — La définition de la racine carrée approchée à une unité, un dixième, ... près d'une fraction est la même que pour un entier ou un nombre décimal.

Règle. *Pour extraire la racine carrée approchée d'une fraction à une unité, un dixième* (0,1), *un centième* (0,01) ... *près, on calcule le quotient approché du numérateur par le dénominateur à une unité, un centième* (0,01), *un dix-millième* (0,0001) ... *près et on extrait la racine carrée de cet entier à une unité près, ou de ce nombre à deux décimales à* 0,1 *près, ou de ce nombre à quatre décimales à* 0,01 *près, etc.*

Exemple. Soit à calculer la racine à 0,01 près de $\frac{3}{7}$.

On divise 3 par 7 et on prend quatre décimales au quotient :

30	7
20	0,4285
60	
40	
5	

On extrait la racine de 0,4285 à 0,01 près :

0,42'8 5	0,65
6 8'5	125
6 0	5
	625

Donc la racine approchée est 0,65 à 0,01 près.

Remarque. Dans ces calculs on ne s'occupe généralement pas du *reste* de l'opération.

Exercices sur la racine carrée.

262. Calculer : $\sqrt{181.476}$

263. $\sqrt{815.409}$

264. $\sqrt{3.629.025}$

265. $\sqrt{45,5625}$

266. $\sqrt{\frac{144}{729}}$

Calculer à une unité près les racines carrées de :

267. 2.045.379

268. 1.986.104

269. 23.472.649

270. Faire la preuve des opérations précédentes.

Calculer à une unité près les racines carrées de :

271. 247.013,75

272. $\frac{297.534}{11}$

Calculer à 0,01 près les racines carrées de :

273. 272 0,462 Faire la preuve.

Calculer à 0,0001 près les racines carrées de :

274. 2 et de 3. Faire la preuve des opérations.

Calculer à 0,001 près la racine carrée de :

275. $\frac{4}{9}$

276. Un cercle a une surface de $6^{m^2},243$. Calculer en centimètres son rayon.

277. Une place circulaire a une surface de $43^{a},27$. Calculer son diamètre en mètres, avec deux décimales.

278. Un cylindre creux d'une hauteur de 37^{cm} a une contenance de 7^{l}. Quel est en centimètres le rayon de sa base?

279. Un champ rectangulaire a une surface de $4^{ha},75$. La largeur est les $\frac{2}{5}$ de sa longueur. Calculer sa longueur et sa largeur à 1 décimètre près.

280. Quand un corps tombe en chute libre dans le vide, les espaces parcourus sont proportionnels aux carrés des temps employés à les parcourir. Il parcourt pendant la première seconde $4^{m},96$. En combien de temps parcourt-il 300^{m}? Calculer ce temps en secondes, avec deux décimales.

281. La somme des carrés de deux nombres est 440.225, et la différence de leurs carrés est 321.153. Calculer ces deux nombres.

PROBLÈMES DE RÉCAPITULATION[1]

I. Opérations sur les nombres entiers et les nombres décimaux.

282. La somme de deux nombres est 83.457 ; leur différence est 45.313. Quels sont ces deux nombres ?

283. Un ouvrier qui travaille 300 jours par an gagne 5fr,50 par jour. Il dépense chacun des 365 jours de l'année 2fr,85 pour sa nourriture et pour l'année entière 435 francs pour son entretien. Combien peut-il économiser en 5 ans ?

284. La somme de deux nombres est 344. Le quotient de leur division est 7. Quel sont ces deux nombres ?

285. La différence de deux nombres est 583. Le quotient de leur division est 12. Quel sont ces deux nombres ?

286. Un libraire a acheté 5 douzaines de volumes, qu'il a payés 2fr,75 le volume. On lui a donné gratuitement un volume en plus par douzaine. Combien doit-il vendre chaque volume pour faire un bénéfice de 62fr,50 ?

287. On veut partager une somme de 602 francs entre 15 hommes et 13 femmes, de manière que chaque homme reçoive autant que deux femmes. Combien chaque personne touchera-t-elle ?

288. Un père gagne 4fr,25 par jour, sa femme gagne 1fr,25 et son fils 1 franc. Combien leur faut-il de jours pour gagner 260 francs ?

289. Quel est le nombre qui, divisé par 7, diminue de 294 ?

290. Quel est le nombre qui, multiplié par 11, augmente de 140 ?

[1] La plupart des problèmes de récapitulation pourront être traités soit directement, soit par la méthode algébrique, exposée dans le chapitre XVI.

291. Partager une somme de 2.000 francs entre trois personnes de façon que la première ait 600 francs de plus que la deuxième et celle-ci 400 francs de plus que la troisième.

292. Deux personnes ont à elles deux 30 francs. Si la première avait 3 francs de plus et la deuxième 1 franc de moins, elles auraient la même somme. Combien chacune a-t-elle?

293. La valeur de deux pièces de drap est de 624 fr. La première, qui est 4 fois plus longue que la seconde, vaut 9 francs le mètre, tandis que la deuxième vaut 12 francs le mètre. On demande la longueur de chacune de ces pièces.

294. Un marchand achète 250 moutons pour 6.000 fr. Il en revend 32, chacun 5 francs de moins qu'il ne l'a payé. Il en perd 8. A quel prix doit-il revendre chacun de ceux qui lui restent pour gagner 2.588 francs sur le marché?

295. Trois nombres pairs consécutifs ont pour somme 192; quel sont ces trois nombres?

296. Un pensionnat, composé de 100 élèves, a coûté 1.250 francs d'entretien pendant 15 jours; à combien se montera la dépense de 45 jours, si l'on augmente le pensionnat de 20 élèves?

297. Un charbonnier a acheté 600 fagots à raison de $0^{fr},75$ la douzaine. On lui en donne 13 pour 12. S'il les revend au détail à $0^{fr},80$ la douzaine, quel sera son bénéfice total?

298. On achète 17 pièces de drap d'égale longueur à $7^{fr},25$ le mètre. En revendant ce drap $10^{fr},50$ le mètre, on a gagné $497^{fr},25$. Quelle était la longueur de chaque pièce?

299. Deux marchands ont acheté un troupeau de 42 moutons pour 903 francs. Le premier a payé $322^{fr},50$

et le deuxième le reste. Quel est le nombre de moutons qui revient à chacun ?

300. On a partagé 1.926 pommes entre un certain nombre d'enfants. Il manque 6 pommes pour pouvoir en donner 46 à chacun. Combien y a-t-il d'enfants ?

301. Un ouvrier a reçu 40 francs pour 16 journées de travail. Quelle somme aurait-il reçue s'il eût travaillé 24 jours de plus ?

302. On a fait transporter 25 sacs de blé pesant chacun 64 kilogrammes à une distance de 215 kilomètres. Que doit-on payer à raison de 0fr,035 par tonne et par kilomètre ?

303. Un marchand a acheté 1000 assiettes à 19 francs le cent ; il en casse 75 dans le transport et revend le reste en faisant un bénéfice de 41fr,25. Combien a-t-il revendu chaque assiette ?

304. Dans une liquidation, on fait une diminution de 25 % sur le prix marqué. En profitant de cette remise, combien paye-t-on 18m,25 de flanelle marquée à 1fr,25 le mètre ?

305. Huit personnes doivent payer en commun 1250 francs ; plusieurs étant insolvables, les autres payent chacune 93fr,75 de plus que leur part. Combien de personnes sont insolvables ?

306. Un marchand achète 372 mètres de drap à 8 francs le mètre. A quel prix doit-il vendre le tout pour faire un bénéfice de 455 francs sur son achat ?

307. Un marchand vend une pièce de drap de 28 mètres pour 574 francs. Sur cette somme il a gagné 2 francs par mètre. Combien lui coûtait le mètre de drap ?

308. J'achète des pommes à 4 francs le cent. Je les revends à 1 franc la douzaine. Je réalise ainsi un bénéfice de 10fr,40. Combien en ai-je vendu de douzaines ?

309. Partager 9.000 francs entre 1 homme, 3 femmes et 5 enfants de manière que chaque femme reçoive trois fois autant qu'un enfant et l'homme deux fois autant qu'une femme.

310. La somme de quatre nombres impairs consécutifs est 456. Quel sont ces quatre nombres?

311. Un marchand qui achète une pièce d'étoffe à raison de $9^{fr},25$ les 5 mètres, la revend au prix de 24 francs les 15 mètres. Il fait ainsi une perte de 10 francs. Quelle est la longueur de la pièce?

312. Dans une usine on coule 480 pièces de fonte; les unes pèsent 12 kilogrammes, les autres 20 kilogrammes; le poids total des 480 pièces est 7.520 kilogrammes. On demande le nombres de pièces de chaque espèce.

313. Une fontaine remplit un bassin en 6 heures, une autre en 9 heures; si les deux fontaines coulaient ensemble, en combien de temps le rempliraient-elles? Évaluer le temps en heures et minutes.

314. Un conducteur de tramway a encaissé $15^{fr},80$ pour 82 places, les unes à $0^{fr},25$, les autres à $0^{fr},15$. Combien a-t-il distribué de places de chaque espèce?

315. Un père a 32 ans de plus que son fils. Dans 3 ans, l'âge du premier sera le quintuple de l'âge du second. Quel est l'âge de chacun?

316. Dans une division, le dividende est 344 et le diviseur est le double du reste. Quel est le diviseur et quel est le reste? Y a-t-il plusieurs solutions?

317. Dans une division le dividende est 312 et le reste est le tiers du diviseur. Quel est le diviseur et quel est le reste? Y a-t-il plusieurs solutions?

318. La somme de deux nombres est 46,5 et le quotient décimal exact de l'un par l'autre est 2,5. Quels sont ces deux nombres?

319. La différence de deux nombres est 170, leur quotient est 11. Quels sont ces deux nombres?

320. Dans une faillite on distribue 14 % aux créanciers. Combien était-il dû à un créancier qui a touché 189 francs?

321. On retient à un fonctionnaire 5 % sur son traitement. Quel est son traitement s'il touche 4.180 francs?

322. Deux ouvriers ont reçu ensemble $104^{fr},50$ pour un travail. L'un d'eux, qui gagne $4^{fr},25$ par jour, a travaillé 14 jours. Trouver combien l'autre, qui gagne seulement $3^{fr},75$ par jour, a travaillé de jours.

323. En calcinant 632 hl. de houille, on a obtenu 354 quintaux de coke. L'hectolitre de houille pesant en moyenne 80 kilogrammes, on demande combien 100 kilogrammes de houille donneront de kilogrammes de coke.

324. Le bronze est formé d'étain et de cuivre dans la proportion de 8 de cuivre et de 2 d'étain. Quelle est la valeur du quintal métrique de bronze, si le kilogramme de cuivre vaut $1^{fr},35$ et celui d'étain $3^{fr},75$?

325. Une gerbe de blé produit en moyenne $12^{l},5$ de grain et $10^{kg},9$ de paille. Combien rapportent 4.308 gerbes, si le double décalitre de blé vaut $4^{fr},50$ et le quintal de paille $2^{fr},60$?

326. Un tonneau a été pesé successivement plein d'eau et vide : la première pesée a donné 216 kilogrammes de plus que la seconde. On remplit ce tonneau d'une huile dont chaque litre pèse 915 grammes et qui coûte $1^{fr},75$ le kilogramme. Quel est le prix de cette huile?

327. La canne à sucre renferme les 0,9 de son poids de jus, et 1 kilogramme de ce jus contient 17 décagrammes de sucre. On perd environ la moitié de ce sucre dans l'opération qu'on fait pour l'extraire. Com-

bien faudra-t-il de kilogrammes de canne à sucre pour fabriquer 1.745 kilogrammes de sucre?

328. On veut acheter, avec une somme de 99 francs, une provision de café à 4^{fr},50 le kilogramme et un poids trois fois plus grand de savon à 0^{fr},70 le kilogramme. Quels poids de savon et de café achètera-t-on?

329. Le litre de lait pèse 1^{kg},032 et donne les 0,12 de son poids en crème. Cette crème renferme les 0,33 de son poids de beurre. Une fermière a 6 vaches donnant chacune en moyenne 9^{l},5 de lait par jour. Combien peut-elle faire de beurre par semaine?

330. Une ferme possède 45 vaches qui donnent en moyenne chacune 14 litres de lait par jour. Pour obtenir 5 kilogrammes de beurre, il faut 125 litres de lait. Combien le fermier retirera-t-il par jour de la vente de son beurre à 2^{fr},65 le kilogramme?

331. Deux tonneaux contiennent ensemble 396 litres; mais la capacité du plus petit n'est que les $\frac{5}{6}$ de celle du plus grand. Quelle est la contenance de chaque tonneau?

II. Propriétés des nombres entiers. P.g.c.d. et p.p.c.m.

332. Montrer que le produit de deux nombres impairs est un nombre impair.

333. Montrer que tout nombre divisible par 2 et par 3 séparément est divisible par 6.

334. Montrer que le produit de trois nombres entiers consécutifs est divisible par 6.

335. Trouver le plus petit commun multiple des dix premiers nombres, de 1 à 10 (inclus).

336. Trouver le plus petit nombre qui, divisé successivement par tous les nombres de 2 à 10 (inclus), donne toujours 1 pour reste de la division.

337. Montrer que pour former le carré d'une somme de deux nombres, il faut additionner ensemble le carré du premier nombre, le double produit du premier par le second, et le carré du second nombre.

338. Montrer que le carré de la différence de deux nombres est égal au carré du premier, augmenté du carré du second, diminué du double produit de ces deux nombres.

339. Montrer que le produit de la somme de deux nombres par leur différence est égal à la différence des carrés de ces deux nombres.

340. Déduire de l'exercice précédent que $56^2 - 1$ est divisible par 11 et par 19.

341. Montrer que la différence de deux nombres formés des mêmes chiffres est divisible par 9.

342. Démontrer que le produit $n(n+1)(2n+1)$ est toujours divisible par 6, quel que soit le nombre entier n.

343. Le produit de deux nombres entiers est 192, leur différence est 4. Trouver ces deux nombres.

344. Quel est le plus grand nombre possible par lequel il faut diviser 5.947 et 7.459 pour obtenir 43 comme reste dans chacune de ces divisions?

345. Quels sont les rectangles dont les dimensions sont exprimées par des nombres entiers de décimètres et dont la surface vaut 1 mètre carré?

346. Le produit de deux nombres est 1.512 et leur plus grand commun diviseur est 6. Trouver ces deux nombres. Y a-t-il plusieurs solutions à ce problème?

347. On a deux caisses : l'une de 1.320 décimètres cubes, l'autre de 318 décimètres cubes. On veut les remplir avec des blocs de savon égaux et aussi gros que possible. Quel sera le volume de ces blocs et combien chaque caisse en contiendra-t-elle?

348. Montrer que la différence entre les carrés de deux nombres entiers consécutifs est un nombre impair. En déduire que la somme des n premiers nombres impairs est égale à n^2.

349. Lorsqu'on divise 1.828 et 2.456 par le plus grand nombre possible, on obtient les restes respectifs 19 et 26. Quel est ce nombre?

350. Tout nombre premier autre que 2 et 3 est égal à un multiple de 6 augmenté ou diminué de 1.

III. Fractions.

351. Une vis avance de $\frac{2}{9}$ de millimètre par tour. Combien devra-t-elle faire de tours pour avancer de 3 centimètres $\frac{3}{4}$?

352. Une lampe brûle 38 grammes $\frac{7}{15}$ d'huile par heure. Elle reste allumée pendant 3 heures $\frac{1}{4}$ par jour. Quelle sera la dépense au bout de 30 jours, le kilogramme d'huile coûtant $1^{fr},40$?

353. Que valent les $\frac{5}{7}$ des $\frac{3}{4}$ de 14.280 francs?

354. En tirant 25 litres $\frac{5}{7}$ d'un fût de vin, on en réduit le contenu à ses $\frac{3}{5}$. Quelle est la contenance du fût?

355. Un cultivateur a vendu les $\frac{2}{5}$ de sa récolte pour 4.600 francs. Combien aurait-il reçu pour les $\frac{3}{4}$?

356. Les $\frac{2}{5}$ de la somme que j'ai dans ma poche, augmentés de 50 francs, font 350 francs. Combien ai-je?

357. 500 grammes de viande coûtent $0^{fr},90$. Il y a dans cette viande $\frac{2}{11}$ d'os. A combien exactement revient le kilogramme de viande désossée?

358. Entre les $\frac{5}{6}$ et les $\frac{2}{5}$ de la valeur d'un objet il y a une différence de 26 francs. Combien coûte cet objet?

359. Le périmètre d'un rectangle est 480 mètres. Sa largeur vaut les $\frac{2}{3}$ de sa longueur. Calculer la valeur de ce champ à 95 francs l'are.

360. Après avoir perdu successivement les $\frac{3}{8}$ de sa fortune, plus $\frac{1}{5}$ du reste, une personne possède 26.800 francs. Quelle était sa fortune primitive?

361. Deux fontaines coulant ensemble rempliraient un bassin en 5 heures. La première mettrait 7 heures. Quel temps mettrait la deuxième pour remplir le bassin?

362. Une fontaine remplit un bassin en 2 heures; une autre l'emplirait en 8 heures. Si les deux fontaines coulent ensemble, en combien de temps rempliront-elles le bassin?

363. Les $\frac{2}{3}$ plus les $\frac{2}{7}$ d'un nombre valent 30. Quel est ce nombre?

364. J'ai dépensé les $\frac{7}{8}$ de ce que je possédais, plus la moitié du reste; il me reste 15 francs. Combien possédais-je?

365. Un caissier donne les $\frac{2}{5}$ de ce qu'il avait dans sa caisse; il reçoit ensuite 2.662 francs, et la valeur primitive de sa caisse se trouve augmentée d'un tiers. Combien avait-il d'abord?

366. Quatre roues s'engrènent successivement et chacune n'a que les $\frac{2}{3}$ du nombre de dents de la roue qui la précède : si la première a 162 dents, combien la petite en a-t-elle?

367. Partager le nombre 280 en deux parties telles que l'une soit les $\frac{2}{5}$ de l'autre.

368. Deux ouvriers ont fait ensemble un ouvrage qu'on a payé 165 francs. L'un d'eux a travaillé 8 jours $\frac{1}{2}$, l'autre 10 jours $\frac{1}{4}$. Que doit être le salaire de chacun?

369. En passant de la température de 4° à celle de 100° l'eau pure se dilate de $\frac{1}{24}$ de son volume. Quel sera le poids de 6 litres d'eau à 100°?

370. Un kilogramme de café vert coûte, acheté en gros, $2^{fr},60$; la perte de poids par la torréfaction est de $\frac{1}{5}$. Calculez combien gagne, sur 100 kilogrammes de café brûlé vendu, un épicier qui vend ce café brûlé 2 francs le demi-kilogramme.

371. Une usine exploite un minerai qui contient $\frac{4}{27}$ de son poids en fer; mais, dans la transformation du minerai en métal, on fait une perte de 7 % du fer qu'il contient. Calculez la quantité de minerai employé annuellement par l'usine, sachant qu'elle produit en

moyenne 7 tonnes $\frac{1}{5}$ de fer par jour et qu'elle fonctionne 310 jours dans l'année.

372. Une propriété de 84 ares a été achetée 2.800 francs. L'acheteur en a vendu les $\frac{3}{4}$ et il est ainsi rentré dans ses fonds. A combien, dans ce cas, l'hectare a-t-il été vendu?

373. Une personne a dépensé les $\frac{2}{5}$ de la somme qu'elle avait; elle achète ensuite 22^{m},75 d'étoffe à 0^{fr},80 le mètre et il lui manque 3^{fr},05 pour s'acquitter. Combien avait-elle?

374. On a acheté les $\frac{2}{5}$ de 1 mètre de drap pour 9^{fr},25. Quel est le prix de 7 mètres $\frac{2}{3}$ de drap de la même qualité?

375. Un marchand achète une pièce d'étoffe à 8 francs les 5 mètres et il la revend 15 francs les 8 mètres. Il réalise ainsi un bénéfice de 25 francs. Quelle est la longueur de la pièce?

376. Un ouvrier dépense annuellement pour sa nourriture le $\frac{1}{3}$ de ce qu'il gagne, le $\frac{1}{4}$ du reste pour son logement. Il lui reste alors 930 francs. Combien cet ouvrier dépense-t-il : 1° pour sa nourriture; 2° pour son logement?

377. Trouver la valeur du plomb produit par an dans une usine où l'on traite annuellement 184.000 kilogrammes de minerai, sachant : 1° que ce minerai renferme 66 $^{0}/_{0}$ de plomb; 2° qu'on perd 21 $^{0}/_{0}$ du plomb que contient le minerai; 3° que le plomb se vend 35 francs le quintal.

378. Trouver une fraction égale à $\frac{2}{7}$ et dont la

différence entre le numérateur et le dénominateur soit 45.

379. Trouver une fraction égale à $\frac{3}{5}$ et telle que la somme du numérateur et du dénominateur soit égale à 32.

380. Quel est le nombre qui augmenté de ses $\frac{2}{5}$ devient égal à 49?

381. Quel est le nombre qui diminué de ses $\frac{5}{12}$ devient égal à 63?

382. Les $\frac{3}{8}$ d'un poteau sont peints en blanc, les $\frac{3}{5}$ du reste sont peints en bleu, et le nouveau reste qui a $1^{m},25$ est peint en rouge. Quelles sont les hauteurs du poteau et des deux premières parties?

383. Une personne dépense pour sa nourriture $\frac{1}{3}$ de ce qu'elle gagne, $\frac{1}{5}$ pour son logement et son entretien et $\frac{1}{11}$ pour ses menues dépenses. Combien gagne-t-elle s'il lui reste encore 372 francs?

384. Les $\frac{8}{9}$ d'un nombre surpassent de 14 unités les $\frac{2}{3}$ du même nombre. Quel est ce nombre?

385. La somme de deux nombres est 28 et le $\frac{1}{3}$ du premier égale le $\frac{1}{4}$ du second. Quels sont ces deux nombres?

386. Une montre retarde de 48 minutes par jour. Elle a été mise à l'heure à midi; quelle heure marquera-t-elle quand il sera 4 heures et demie du soir?

387. Une fontaine donne 6 litres d'eau en 3 minutes; une autre 5 litres d'eau en 2 minutes. Combien chacune d'elles fournit-elle d'eau par minute, et combien leur faudra-t-il de temps pour fournir $4^{m^3},05$ d'eau?

388. Un ouvrage peut être achevé en 5 heures par un homme, en 8 heures par une femme, et en 12 heures par un enfant. Au bout de combien de temps l'ouvrage sera-t-il fait par les trois personnes ensemble? Calculer ce temps en heures et minutes.

389. Un ouvrier fait les $\frac{2}{3}$ d'un ouvrage en 9 jours; un autre fait les $\frac{2}{7}$ de cet ouvrage en 5 jours. En combien de temps ces deux ouvriers ensemble feront-ils l'ouvrage?

390. Deux barriques sont pleines de vin à $0^{fr},80$ le litre et elles sont vendues à deux prix qui diffèrent de 36 francs. On sait que les $\frac{5}{6}$ de la capacité de la première valent les $\frac{10}{13}$ de la capacité de la seconde. Quelle est, en litres, la capacité de chaque barrique?

391. Deux personnes ont hérité d'une somme de 18.300 francs. La première ayant dépensé les $\frac{2}{5}$ de sa part et la seconde les $\frac{3}{7}$ de la sienne, il reste à la première deux fois plus qu'à la seconde. Quelles sont les deux parts de l'héritage?

392. Deux frères se partagent une somme de $5.225^{fr},60$. Le premier dépense les $\frac{2}{9}$ de sa part; le second perd le $\frac{1}{5}$ de la sienne et ils ont alors la même somme. Quelles avaient été les deux parts?

393. Une étoffe, après avoir été mouillée, est réduite du $\frac{1}{15}$ de sa longueur et du $\frac{1}{16}$ de sa largeur. Quelle longueur de cette étoffe, ayant $0^m,80$ de large, faudra-t-il pour avoir 70 mètres carrés après le lavage?

394. Partager $\frac{3}{4}$ en deux parties telles, que la première soit égale aux $\frac{5}{9}$ de l'autre.

395. Un négociant déclaré en faillite ne peut payer que 35 % à ses créanciers. Avec $3.756^{fr},50$ de plus, il pourrait payer les $\frac{3}{7}$ de ce qu'il doit. Quels sont son actif et son passif?

396. Un propriétaire vend, à raison de 48 francs l'hectolitre, deux tonneaux de vin dont les $\frac{3}{4}$ du premier égalent en contenance les $\frac{13}{16}$ du second. Sachant que le prix du premier tonneau dépasse de $23^{fr},40$ le prix du deuxième, on demande quelle est la contenance de chacune des deux pièces.

IV. Système métrique. Géométrie. Mesure du temps.

397. Un pré de forme carrée, ayant $214^m,80$ de périmètre, a coûté $1.421^{fr},30$. A combien revient l'are?

398. Sur un côté d'une cour carrée, on établit un trottoir ayant une surface de $69^{m^2},6$ avec $2^m,4$ de largeur. Quelle est la surface de ce qui reste de la cour?

399. Un tapis a une surface de $3^{m^2},6$. On enlève sur toute la longueur une bande de $0^m,15$ de largeur et la surface du tapis se trouve alors n'être plus que les $\frac{9}{10}$ de ce qu'elle était d'abord. Quelles étaient les dimensions primitives du tapis?

400. On a répandu sur un terrain triangulaire de 80 mètres de base pour $12^{fr},90$ de nitrate de soude à $21^{fr},50$ le quintal. Sachant qu'on a employé 300 kilogrammes par hectare, on demande en mètres la hauteur du champ.

401. On a acheté pour $7.998^{fr},20$, à raison de 7.000 francs l'hectare, une pièce de terre rectangulaire qui a 116 mètres de longueur. Combien faudra-t-il dépenser pour entourer ce terrain d'une palissade à 5 francs le mètre?

402. Un trapèze, dont une des bases est double de l'autre et dont la hauteur est de $24^{m},50$, a une surface de $264^{m^2},60$. Calculer ses deux bases.

403. Un champ carré a une surface de $2^{ha},25$. Quel sera le prix d'une clôture qui le borde, à $2^{fr},50$ le mètre?

404. Un vase plein d'eau pèse $2^{kg},500$, et plein de lait il pèse $2^{kg},568$. Sachant que la densité du lait est 1,034, donner : 1° la capacité du vase, 2° son poids.

405. Un champ a une superficie de $3^{ha},07$; on y pratique un chemin de 326 mètres de longueur et de $6^{m},50$ de largeur. A combien sera réduite la superficie du champ?

406. Deux piquets sont plantés à une distance de $0^{m},85$. A quelle hauteur faut-il entasser entre ces deux piquets de bûches de $1^{m},33$ pour mesurer un stère de bois? Calculez cette hauteur à $0^{m},01$ près.

407. Combien 1 décimètre carré contient-il de carrés de 25 millimètres de côté? Tracer la figure.

408. Quel est le prix d'une propriété rectangulaire ayant 7 hectomètres de longueur et 4 décamètres de largeur, le prix du mètre carré étant 75 centimes?

409. Une roue de voiture, de $4^{m},35$ de circonférence, a tourné 1877 fois. Quelle est, en kilomètres, la

distance parcourue? Combien aurait-elle dû tourner de fois pour faire 25 kilomètres?

410. On fait creuser un puits de 12 mètres de profondeur sur $1^{m},5$ de diamètre. Quelle somme doit-on donner à l'ouvrier à raison de $4^{fr},25$ le mètre cube?

411. Une laitière achète $8^{dl},05$ de lait; elle le pèse et trouve que le poids est 821 grammes. Combien ce lait contient-il de litres d'eau, sachant qu'un litre de lait pur pèse 1.030 grammes?

412. Un mètre cube d'air pèse $1^{kg},293$. Quel est le poids de l'air contenu dans une salle de $7^{m},60$ de longueur, $4^{m},90$ de largeur et $4^{m},20$ de hauteur?

413. L'eau en se congelant augmente de $\frac{1}{15}$ de son volume. Quel poids d'eau donnera, en fondant, un bloc de glace de $0^{m},85$ de long, sur $0^{m},60$ de large et $0^{m},10$ d'épaisseur?

414. On veut creuser un bassin circulaire de $0^{m},60$ de profondeur qui contienne 460 hectolitres d'eau. Quel devra être le rayon de ce bassin?

415. A l'échelle de $\frac{1}{800}$ quelle longueur en millimètres aura sur le papier une ligne qui a 260 mètres sur le terrain?

416. Un courrier parcourant $10^{km},5$ à l'heure est parti depuis 4 heures lorsqu'on envoie à sa poursuite un autre courrier parcourant 15 kilomètres à l'heure. En combien d'heures et de minutes le deuxième atteindra-t-il le premier?

417. Un bureau a $6^{m},70$ de long sur $5^{m},20$ de large. On y place un tapis qui arrive à $0^{m},50$ des murs de la salle. Quelle est la valeur du tapis à $2^{fr},25$ le mètre carré?

418. Le pavage d'une cour carrée a coûté 950 francs

à raison de $12^{fr},50$ le mètre carré. Combien de pavés a-t-on employés si chacun d'eux à $0^{m},20$ de côté?

419. Deux tonneaux sont pleins d'un vin à $0^{fr},75$ le litre. Le premier, qui contient 560 décilitres de plus que le deuxième, a coûté 165 francs. Dites le prix du deuxième tonneau et la capacité de chacun en décalitres.

420. Un fermier vend 50 sacs de pommes de terre contenant chacun 4 doubles décalitres, au prix de 16 francs le quintal. Quel est le prix de cette vente si l'hectolitre de pommes de terre pèse 80 kilogrammes?

421. Un vase plein d'eau pèse $17^{kg},75$. Quand on retire le $\frac{1}{4}$ de l'eau qu'il contient, il ne pèse plus que $15^{kg},25$. Dire le poids du vase vide et sa contenance.

422. Un seau vide pèse $2^{kg},125$. Rempli d'eau aux $\frac{3}{5}$, il pèse $9^{kg},625$. Quelle est sa contenance?

423. Un vase vide pèse $1^{kg},25$; plein d'eau, il pèse $4^{kg},35$ et plein de lait, $4^{kg},443$. Quel est le poids du litre de lait?

424. L'obélisque de la place de la Concorde à Paris a un volume de 84 mètres cubes. Le granit dont il est formé a une densité de 2,75. Quel est le poids de cet obélisque?

425. Une personne a 89 francs en pièces de 5 francs et en pièces de 2 francs. Le nombre des pièces de 2 francs dépasse de 6 celui des pièces de 5 francs. Combien y a-t-il de pièces de chaque espèce?

426. Calculer le poids d'une médaille en or, évaluée 310 francs, si cette médaille a la même composition que la monnaie d'or.

427. Un homme de force moyenne peut porter 75 kilogrammes. Quelle somme porterait-il : 1° en argent monnayé? 2° en or? 3° en bronze?

428. Quel est le poids d'une somme de 1.085 francs en or ?

429. Deux sommes égales pèsent ensemble $2^{kg},205$. Quel est le poids de chacune d'elles, si l'une est en argent, l'autre en bronze ?

430. Comment payer 170 francs avec un nombre égal de pièces de 2 francs et de $0^{fr},50$?

431. Une personne possède 65 francs en pièces de 2 francs et de 5 francs. Elle a quatre fois plus de pièces de 2 francs que de pièces de 5 francs. Combien a-t-elle de pièces de chaque espèce ?

432. Le poids de la pièce de 5 francs est de 25 grammes, son diamètre est de 37 millimètres. Quelle est son épaisseur, la densité du métal étant 10,12 ?

433. Un boulet de fonte a un diamètre de 540 millimètres. Quel est son poids, le décimètre cube de fonte pesant $7^{kg},2$?

434. Une montre mise à l'heure à midi marque dans la même journée $6^{h},22^{m}$ lorsque l'heure véritable est $6^{h},30^{m}$. De combien cette montre retarde-t-elle par heure ?

435. Une barre de fer a pour section un carré de 42 millimètres de côté et pour longueur 2 mètres. On l'étire en la faisant passer par un orifice carré de 36 millimètres de côté. Quelle est alors, à 1 millimètre près, la longueur de la barre ?

436. Les deux grandes roues d'une voiture font chacune 12 tours en $2^{s},5$, tandis que les deux petites font chacune 20 tours dans le même temps. Combien chaque petite roue aura-t-elle fait de tours quand chaque grande en aura fait 45.380 ?

437. La distance de Paris à Nancy étant de 353 kilomètres, un train part de Paris à $10^{h},25^{m}$ du matin et marche à 54 kilomètres à l'heure ; un autre part de

Nancy à $11^h,15^m$ et fait 66 kilomètres à l'heure. A quelle heure se rencontrent-ils et à quelle distance de Paris et de Nancy?

438. Une lampe brûle 46 grammes d'huile en 5 heures et demie. Combien de temps devra-t-elle être allumée pour brûler $4^l,6$ de cette huile dont la densité est 0,920?

439. Sachant que la mesure de la distance du pôle à l'équateur avait donné 5.130.740 toises, on demande d'exprimer à 1 millimètre près la longueur de la toise et de ses divisions, pied et pouce, sachant que la toise valait 6 pieds et le pied 12 pouces.

440. Un train parti à $8^h,10$ du matin doit parcourir une distance de 245 kilomètres à raison de 49 kilomètres à l'heure. Quand arrivera-t-il?

441. Une machine à vapeur brûle $148^{kg},770$ de charbon en 6 heures, elle fonctionne 15 heures par jour. Combien brûlera-t-elle de charbon en 80 jours et quelle sera la dépense, le charbon coûtant $31^{fr},50$ la tonne?

442. La largeur d'un champ rectangulaire est le $\frac{1}{3}$ de sa longueur. En marchant à une vitesse de 6 kilomètres à l'heure, un homme met 16 minutes pour en frire le tour. Calculer la superficie du champ.

443. Un stère de bois vaut 24 francs; mais les espaces vides entre les bûches occupent 250 décimètres cubes. Si le décimètre cube pèse $0^{kg},800$, quel sera le prix du quintal de bois?

444. La circonférence étant divisée en 360 degrés (360°), chaque degré en 60 minutes ($60'$), et chaque minute en 60 secondes ($60''$) et fractions décimales de seconde, quelle est la longueur d'un arc de $10^o\ 24'\ 30''$ sur une circonférence de 150 mètres de rayon?

445. Évaluer en degrés et minutes l'arc d'une circonférence dont la longueur est égale au rayon.

446. Si on partage une circonférence en 400 grades, combien le grade vaut-il de degrés, minutes et secondes d'arc? Combien le degré vaut-il de grades et de fractions décimales de grade à 0,0001 près?

447. Une montre avance de 15 secondes par heure. On la met à l'heure à midi. Quelle heure est-il quand elle marque le lendemain 4 heures 7 minutes de l'après-midi?

448. Une locomotive qui fait 352 kilomètres en 11 heures a $4^{h}\ {}^{1}/_{2}$ d'avance sur une autre qui fait 903 kilomètres en 21 heures. Dans combien de temps la deuxième locomotive rejoindra-t-elle la première?

449. Un train doit parcourir une distance de 150 kilomètres. Au bout de 5 heures 12 minutes 36 secondes, il lui reste $3^{km},33$ à faire. On demande sa vitesse en kilomètres à l'heure.

450. Un train va de Paris à Chartres en $2^{h}\ {}^{1}/_{4}$. Un express va de Chartres à Paris en $1^{h}\ {}^{1}/_{2}$. Les deux trains partent ensemble des deux points opposés. Au bout de combien de temps se croiseront-ils?

451. Un train part à 6 heures 15 minutes du matin et fait 10 kilomètres en 12 minutes; il est suivi d'un autre train qui, partant 2 heures 57 minutes plus tard, fait 25 kilomètres en 20 minutes. A quelle distance du point de départ le second train rencontre-t-il le premier et quelle est l'heure de la rencontre?

V. Nombres proportionnels. Règles de trois. Intérêts. Mélanges et alliages.

452. Un bâton dressé verticalement et dont la longueur hors de terre est de $1^{m},25$ donne une ombre de

$0^m,95$. Quelle est la hauteur d'un arbre qui donne au même moment une ombre de $4^m,75$?

453. Un ouvrier a reçu 120 francs pour 16 jours de travail. Qu'aurait-il reçu s'il avait travaillé 24 jours $^1/_2$ de plus?

454. En 20 jours, 15 ouvriers ont fait la moitié d'un ouvrage. A ce moment, 3 d'entre eux quittent l'atelier. Combien les autres mettront-ils de temps pour faire l'autre moitié?

455. Une garnison de 3.500 hommes a consommé 34.125^{kg} de pain en 13 jours. Combien faudrait-il de kilogrammes de pain pour 4.275 hommes pendant 45 jours?

456. On échange 15 mètres de toile valant $2^{fr},20$ le mètre contre 20 mètres de calicot. Quelle est la valeur du mètre de calicot?

457. Pour paver une rue de 126 mètres de long et 12 mètres de large, on a employé 51.219 pavés de grès. Combien en emploiera-t-on pour paver une rue de 184 mètres de long sur 15 mètres de large?

458. Un litre d'eau de mer pèse 1 kilogramme 26 grammes et contient 2 $^1/_2$ pour cent de sel. Dans combien de litres d'eau de mer y a-t-il 30 kilogrammes de sel?

459. D'après la loi de Mariotte, le volume qu'occupe un gaz est inversement proportionnel à la pression qu'il supporte. D'après cela, quel sera le volume occupé par une masse de gaz qui occupait primitivement un volume de $0^{m^3},234$ si la pression est augmentée des $\frac{7}{11}$?

460. La résistance de l'air étant proportionnelle au carré de la vitesse, que devient une résistance qui était

primitivement de 2kg,439 si la vitesse est augmentée des $\frac{2}{3}$?

461. Si une sphère homogène pèse 32 kilogrammes, combien pèse une sphère de même matière dont le rayon est les $\frac{3}{4}$ du premier?

462. Dans la chute libre dans le vide, les espaces parcourus sont proportionnels aux carrés des temps employés à les parcourir. Quel est l'espace parcouru en 8s,5, si l'espace parcouru en 2 secondes est 19m,62?

463. J'achète une marchandise et je la revends avec un bénéfice de 25 % sur le prix d'achat, Quel est le bénéfice % sur le prix de vente?

464. 9 ouvriers travaillant 8 heures par jour ont mis 12 jours pour faire 15 mètres d'ouvrage. Combien 16 ouvriers, travaillant 6 heures par jour, mettront-ils pour faire 30 mètres de cet ouvrage?

465. Une personne emprunte une somme de 8.750 francs à 4 %. Elle la rembourse au bout de 5 ans avec l'intérêt. Quelle somme donnera-t-elle?

466. Un capital de 25.445 francs a été placé à 4 % pendant 2 ans 7 mois. Quel intérêt est-il dû?

467. Calculer l'intérêt d'une somme de 3.620 francs placée à 3,75 % pendant 2 ans 3 mois 27 jours.

468. Une personne place les $\frac{3}{4}$ d'un capital à 5 % et le reste à 4 %. L'intérêt annuel étant de 380 francs, on demande le capital placé à chaque taux.

469. A quel taux faut-il placer une somme de 8.775 francs pour avoir un revenu mensuel de 29fr,25?

470. La somme de 8.700 francs placée à 5 % est devenue 13.050 francs à l'époque de son remboursement. Combien de temps a-t-elle été placée?

471. Une personne place les $\frac{3}{5}$ d'une somme à 3,5 % et le reste à 5 %. La différence d'intérêts est, au bout de 2 ans 3 mois, de 135 francs. Quelle est cette somme?

472. A quel taux place-t-on son argent quand 5.800 francs deviennent au bout de 4 ans, capital et intérêts réunis, 6.728 francs?

473. Une personne a placé un certain capital à 5 % pendant 1 an 2 mois 12 jours. Au bout de ce temps, les intérêts joints au capital ont produit une somme de 27.178fr,40. On demande quel était le capital placé.

474. Une personne place les $\frac{3}{4}$ d'un capital à 4,75 % et le reste à 5,50 %; elle retire ainsi 493fr,75 d'intérêt pour 72 jours. Quel était le capital placé?

475. Une personne a placé des fonds dans une entreprise. Au bout de 5 ans, elle reçoit, capital et bénéfice réunis, la somme de 19.600 francs; le bénéfice est les $\frac{2}{5}$ du capital. Calculer : 1° le capital et le bénéfice; 2° le taux auquel a été placé le capital.

476. On a reçu 57.000 francs, frais déduits, pour le prix de vente de 1.800 francs de rente 3 %. A quel cours a-t-on vendu?

477. L'air pèse 770 fois moins que l'eau et contient 23 % de son poids en oxygène. Calculer le poids de l'oxygène contenu dans une salle de 528 mètres cubes.

478. Une personne a un billet de 1.040 francs payable dans 5 mois. Elle le fait escompter par un banquier qui lui donne 1.014 francs. Quel est le taux de l'escompte?

479. Sur un billet de 1.540 francs escompté à 6 %, un banquier donne, le 23 mai, 1.518fr,44. Quelle est la date de l'échéance?

480. Calculer le montant d'un billet payable dans 4 mois, l'escompte à 5 % étant 12fr,75.

481. Quelle est la valeur actuelle d'un billet de 2.400 francs payable dans 90 jours et escompté à 6 %?

482. On veut payer 970 francs avec un billet de 950 francs payable dans 30 jours. Combien devra-t-on ajouter à ce billet pour parfaire la somme, si l'escompte est 6 %?

483. Partager une somme de 4.200 francs entre deux personnes de façon que la première ait autant de pièces de 20 francs que la deuxième de pièces de 5 francs.

484. Une personne ne laisse en mourant que 6.000 francs pour payer trois créanciers à qui il est dû au premier 2.400 francs, au deuxième 3.800 francs, au troisième 3.400 francs. Que leur revient-il à chacun proportionnellement?

485. La fortune d'une personne est partagée en deux parts égales : la première, placée à 5 %, rapporte annuellement 60 francs de plus que la deuxième, placée à 4,5 %. Quelle est la fortune de cette personne?

486. Quel est le poids de l'argent pur contenu dans 80 pièces de 1 franc, au titre de 0,835?

487. On a mélangé du vin à 0fr,48 le litre avec du vin à 0fr,35, et la bouteille de 85 centilitres revient à 0fr,34. Dans quelle proportion le mélange a-t-il été fait?

488. Partager une longueur de 3m,619 en trois parties qui soient entre elles comme les nombres 4, 3 et 0,7.

489. On mélange en parties égales du blé à 17 francs, à 18fr,50 et à 21 francs l'hectolitre. Quel sera le prix de 250 hectolitres de ce mélange?

490. Deux commerçants se sont associés et ont mis ensemble une somme de 3.600 francs. Au bout d'un an, ils ont réalisé un bénéfice de 450 francs. Le pre-

mier a retiré 1.440 francs, mise et bénéfice compris. On demande la mise et le bénéfice de chacun.

491. Sur une barrique de vin de 225 litres qui a coûté 90 francs, on veut gagner 35 francs. Combien faut-il y ajouter d'eau, pour qu'un litre du mélange coûte le même prix qu'un litre de vin pur?

492. Dans une institution, il y a 52 élèves qui payent 362 francs par mois. Les plus jeunes payent 5 francs et les autres 8 francs par mois. Combien y a-t-il d'élèves de chaque catégorie?

493. Une personne place 20.000 francs partie à 5 $^0/_0$ et partie à 4 $^0/_0$ et retire un revenu annuel de 930 francs. Quels sont les deux capitaux placés?

494. Combien faut-il prendre d'alliage au titre de 0,940 et au titre de 0,835 pour faire 9 kilogrammes d'alliage au titre de 0,9?

495. On a un lingot d'argent pur du poids de $3^{kg},06$. Combien faudra-t-il y ajouter de cuivre pour faire des pièces de 5 francs?

496. Une personne a 4.800 francs à partager entre trois héritiers en proportion inverse de leur âge. Le plus âgé a 45 ans, le deuxième 32 et le troisième 19. Quelle est la part de chacun?

497. Partager 7480 en deux parts proportionnelles aux fractions $\frac{2}{3}$ et $\frac{4}{5}$.

498. Partager 42.925 francs entre trois personnes de manière que la première ait la moitié de ce qu'aura la deuxième et le tiers de ce qu'aura la troisième.

499. Combien faut-il ajouter d'or pur à 136 grammes d'un alliage d'or et de cuivre au titre de 0,845 pour porter l'alliage au titre légal de 0,900?

500. Trois héritiers ont partagé 864 hectares de bois. L'un d'eux en a autant que les deux autres, dont les

parts sont entre elles dans le rapport de 5 à 11. Quel est le lot de chacun?

501. On a partagé une somme inconnue proportionnellement aux nombres 5, 6 et 31. La première part est de 1.388 francs. Calculer les deux autres et la somme partagée.

502. Deux capitaux ont une somme égale à 459.000 fr. et l'un d'eux vaut les $\frac{6}{11}$ de l'autre. Le premier étant placé à 4 °/₀ et le deuxième à 6,6 °/₀, 45 jours après l'autre, on demande au bout de combien de temps les deux capitaux auront produit le même intérêt.

503. On a un lingot de cuivre de 12^{kg},16. En y ajoutant l'étain et le zinc nécessaires, on fabrique de la monnaie de billon. Quel est le poids et la valeur de la monnaie ainsi obtenue?

504. On a 540 grammes d'alliage au titre de $\frac{11}{12}$; combien faut-il y ajouter de cuivre pour rendre cet alliage au titre de $\frac{6}{10}$?

505. On a 800 grammes d'un lingot d'or au titre de 0,840. Combien faut-il y ajouter de cuivre pour abaisser le titre du lingot à 0,750?

506. On a allié 4.385 grammes d'argent pur avec 25 hectogrammes de cuivre. Combien faut-il ajouter d'argent pur à cet alliage pour faire des pièces de 5 francs? Combien aura-t-on de pièces?

507. Un marchand a du vin à 0^{fr},40 et à 0^{fr},65 le litre. Combien de litres de chaque qualité doit-il prendre pour faire un mélange de 36 litres, tel que, vendu 0^{fr},55 le litre, le marchand fasse un bénéfice de de 10 °/₀?

NOTIONS
D'ARITHMÉTIQUE COMMERCIALE

CHAPITRE I

PROGRESSIONS
INTÉRÊTS COMPOSÉS

§ I. — PROGRESSIONS ARITHMÉTIQUES

1. — Définition. *On appelle* **progression arithmétique** *une suite de termes tels que la différence de deux termes consécutifs est un nombre constant.* Ce nombre constant se nomme la raison de la progression arithmétique. La progression est croissante ou décroissante, c'est-à-dire ses termes successifs vont en croissant ou en décroissant, suivant que la raison s'ajoute ou se retranche en passant d'un terme au suivant.

Exemple. Les nombres entiers consécutifs compris entre deux entiers, les nombres impairs consécutifs compris entre deux nombres impairs, les multiples successifs d'un même nombre compris entre deux de ces multiples, forment des progressions arithmétiques.

2. — Théorème I. *Dans une progression arithmétique, un terme quelconque est égal à la somme ou à la différence du premier et du produit de la raison par le nombre de termes qui le précèdent.*

Soit une progression croissante de premier terme a et de raison r.

Le premier terme est a.

Le deuxième terme est $a+r$.

Le troisième terme est $a+2r$ [1].

et, d'une manière générale, le n^e terme est :

$$a+(n-1)r.$$

Or il y a dans la progression $n-1$ termes avant le n^e.

De même pour une progression décroissante.

Conséquence. Une progression arithmétique de $(n+1)$ termes peut s'écrire :

$$a,\ a+r,\ a+2r,\ \ldots,\ a+(n-1)r,\ a+nr;$$

ou

$$a,\ a-r,\ a-2r,\ \ldots,\ a-(n-1)r,\ a-nr.$$

Théorème II. *Dans une progression arithmétique, la somme de deux termes équidistants des extrêmes est égale à la somme des extrêmes.*

Un terme situé p rangs après le premier est $a+pr$

— p rangs avant le dernier est $a+(n-p)r$

Si la progression contient $n+1$ termes, la somme est $2a+nr$

Or les termes extrêmes sont a et $a+nr$, dont la somme est $2a+nr$.

3. — Somme des termes d'une progression arithmétique. — Théorème III. *La somme des termes d'une progression arithmétique est égale au produit de la demi-somme des termes extrêmes par le nombre des termes.*

Soit la progression arithmétique $a, b, r, \ldots k, l$, qui contient n termes. La somme est :

$$S=a+b+c\ldots+k+l,$$

ou encore

$$S=l+k+\ldots+b+a,$$

en renversant l'ordre des termes.

---

[1] On supprime le signe × entre un nombre et une lettre ou entre deux lettres.

Additionner membre à membre en remarquant que la somme de deux termes écrits l'un au-dessous de l'autre est égale à la somme des termes extrêmes. Il vient :

$$2S = n(a + l),$$

ou

$$S = \frac{n(a + l)}{2}.$$

Remarque. Si l'on met en évidence la raison r,

on a : $$l = a + (n - 1)r,$$

ou $$l = a - (n - 1)r;$$

d'où $$S = \frac{n[2a + (n - 1)r]}{2},$$

ou $$S = \frac{n[2a - (n - 1)r]}{2}.$$

4. — **Applications.** 1° Somme des n premiers nombres entiers.

Si $$a = 1, \qquad l = n,$$

$$S = \frac{n(n + 1)}{2}.$$

2° Somme des n premiers nombres impairs.

Si $$a = 1, \qquad l = 2n - 1,$$

$$S = \frac{n(1 + 2n - 1)}{2} = n^2.$$

5. — **Problème. Insérer un nombre donné de moyens entre deux termes consécutifs d'une progression arithmétique.**

On se propose de former une nouvelle progression arithmétique dont les termes extrêmes soient les deux termes consécutifs de la progression donnée et qui contienne p *termes entre ces deux extrêmes* (p *étant un entier donné*).

Soient b et c les termes consécutifs de la progression donnée.

c doit être le $(p+2)^e$ terme d'une progression dont b est le premier. Si r est la raison, on doit avoir :

$$c = b + (p+1)r.$$

On en déduit : $r = \frac{c-b}{p+1}$, si $c > b$; on raisonnerait d'une manière analogue si $c < b$.

6. — **Théorème IV.** *Si entre tous les termes consécutifs d'une progression arithmétique, on insère le même nombre de moyens, on forme ainsi une nouvelle progression arithmétique.*

En effet, la différence de deux moyens compris entre les termes b et c de la première progression est $\frac{c-b}{p+1}$; la différence entre deux termes moyens compris entre deux autres termes f et g de la première progression est $\frac{g-f}{p+1}$. Ces différences sont égales, car

$$c - b = g - f.$$

Exemple. Insérer 4 moyens entre tous les termes consécutifs de la progression

1 5 9 13.

La raison est 4. La raison de la nouvelle progression est : $\frac{4}{5} = 0{,}8.$

Donc la nouvelle progression est :

1 1,8 2,6 3,4 4,2 5 5,8 6,6 7,4 8,2
9 9,8 10,6 11,4 12,2 13.

§ II. — PROGRESSIONS GÉOMÉTRIQUES

7. — Définition. *On appelle* progression géométrique *une suite de termes tels que le quotient d'un terme par le précédent est un nombre constant.*

Ce nombre constant se nomme la raison de la progression géométrique.

8. — Théorème I. *Dans une progression géométrique, un terme quelconque est égal au produit du premier par la puissance de la raison dont l'indice est égal au nombre de termes qui le précèdent.*

Soit la progression de premier terme a et de raison q.

Le 1er terme est a.
Le 2e — aq.
Le 3e — aq^2.
. . . .

et, d'une manière générale, le n^e terme est égal à aq^{n-1}.

Conséquence. Une progression géométrique de $(n+1)$ termes peut s'écrire :

$$a, \quad aq, \quad aq^2, \quad \ldots, \quad aq^{n-1}, \quad aq^n.$$

9. — Théorème II. *Dans une progression géométrique, le produit de deux termes à égale distance des extrêmes est égal au produit des termes extrêmes.*

Un terme situé p rang après le premier est aq^p.
— p rang avant le dernier est aq^{n-p},

si la progression renferme $(n+1)$ termes ; le produit de ces deux termes est a^2q^n.

Or les termes extrêmes sont a et aq^n, dont le produit est a^2q^n.

10. — Somme des termes d'une progression géométrique.

Soit la progression géométrique $a, b, c, \ldots, l$.
Sa somme est : $S = a + b + \ldots + l$.

Multiplions les deux membres de cette égalité par la raison q :
$$Sq = b + \ldots + l + lq,$$
en remarquant que
$$b = aq,$$
$$c = bq, \quad \text{etc.}$$

Retranchons membre à membre ces deux égalités, il vient :
$$S(q-1) = lq - a;$$
d'où
$$S = \frac{lq-a}{q-1}.$$

Remarque. Si la progression contient n termes, on a :
$$l = aq^{n-1}.$$

Donc
$$S = \frac{a(q^n-1)}{q-1}, \quad \text{ou} \quad S = \frac{a(1-q^n)}{1-q},$$
suivant que l'on a $q > 1$ ou $q < 1$.

On a ainsi la somme, en fonction du premier terme, de la raison et du nombre de termes.

11. — **Cas particulier. Progression géométrique indéfinie.** Supposons que la raison soit plus petite que 1, et voyons ce que devient la somme des n premiers termes de la progression supposée prolongée indéfiniment quand n croît indéfiniment. On peut écrire :
$$S = \frac{a}{1-q} - \frac{aq^n}{1-q}.$$

Par hypothèse, q est un nombre plus petit que 1. Donc sa puissance n^e sera aussi petite que l'on veut, et, si n grandit indéfiniment, tendra vers zéro.

Donc la somme des n premiers termes de la progression tend vers $\frac{a}{1-q}$ quand n grandit indéfiniment.

12. — Applications aux fractions décimales périodiques.

Soit la fraction décimale périodique simple

$$0{,}253.253.253\ldots$$

Elle est la limite de la somme de la progression géométrique indéfinie

$$\frac{253}{1.000}+\frac{253}{1.000^2}+\frac{253}{1.000^3}+\ldots$$

Donc le premier terme est $\frac{253}{1.000}$ est la raison $\frac{253}{1.000}$. La limite de cette somme est donc :

$$\frac{\frac{253}{1.000}}{1-\frac{1}{1.000}}=\frac{253}{999}.$$

Le raisonnement précédent montre que si l'on prolonge de plus en plus la fraction décimale, on trouve des nombres successifs qui diffèrent d'aussi peu que l'on veut de

$$\frac{253}{999}.$$

On peut donc écrire :

$$0{,}253\,253\ldots=\frac{253}{999}.$$

On raisonnerait de même dans le cas d'une fraction périodique mixte.

13. — **Problème. Insérer un nombre donné de moyens entre deux termes consécutifs d'une progression arithmétique.**

Le problème que l'on se propose se définit comme le problème correspondant pour une progression arithmétique (no 5, page 305).

Soient b et c les deux termes consécutifs de la progression donnée, p le nombre de moyens à insérer. c doit être le $(p+2)^e$ terme d'une progression géométrique dont la raison est q et dont le premier terme est b ; donc

$$c=bq^{p+1};\qquad \text{d'où}\qquad q=\sqrt[p+1]{\frac{c}{b}}.$$

14. — **Théorème III.** *Si entre tous les termes consécutifs d'une progression géométrique on insère le même nombre de moyens, on obtient une nouvelle progression géométrique.*

En effet, soient b et c deux termes consécutifs de la première progression; le rapport de deux moyens consécutifs insérés entre b et c est : $\sqrt[p+1]{\frac{c}{b}}$.

De même, soient k et l deux autres termes consécutifs de la première progression; le rapport de deux moyens consécutifs insérés entre k et l est $\sqrt[p+1]{\frac{l}{k}}$; mais $\frac{c}{b}=\frac{l}{k}$, puis chacun de ces rapports est égal à la raison de la première progression. Donc on obtient une nouvelle progression géométrique.

§ III. — INTÉRÊTS COMPOSÉS

15. — **Définition.** *On suppose que, chaque année, l'intérêt de la somme placée s'ajoute au capital pour produire à son tour des intérêts.*

Soit a le capital placé.

Au bout de 1 an, il est devenu :

$$a(1+r),$$

r étant le taux divisé par 100.

Donc le nouveau capital $a(1+r)$, placé au bout de la première année, est devenu au bout de la deuxième :

$$a(1+r)(1+r)=a(1+r)^2.$$

De même, au bout de la troisième année, il est devenu :

$$a(1+r)^3,$$

et au bout de n années :

$$a(1+r)^n.$$

Table indiquant la valeur de 1 fr. à intérêts composés.

ANNÉES	3 %	4 %	4,50 %	5 %	5,50 %	6 %
1	1,0300000	1,0400000	1,0450000	1,0500000	1,0550000	1,0600000
2	1,0609000	1,0816000	1,0920250	1,1025000	1,1130250	1,1236000
3	1,0927270	1,1248640	1,1411661	1,1576250	1,1742414	1,1910160
4	1,1255088	1,1698586	1,1925186	1,2155063	1,2388247	1,2624770
5	1,1592741	1,2166529	1,2461819	1,2762816	1,3069600	1,3382256
6	1,1940523	1,2653190	1,3022601	1,3400956	1,3788428	1,4185191
7	1,2298739	1,3159318	1,3608618	1,4071004	1,4546792	1,5036303
8	1,2667701	1,3685691	1,4221006	1,4774554	1,5346865	1,5938481
9	1,3047732	1,4233118	1,4860951	1,5513282	1,6190943	1,6894790
10	1,3439164	1,4802443	1,5529694	1,6288946	1,7081445	1,7908477
11	1,3842339	1,5394541	1,6228530	1,7103394	1,8020924	1,8982986
12	1,4257609	1,6010322	1,6958814	1,7958563	1,9012075	2,0121965
13	1,4685337	1,6650735	1.7721961	1,8856491	2,0057739	2,1329283
14	1.5125897	1,7316764	1,8519449	1.9799316	2,1160915	2,2609040
15	1,5579674	1,8009435	1,9352824	2,0789282	2,2324765	2,3965582
16	1,6047064	1,8729813	2,0223701	2,1828746	2,3552627	2,5403517
17	1,6528476	1,9479005	2,1133768	2,2920183	2,4848022	2,6927728
18	1,7024331	2,0258165	2,2084788	2,4066192	2,6214663	2,8543392
19	1,7535061	2,1068492	2,3078603	2,5269502	2,7656469	3,0255995
20	1,8061112	2,1911231	2,4117140	2,6532977	2,9177575	3,2071355
21	1,8602946	2,2787681	2,5202412	2,7859626	3,0782341	3,3995636
22	1,9161034	2,3699188	2,6336520	2,9252607	3,2475370	3,6035374
23	1,9735865	2,4647155	2,7521663	3,0715238	3,4261516	3,8197497
24	2,0327941	2,5633042	2,8760138	3,2250999	3,6145899	4,0489346
25	2,0937779	2,6658363	3,0054345	3,3863549	3,8133923	4,2918707
26	2,1565913	2,7724698	3,1406790	3,5556727	4,0231289	4,5493830
27	2,2212890	2,8833686	3,2820096	3,7334563	4,2444010	4,8223459
28	2,2879277	2,9987033	3,4297000	3,9201291	4,4778431	5,1116867
29	2,3565655	3,1186515	3,5840365	4,1161356	4,7241244	5,4183879
30	2,4272625	3,2433975	3,7453181	4,3219424	4,9839514	5,7434912
31	2,5000804	3,3731334	3,9138574	4,5330395	5,2580686	6,0881006
32	2,5750828	3,5080588	4,0899810	4,7649415	5,5472624	6,4533867
33	2,6523352	3,6483811	4,2740302	5,0031885	5,8523618	6,8405899
34	2,7319053	3,7943163	4,4663615	5,2533480	6,1742417	7,2510253
35	2,8138625	3,9460890	4,6673478	5,5160154	6,5138250	7,6860868
36	2,8982783	4,1039325	4,8733785	5,7918161	6,8720854	8,1472520
37	2,9852267	4,2680899	5,0968605	6,0814069	7,2500501	8,6360871
38	3,0747835	4,4388135	5,3262192	6,3854773	7,6488028	9,1542523
39	3,1670270	4,6163660	5,5658991	6,7047511	8,0694870	9,7035075
40	3,2620378	4,8010206	5,8163645	7,0399887	8,5133088	10,2857179
41	3,3598989	4,9930615	6,0781009	7,3919882	8,9815408	10,9028610
42	3,4606959	5,1927839	6,3516155	7,7615876	9,4755255	11,5570327
43	3,5645168	5,4004953	6,6374382	8,1496669	9,9966794	12,2504546
44	3,6714523	5,6165151	6,9361229	8,5571503	10,5464968	12,9854819
45	3,7815958	5,8411757	7,2482484	8,9850078	11,1265541	13,7646108
46	3,8950437	6,0748227	7,5744196	8,4342582	11,7385146	14,5904875
47	4,0118950	6,3178156	7,9152685	9,9059711	12,3841329	15,4659167
48	4,1322519	6,5705282	8,2714556	10,4012697	13.0652602	16.3938717
49	4,2562194	6,8333494	8,6436711	10,9213331	13,7838495	17,3775040
50	4,3839060	7,1066834	9,0326363	11,4673998	14,5419612	18,4201543

Si A désigne le capital a réuni à ses intérêts composés et placé pendant n années, on a la formule
$$A = a(1 + r)^n.$$

On peut inversement calculer a, r ou n.

On peut résoudre ces problèmes à l'aide de la table de la page 311, qui donne ce que devient 1 franc, placé à intérêts composés, au bout de n années, ou
$$(1 + r)^n.$$

16. — *Remarque.* Le nombre n qui figure dans les formules précédentes est supposé **entier.**

Supposons que le capital soit placé pendant n années et une fraction d'année suivant la n^e, soit, par exemple, p jours. On admet que la somme trouvée au bout de n années est placée pendant les p jours suivants à **intérêts simples.** Or la somme a, au bout de p années, est devenue :
$$a(1 + r)^n;$$
réunie à ses intérêts pendant p jours, elle devient :
$$(1) \qquad A = a(1 + r)^n \left(1 + \frac{pr}{360}\right).$$

On aurait une formule analogue si la fraction d'année restante était exprimée en mois, soit q mois :
$$(2) \qquad A = a(1 + r)^n \left(1 + \frac{qr}{12}\right).$$

Ces formules permettent de calculer soit A, soit a, connaissant les autres données du problème.

17. — **Problème I.** *Trouver ce que devient une somme de* 2.000 *francs placée à intérêts composés à* 4 % *pendant* 12 *ans.*

Servons-nous de la table de la page 311.
1 fr. devient en 12 ans 1fr,601032.
2.000 fr. deviennent en 12 ans :
$$2.000 \times 1{,}601032 = 3.202^{fr},06.$$

18. — **Problème II.** *Quelle somme faut-il placer à intérêts composés à 4 %, pour avoir au bout de 15 ans une somme de 25.000 francs ?*

Servons-nous de la table, p. 311.

$$a = \frac{25.000}{1,800944} = 12.882 \text{ fr.}$$

19. — **Problème III.** *Au bout de combien de temps un capital de 15.000 francs, placé à intérêts composés au taux de 4,25 %, est-il devenu avec ses intérêts égal à 24.000 francs ?*

Au bout de 11 ans, le capital primitif est devenu (problème analogue au problème I) 23.710 fr.

Il faut chercher pendant combien de jours doit être placé à 4,25 % un capital de 23.710 fr. pour rapporter

24.000 — 23.710 = 290 fr. d'intérêts.

On trouve : 103 jours.

Donc il faut placer le capital pendant 11 ans 103 jours.

§ IV. — ANNUITÉS

20. — **Définition.** *On appelle* annuités *des sommes égales que l'on paye chaque année et qui restent placées à intérêts composés, soit pour constituer un capital, soit pour rembourser une dette. Dans le premier cas, chaque annuité est versée au début de chaque année ; dans le second, elle est versée à la fin de chaque année.*

Nous ne nous occuperons que de la constitution d'un capital.

Somme produite au bout de *n* années, par le placement à intérêt composé de 1 fr. au commencement de chaque année.

ANNÉES	3,50 %	4 %	4,50 %	5 %	5,50 %	6 %
1	1,035 000	1,040 000	1,045 000	1,050 000	1,055 000	1,060 000
2	2,106 225	2,121 600	2,137 025	2,152 500	2,168 025	2,183 600
3	3,214 943	3,246 464	3,278 191	3,310 125	3,342 266	3,374 616
4	4,362 466	4,416 323	4,470 710	4,525 631	4,381 091	4,637 093
5	5,550 152	5,632 975	5,716 892	5,801 913	5,888 051	5,975 319
6	6,779 408	6,898 294	7,019 152	7,142 008	7,266 894	7,393 838
7	8,051 687	8,214 226	8,380 014	8,549 109	8,721 573	8,897 468
8	9,368 496	9,582 795	7,802 114	10,026 564	10,256 260	10,491 316
9	10,731 393	11,006 107	11,288 209	11,577 893	11,875 354	12,180 795
10	12,141 992	12,486 351	12,841 179	13,206 787	13,583 498	13,971 643
11	13,601 962	14,025 805	14,464 032	14.917 127	15,385 591	15,869 941
12	15,113 030	15,626 838	16,159 913	16,712 983	17,286 798	17,882 138
13	16,676 986	17,291 911	17,932 109	18,598 632	19,292 572	20,015 066
14	18,295 681	19,023 588	19,784 054	20,578 564	21,408 663	22,275 970
15	19,971 030	20,824 531	21,729 337	22,657 492	23,641 140	24,672 528
16	21,705 016	22,697 512	23,741 707	24,840 366	25,996 403	27,212 880
17	23,499 691	24,645 413	25,855 684	27,232 385	28,481 205	29,905 653
18	25,357 180	26,671 229	28,063 562	29,539 004	31,102 671	32,759 992
19	27,279 682	28,778 079	30,371 423	32,065 954	33,868 318	35,785 591
20	29,269 471	30,969 202	32,783 137	34,719 252	36,786 076	38,992 727
21	31,328 902	33,247 970	35,303 378	37,505 214	39,864 310	42,392 290
22	33,460 414	35,617 889	37,937 030	40,430 475	43,111 847	45,995 828
23	35,666 528	38,082 604	40,689 196	43,501 999	46,537 998	49,815 577
24	37,949 857	40,645 908	43,465 210	46,727 099	50,152 588	53,864 512
25	40,313 102	43,311 745	46,570 645	50,113 454	53,965 981	58,156 383
26	42,759 060	46,084 214	49,711 324	53,669 126	57,989 109	62,705 766
27	45,290 627	48,967 583	52,993 333	57,402 583	62,233 510	67,528 112
28	47,910 799	51,966 286	56,423 033	61,322 712	66,711 354	72,639 798
29	50,622 677	55,084 938	60,007 070	65,438 847	71,435 478	78,058 186
30	54,429 471	58,328 335	63,752 388	69,760 790	76,419 429	83,801 677
31	56,334 502	61,701 469	67,666 245	74,298 829	81,677 498	89,889 778
32	59,341 210	65,209 527	71,756 226	79,063 771	87,224 760	96,343 165
33	62,453 152	68,857 909	76,030 256	84,066 959	93.077 122	103,183 755
34	65,674 013	72,652 225	80,496 618	89,320 307	99,251 364	110,434 780
35	69,007 603	76,598 314	85,163 964	94,836 323	105,765 189	118,120 867
36	72,457 869	80,702 246	90,041 344	100,628 139	112,637 274	126,268 419
37	76,028 895	84,970 336	95,138 205	106,709 546	119,887 324	134,904 206
38	79,724 906	89,409 150	100,464 424	113,095 023	127,536 127	144,058 458
39	83,550 278	94,025 516	106,030 324	119,799 774	135,605 614	153,761 966
40	87,509 537	98,826 536	111,846 688	126,839 763	144,118 923	164,047 684
41	91,607 371	103,819 598	117,924 789	134,231 751	153,100 464	174,950 545
42	95,848 629	109,012 382	124,276 404	141,993 339	162,575 989	186,507 577
43	100,238 331	114,412 377	130,913 842	150,143 006	172,572 669	198,758 032
44	104,781 673	120,029 392	137,849 965	158,700 156	183,119 165	211,743 514
45	109,484 031	125,870 568	145,098 214	167,685 164	194,245 719	225,508 125
46	114,350 973	131,945 390	152,672 633	177,119 422	205,984 234	240,098 612
47	119,388 257	138,263 206	160,587 902	187,025 393	218,368 367	255,564 529
48	124,601 846	144,833 734	168.859 357	197,426 663	231,433 627	271,958 401
49	129,997 910	151,667 084	177,503 028	208,347 996	245,217 476	289,335 905
50	135,582 837	158,773 767	186,535 662	219,815 395	259,759 440	307,756 059

Constitution d'un capital.

21. — Soit a l'annuité versée, et soit r le taux divisé par 100.

Au bout de 2 ans, la somme placée sera :

$$a(1+r)^2,$$

provenant de la première annuité, et

$$a(1+r),$$

provenant de la deuxième, c'est-à-dire :

$$a(1+r)+a(1+r)^2.$$

De même, au bout de n années, la somme placée sera :

$$A=a(1+r)+a(1+r)^2+\ldots=a(1+r)^n,$$

et l'on aura fait en tout n versements.

En appliquant la formule qui donne la somme d'une progression géométrique, on trouve :

$$(1) \qquad A=\frac{a(1+r)\left[(1+r)^n-1\right]}{r}.$$

Cette formule permet de calculer l'un des nombres A, a, r, n, connaissant les trois autres, à l'aide de la table page 314.

La table de la page 314 donne pour chaque valeur de r et de n la valeur du deuxième membre de l'équation précédente.

CHAPITRE II

ARITHMÉTIQUE COMMERCIALE

§ I. — CALCUL ABRÉGÉ DES INTÉRÊTS

1° Méthode des diviseurs.

22. — La formule qui donne l'intérêt d'un capital a placé au taux r pendant p jours est :

$$I = \frac{arp}{36.000}.$$

On peut l'écrire :

$$I = \frac{\frac{ap}{100}}{\frac{360}{r}}.$$

On appelle **diviseur** le quotient de 360 par le taux.

Les diviseurs des taux simples sont donnés par le tableau suivant, qu'il est bon de savoir par cœur.

Taux	0,5	1	1,5	2	2,50	3
Diviseurs. . .	720	360	240	180	144	120

Taux	3,60	4	4,5	5	6
Diviseurs. . .	100	90	80	72	60

On appelle **nombre** le produit du centième du capital a par le nombre de jours p :

$$\frac{ap}{100}.$$

Lorsqu'on opère de cette manière, on néglige dans la pratique les centimes du capital a et dans le produit $\frac{ap}{100}$, ou **nombre**, la partie décimale.

23. — **Règle.** *Pour calculer l'intérêt, on divise le nombre par le diviseur.*

Exemple. Calculer l'intérêt de 4.500 francs à 3 % pendant 72 jours.

Le *nombre* est : $\frac{45 \times 72}{120}$.
Le *diviseur* est :
Donc l'intérêt est :

$$\frac{45 \times 72}{12} = 27 \text{ francs.}$$

2° Méthode des parties aliquotes.

24. — *Une* **partie aliquote** *d'un nombre est un autre nombre contenu un nombre entier exact de fois dans le premier.*

Le quotient complet du premier nombre par le second est donc un nombre entier.

On se propose d'abord de chercher au bout de combien de temps l'intérêt est égal au centième du capital.

Si le capital est 100 francs, il faut que l'intérêt soit 1 franc ; le temps est donné par :

$$t = \frac{100\,\mathrm{I}}{ra} \quad \text{avec} \quad \mathrm{I} = 1, \quad a = 100,$$

$$t = \frac{1}{r} \text{ année.}$$

Si on calcule en jours, on obtient :

$$\frac{360}{r} \text{ jours.}$$

Le nombre ainsi trouvé se nomme la base.

Le tableau suivant donne ce nombre de jours pour les divers taux usuels :

Taux :	1,5	2	2,50	3	3,60	4	4,50	5	6
Bases :	240	180	144	120	100	90	80	72	60.

Ces nombres sont les égaux aux *diviseurs*.

25. — **Règle.** *Pour calculer l'intérêt par la méthode des parties aliquotes, on cherche combien le nombre de jours contient de fois la base ou différentes parties aliquotes de la base ; on calcule l'intérêt pour chacune des parties et on fait la somme de ces intérêts.*

Exemples. Soit à calculer l'intérêt de 2.880 francs à 5 °/₀ pendant 42 jours.

Pour	72 jours,	l'intérêt est :	28fr,80
»	36 »	»	14fr,40
»	6 »	»	2fr,4
»	42 jours	»	16fr,80

26. — **Taux 6 °/₀.** La base du calcul de l'intérêt à 6 °/₀ est 60. Or ce nombre 60 a beaucoup de parties aliquotes. Aussi la plupart du temps calcule-t-on l'intérêt à 6 °/₀, pour en déduire, comme on va le voir, l'intérêt à un taux quelconque.

27. — **Calcul de l'intérêt à 6 °/₀.** *Comme on l'a vu plus haut, on a donc immédiatement l'intérêt d'un capital à* **6 °/₀** *pendant* **60 jours** ; *il suffit pour cela de* **diviser ce capital par 100.**

Ayant l'intérêt du capital pendant 60 jours, on a l'intérêt :

Pendant	30 jours (ou un mois),	en divisant	l'intérêt précédent	par 2;
»	20 »	»	»	3;
»	15 »	»	»	4;
»	10 »	»	»	6;
»	6 »	»	»	10;
»	3 »	»	»	20;
»	2 »	»	»	30;
»	1 »	»	»	60.

Il est donc facile d'avoir l'intérêt pendant un nombre quelconque de jours.

On divise ce nombre autant qu'on le peut en 60 jours, puis 30 ou 20 jours, puis 15 ou 10, puis 6, puis 3 jours, puis 2 jours ou 1 jour.

Exemple I. *Calculer l'intérêt de 7.600 francs à 6 % pendant 78 jours.*

Solution. $78 = 60 + 15 + 3$.

Intérêt de 7.600 fr. à 6 % pendant 60 jours : 76fr

» » 15 jours : $\frac{76}{4} = 19^{fr}$

» » 3 jours : $\frac{19}{5} = 3^{fr},80$

Total : 98fr,80

Réponse : 98fr,80.

Exemple II. *Calculer l'intérêt de 4.500 francs à 6 % pendant 137 jours.*

Solution. $137 = 60 + 60 + 15 + 2$.

Intérêt de 4.500 fr. pendant 60 + 60 jours : $45 + 45 = 90^{fr}$

» » 15 jours : $\frac{45}{4} = 11^{fr},25$

» » 2 jours : $\frac{45}{30} = 1^{fr},50$

Total : 102fr,75

Réponse : 102fr,75.

28. — Taux de 2 %, 3 %, 4 %, 4,5 %, 5 %.

On passe facilement du taux de 6 % aux taux suivants : 2 %, 3 %, 4 %, 4,5 %, 5 %.

On obtient l'intérêt au taux	2 % en prenant	le $\frac{1}{3}$	de l'intérêt à 6 % ;
	3 % »	la $\frac{1}{2}$	»
	4 % en retranchant	le $\frac{1}{3}$	de l'intérêt à 6 %[1] ;
	4,5 % »	le $\frac{1}{4}$	»
	5 % »	le $\frac{1}{6}$	»

Exemple. *Intérêt de 4.500 francs à 4 % pendant 137 jours.*

Solution. Le calcul au taux 6 % a été fait plus haut et donne : 102fr,75

dont le $\frac{1}{3}$ est : 34fr,25

En retranchant, on obtient : 68fr,50

Réponse : 68fr,50.

§ II. — ESCOMPTE

1° Escompte commercial.

29. — Dans le commerce, un payement se fait au moyen d'**effets de commerce** payables de un à six mois généralement.

Il y a deux sortes d'effets de commerce :

---

1 On aurait à prendre les $\frac{2}{3}$ de l'intérêt calculé à 6 %. Mais pour prendre les $\frac{2}{3}$ d'un nombre, il est plus simple d'en retrancher le $\frac{1}{3}$.

De même pour les taux 4,5 % on aurait à prendre les $\frac{3}{4}$, et 5 % on aurait à prendre les $\frac{5}{6}$.

Le billet à ordre est souscrit par l'acheteur qui s'engage à payer au vendeur, ou à celui qui se présente au nom du vendeur (à son ordre), la somme indiquée sur le billet à ordre, à une date indiquée aussi, qui est la date de l'échéance.

EXEMPLE DE BILLET A ORDRE

Paris, le 20 janvier 1913.	B. P. F. 850

Le 20 avril prochain, je payerai à M. (*créancier*) ou à son ordre, la somme de huit cent cinquante francs, valeur reçue en marchandises.

Signature et adresse :

(*Nom du débiteur.*)

La traite ou lettre de change est écrite par le **vendeur,** qui prie l'acheteur de payer à son ordre une somme déterminée, due à une date indiquée sur la traite, et qui est la **date de l'échéance.**

EXEMPLE DE TRAITE OU LETTRE DE CHANGE

Paris, le 20 janvier 1913.	B. P. F. 850

Au 20 avril prochain, veuillez payer par le présent mandat à mon ordre la somme de huit cent cinquante francs, valeur reçue en marchandises.

A. M. (*Nom du débiteur.*) Signature et adresse :

(*Nom du créancier.*)

Tous les effets de commerce doivent être *datés et signés.* La somme inscrite sur l'effet doit être *écrite en toutes lettres.* Elle est répétée dans le haut en chiffres à côté des lettres B. P. F. (bon pour francs). L'effet doit énoncer la manière dont la valeur a été fournie : en marchandises, en espèces (argent), etc.

30. — Ces deux sortes d'effets représentent donc une somme due à une époque connue. Celui à qui la somme est due peut céder cet effet à une autre personne en payement de sommes qu'il doit à cette troisième personne. A son tour, cette dernière peut la céder à d'autres, et ainsi de suite. A la date de l'échéance, la somme portée sur le billet est due à la personne qui l'a en sa possession. Le billet porte au dos le nom des personnes entre les mains desquelles il a successivement passé. Chacune de celles-ci, avant de le passer à une autre, écrit sur le dos cette formule : *Payez à l'ordre de M...* (nom de celui qui reçoit ou *endosse* le billet), date et signe.

Lorsqu'une personne qui a un effet de commerce en sa possession veut toucher l'argent avant l'échéance, elle le *négocie* à un *banquier*, qui lui paye la somme portée sur l'effet ou valeur *nominale*, moins une retenue appelée **escompte**.

On n'emploie dans le commerce que l'*escompte commercial* ou *escompte en dehors*.

31. — **Escompte commercial.** **L'escompte commercial** *est l'intérêt que rapporterait la somme inscrite sur l'effet placée depuis le moment où cet effet est escompté jusqu'à la date de l'échéance.*

Valeur actuelle. **La valeur actuelle** de l'effet est la différence entre la valeur nominale et l'escompte. C'est donc la somme touchée par la personne qui négocie le billet pour le transformer en argent.

Les calculs d'escompte sont donc des calculs d'intérêt simple et se traitent exactement de la même manière.

32. — En dehors des deux effets de commerce indiqués plus haut, il existe encore l'*effet à vue*, qui

se paye à sa présentation. Il n'est donc pas susceptible d'escompte, puisqu'il est immédiatement remboursable.

33. — Tous les effets de commerce sont soumis au droit de timbre, qui est de $0^{fr},05$ par 100 francs et fraction de 100 francs jusqu'à 1.000 francs ; à partir de 1.000 francs, le timbre n'est appliqué que de 1.000 francs en 1.000 francs.

34. — **Commission, change de place.** En dehors de l'escompte, le banquier prélève une commission, qui est généralement de $\frac{1}{8}$ % de la valeur nominale du billet, et une somme appelée *change de place*, qui représente les frais de recouvrement du billet, payable en général dans une autre ville que celle où il a été escompté. Le change de place est variable suivant la ville où le billet a été escompté et celui où il est payable.

La valeur au comptant d'un billet est sa valeur nominale diminuée de l'escompte, de la commission et du change de place. Les trois dernières sommes ensemble se nomment *agio*.

Un effet à vue est soumis à la commission et au change de place.

Remarque. Dans les problèmes, on ne s'occupe de la commission et du change de place que si l'énoncé le demande explicitement.

35. — **Problème.** *Un négociant a remis le* 10 *mars* 1912 *à son banquier les effets suivants :* 2.800 *francs, Le Havre,* 25 *mai;* 650 *francs, Rouen,* 1er *juin ;* 1.260 *francs, Lille,* 5 *juin ;* 780 *francs, Nancy,* 15 *mai. L'escompte étant de* 4 %, *la commis-*

sion $\frac{1}{8}$ *°/₀ et le change de place* $\frac{1}{4}$ *°/₀, faire le bordereau.*

La méthode la plus pratique est celle des *diviseurs* et des *nombres.*

BORDEREAU

Valeurs.	Échéances.	Jours.	Nombres.	
2.800fr	25 mai	76	2.128	
650	1er juin	83	539	$\frac{4.277}{90} = 47^{fr},52$
1.260	5 juin	87	1.096	
780	15 mai	66	514	
5.490fr			4.277	
	Escompte 4 °/₀			47fr,52
	Commission $\frac{1}{8}$ °/₀			6 ,86
	Change de place $\frac{1}{4}$ °/₀			13 ,72
68fr,10				68fr,10
5.421fr,90	Valeur au 10 mars 1912.			

2° Escompte rationnel ou en dedans.

36. — L'escompte commercial conduit à des calculs simples dans la pratique. Mais le banquier retient une somme trop forte; en d'autres termes, la valeur actuelle calculée ainsi est trop faible.

En effet, cette valeur actuelle devrait logiquement être telle que, réunie à ses intérêts depuis le jour de la négociation jusqu'au jour de l'échéance, elle devienne égale à la valeur nominale.

Le banquier devrait donc calculer l'escompte non pas sur la *valeur nominale,* mais sur la *somme qu'il verse effectivement.*

La différence entre les deux manières d'opérer est relativement très faible pour la durée ordinaire pour laquelle on calcule l'escompte, durée qui dépasse rarement 6 mois. Elle serait appréciable si cette durée était très grande, et dans certains cas, qui jamais ne se rencontrent dans la pratique, la règle de l'escompte en dehors conduirait à des résultats absurdes. Une personne, par exemple, à qui serait due une somme dans 20 ans et qui voudrait la toucher immédiatement, se verrait retenir un escompte à 6 % plus grand que la somme à toucher.

37. — **Problème.** *On se propose de déterminer la somme qui, réunie à ses intérêts jusqu'au jour de l'échéance, est égale à la valeur nominale; nous l'appellerons encore valeur actuelle. L'escompte rationnel est la différence entre la valeur nominale et cette nouvelle valeur actuelle, ou encore l'intérêt de cette valeur actuelle jusqu'au jour de l'échéance.*

Soient a la valeur nominale en francs,
r le taux de l'escompte,
t le temps en années,
x la valeur actuelle cherchée.

On aura :
$$x\left(1+\frac{rt}{100}\right)=a.$$

La valeur actuelle est donc :
$$x=\frac{100a}{100+rt}.$$

L'escompte rationnel est :
$$E=a-x=a-\frac{100a}{100+rt}=\frac{art}{100+rt}.$$

Le plus souvent le temps t est donné en jours : soit p jours. On remplacera t par $\frac{p}{360}$. Et l'on trouve :
$$E=\frac{arp}{36.000+rp}=\frac{ap}{d+p},$$

en désignant par d le quotient de 36.000 par r; ce nombre d, connu pour les taux usuels (Voir n° 22), est égal à 100 *fois le diviseur.*

38. — **Différence entre l'escompte commercial et l'escompte rationnel.** L'escompte com-

mercial e est l'intérêt du capital a pendant p jours ou

$$e = \frac{ap}{d}.$$

La différence est :

$$\frac{ap}{d} - \frac{ap}{d+p} = \frac{ap^2}{d(d+p)}.$$

On peut l'écrire :

$$\frac{ap}{d+p} \times \frac{p}{d}.$$

Si on considère $\frac{ap}{d+p}$ comme un capital, son intérêt pendant p jours est :

$$\frac{ap}{d+p} \times \frac{p}{d}.$$

Or $\frac{ap}{d+p}$ est l'escompte rationnel. Par conséquent :

La différence entre l'escompte rationnel et l'escompte commercial est égal à l'intérêt, depuis la négociation jusqu'à l'échéance, de l'escompte rationnel.

L'escompte, pour 6 mois au moins, ne représente qu'une faible valeur du billet ; son intérêt est une fraction faible de cet escompte et, par conséquent, la différence entre les deux escomptes est relativement faible.

39. — Exemple. *Calculer l'escompte rationnel d'un billet de* 2.421 *francs, payable dans* 63 *jours, au taux* 5 %.

On peut résoudre ce problème par une règle de trois, comme le problème d'intérêts.

Appliquons la formule :

$$E = \frac{ap}{d+p}.$$

$$a = 2.421, \quad p = 63, \quad d = 7.200\,;$$

$$E = \frac{2.421 \times 63}{7.263} = 21 \text{ francs}.$$

Trouver la différence entre l'escompte commercial et l'escompte rationnel dans les conditions ci-dessus.

L'escompte commercial est :

$$\frac{2.421 \times 63}{7.200} = 21^{fr},183.$$

La différence est : $0^{fr},183$.

On peut la calculer directement; c'est l'intérêt de 21 francs à 5 % pendant 63 jours, c'est-à-dire :

$$\frac{21 \times 63}{1.200} = 0^{fr},183.$$

3° Échéance commune.

40. — *On se propose de calculer la valeur, à une date donnée, de plusieurs effets dont on connaît les diverses échéances.*

On suppose que le taux est le même pour tous les billets. C'est ainsi que l'on peut remplacer plusieurs effets par un seul dont le créancier et le débiteur fixent la date d'accord; c'est la valeur nominale de cet effet unique qu'il s'agit de déterminer. Tous ces effets sont supposés escomptés d'après l'escompte commercial et au même taux.

Les dates d'échéances étant en général peu éloignées, on calcule les intérêts simples par une des méthodes abrégées indiquées plus haut, le plus souvent par la méthode des diviseurs et des nombres.

41. — **Problème.** *Remplacer par un effet unique payable le 1er août les effets suivants : 1.250 francs, payables le 10 mars ; 800 francs, payables le 25 mai ; 680 francs, payables le 15 juin ; 1.500 francs, payables le 31 août ; 1.850 francs, payables le 2 septembre. Taux 4,5 %.*

Certains effets sont payables avant la date de l'échéance, d'autres sont payables après. On doit ajouter à la somme de leurs valeurs les intérêts des premiers et en retrancher les intérêts des seconds entre leurs échéances relatives et l'échéance commune.

On dispose l'opération comme ci-dessous :

VALEURS NOMINALES	JOURS	NOMBRES A AJOUTER	NOMBRES A SOUSTRAIRE
1.250	144	+ 1.800	
800	68	+ 544	
680	47	+ 319	
1.500	30		— 450
1.850	55		— 1.017
14,95		2.663	1.467
6.094,95 Somme à payer le 1er août.		Balance des nombres	1.196
			2.663

Intérêts à ajouter $\frac{1.196}{80} = 14^{fr},95.$

4° Échéance moyenne.

42. — *On se propose de remplacer plusieurs effets ou billets payables à des dates différentes et escomptés au même taux par un effet ou billet unique. On convient que la valeur nominale de ce billet unique est égale à la somme des valeurs nominales de tous ceux qu'il remplace.*

C'est la *date de l'échéance* de ce billet unique qu'il s'agit de déterminer, en calculant l'escompte au même taux que pour les autres billets.

L'escompte employé est toujours l'*escompte commercial.*

43. — **Solution générale.** Soient a, a', a'' les valeurs nominales des effets; p, p', p'' les jours comptés jusqu'à leurs dates d'échéance.

Les valeurs actuelles de ces billets sont :

$$a\left(1-\frac{p}{d}\right),\quad a'\left(1-\frac{p'}{d}\right),\quad a''\left(1-\frac{p''}{d}\right),$$

d étant le diviseur au taux commun.

Le billet unique a une valeur nominale :

$$a+a'+a''.$$

Soit x le nombre de jours jusqu'à son échéance. Sa valeur actuelle est :

$$(a+a'+a'')\left(1-\frac{x}{d}\right).$$

On doit avoir :

$$(a+a'+a'')\left(1-\frac{x}{d}\right)$$

$$=a\left(1-\frac{p}{d}\right)+a'\left(1-\frac{p'}{d}\right)+a''\left(1-\frac{p''}{d}\right);$$

ou encore

$$\frac{(a+a'+a'')x}{d}=\frac{ap+a'p'+a''p''}{d};$$

d'où $$x=\frac{ap+a'p'+a''p''}{a+a'+a''}.$$

Règle. *Pour calculer le nombre de jours qui sépare la date actuelle de l'échéance moyenne, on divise le produit des* nombres *correspondant aux différents effets, multipliés par* 100, *par la somme de leurs valeurs.*

44. — *Remarques.* I. Si l'on augmente ou si l'on diminue à la fois a, a', a'', x d'un même nombre, l'égalité précédente continue à être vérifiée. Par conséquent, on peut compter les jours à partir d'une origine quelconque, par exemple à partir du jour de l'échéance la plus rapprochée.

II. Si l'on multiplie a, a', a'' par un même nombre, $a+a'+a''$ est aussi multiplié par ce nombre, et la valeur de x n'est pas changée. Donc on peut remplacer les valeurs des différents billets par des valeurs respectivement proportionnelles dans le calcul de l'échéance moyenne. De plus, le résultat est indépendant du taux commun.

III. Quand le nombre de jours calculé plus haut n'est pas entier, on le calcule avec 1 décimale, et on prend le nombre entier approché par défaut quand cette décimale ne dépasse par 5, par excès dans le cas contraire.

45. — **Problème.** *Déterminer l'échéance moyenne des effets suivants* : 1.800 *francs, payables le* 15 *avril* ; 2.750 *francs* ; *le* 25 *avril* ; 850 *francs, le* 19 *juin* ; 1.280 *francs, le* 1er *juillet* ; 1.300 *francs, le* 10 *août*.

Prenons comme origine le 15 avril ; on a :

VALEURS NOMINALES	JOURS D'INTÉRÊT	NOMBRES MULTIPLIÉS PAR 100
1.800	0	0
2.750	10	27.500
850	65	55.250
1.280	77	98.780
1.300	117	152.100
7.980		333.630

Echéance $\frac{333.630}{7.980} = 41{,}8.$

On prendra donc 42 jours.
L'échéance sera donc le 27 mai.

§ III. — COMPTES COURANTS

46. — Un négociant ou un rentier ne garde généralement pas chez lui de grosses sommes, qui ne produiraient pas d'intérêts et pourraient ne pas être en sécurité. Il dépose ces sommes dans une banque ou un établissement de crédit, qui lui ouvre un *compte courant de dépôt* et lui délivre un *carnet de*

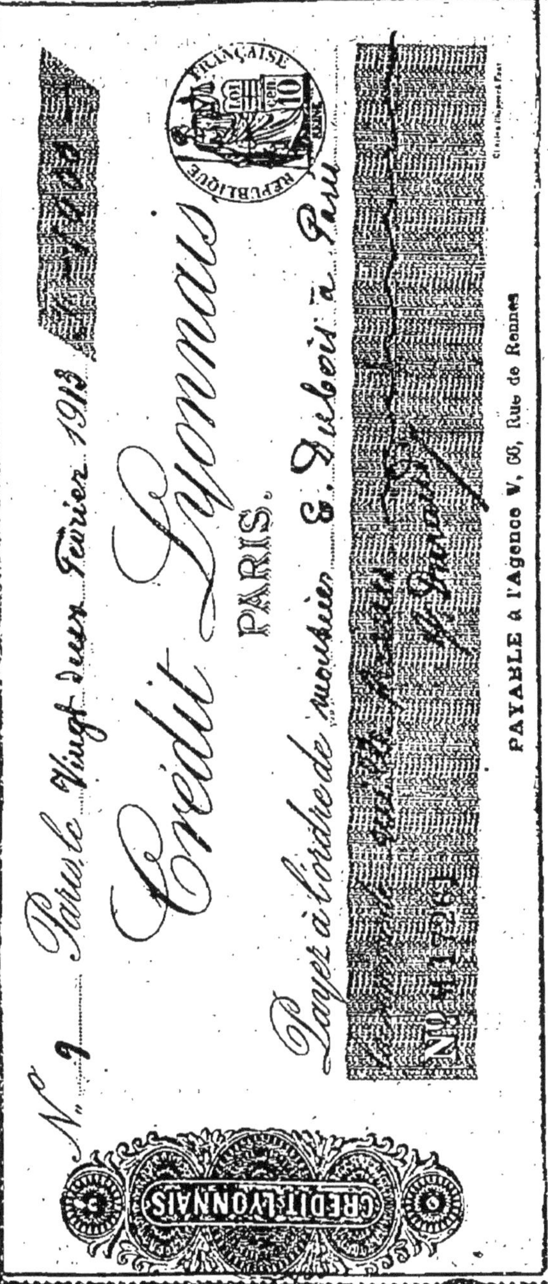

N° 9 Paris le Vingt deux Février 1913

Crédit Lyonnais

PARIS

Payez à l'ordre de monsieur E. Dubois à Paris

N° 41723

PAYABLE à l'Agence V, 66, Rue de Rennes

Modèle de chèque (Rocto).

Paris 23 Février 1913
Payez à l'ordre de
Mr J. Germant
E. Dubois

Paris le 24 février 1913.
Payez à l'ordre de M. Dupré.
J. Germant

Paris le 25 février 1913
pour acquit
Paul Dupré
avenue Malakoff 115
Paris

Modèle de chèque (Verso).

chèques. Le négociant ou le rentier verse ou fait verser à la banque les sommes qu'il ne veut pas garder chez lui. De même, s'il veut toucher une somme ou payer une dette, il fait un chèque en son nom ou à celui du créancier, qui peut toucher à la banque la somme due.

47. — **Chèque.** Le chèque (voir pages 331 et 332) est donc un effet tiré par le dépositaire d'un compte courant dans une banque ; il sert à retirer une somme.

Le chèque doit contenir :

1° Le nom de la personne qui doit toucher le chèque ;

2° La somme écrite dans le haut en chiffres et dans le chèque en toutes lettres ;

3° La date du jour où le chèque est tiré, qui doit être écrite en toutes lettres par celui qui le tire.

Le chèque peut être au *porteur* ou *à ordre* ; dans ce dernier cas, il peut se transmettre par voie d'endossement comme les autres effets de commerce (n° 30, p. 322).

De plus, le chèque est toujours à vue.

Il doit être touché dans les 5 jours, s'il est tiré sur la même ville, ou dans les 8 jours, s'il est tiré d'une ville à une autre.

48. — **Compte courant.** *Le compte courant est le tableau des opérations faites entre la banque et le dépositaire.*

Il est divisé en deux parties :

1° *Le* **Doit**, *où sont inscrites toutes les sommes versées au dépositaire ;*

2° *L'***Avoir**, *où sont inscrites toutes les sommes versées par le dépositaire ou en son nom.*

Toutes les sommes du Doit et de l'Avoir portent des intérêts qui s'ajoutent à la partie correspondante.

A certaines époques, on fait un *règlement de comptes.*

Pour cela, on additionne toutes les sommes portées à l'Avoir, d'une part, toutes les sommes portées au Doit, d'autre part, puis on fait la différence des deux totaux obtenus.

Cette différence s'appelle la *balance.*

Elle indique qui des deux, dépositaire ou banquier, doit à l'autre, et ce qui est dû.

Après chaque règlement de compte, si la banque et le dépositaire veulent continuer leurs opérations ensemble, le banquier ouvre un nouveau compte; en tête de ce compte est inscrite la date de son ouverture ou *époque,* et la balance précédente, appelée *solde créditeur* ou *solde débiteur,* suivant que le banquier doit au dépositaire ou le dépositaire au banquier.

Si la banque et le dépositaire cessent leurs opérations, chacun doit payer à l'autre la somme due au règlement de compte.

Pour calculer le règlement de compte, on emploie deux méthodes :

1° La *méthode directe,* abandonnée presque complètement;

2° La *méthode rétrograde.*

1° Méthode directe.

49. — Dans cette méthode, le compte se fait le jour du règlement par le calcul direct des intérêts du Doit et de l'Avoir.

En dehors des sommes versées à la banque ou

retirées de la banque, se trouvent inscrits au Doit des frais divers qui ne portent pas intérêts.

Le calcul des intérêts se fait par la méthode des diviseurs et des nombres. Au lieu de calculer séparément ceux de l'Avoir et ceux du Doit, on fait la balance ou différence des nombres et l'on calcule l'intérêt correspondant à cette balance, que l'on inscrit du côté opposé à celui qui porte la balance des nombres. On fait ensuite le total des sommes portées à l'Avoir et de celles portées au Doit, et l'on ajoute à la colonne qui contient la plus petite somme la différence avec l'autre, ou balance des sommes.

Cette balance est le **solde de compte.**

50. — Exemple. *Au 6 mars 1912, M. Laurent s'est fait ouvrir un compte de dépôt à la banque Dupont. Il a fait les opérations suivantes :*

6 *Mars*	Premier versement.	7.800fr
23 *Mars*	Deuxième versement.	475fr
12 *Avril*	Retiré par chèque n° 3.817. . . .	2.647fr,50
25 *Avril*	Versement de M. Durand.	749fr,75
17 *Mai*	Retiré par chèque n° 3.818. . . .	943fr,50
18 *Juin*	Retiré par chèque n° 3.819. . . .	1.050fr
7 *Juillet*	Quatrième versement.	2.075fr
10 *Août*	Retiré par chèque n° 3.820. . . .	3.846fr,50
1er *Septembre*	Versement.	479fr

Il faut noter, en outre, 2fr,50 pour le prix d'un carnet de chèques et 0fr,10 pour avis du versement Durand.

Établir le compte de M. Laurent au 30 juin, l'intérêt étant de 1 % (Voir page 336).

Compte de Monsieur LAURENT, à Paris

arrêté le 30 septembre 1912.

DOIT *AVOIR*

DATES		SOMMES		LIBELLÉ	JOURS	NOMBRES	DATES		SOMMES		LIBELLÉ	JOURS	NOMBRES
Mars	6	2	50	Chéquier	»	»	Mars	6	7.800		Son versement	208	16.224
Avril	12	2.647	50	Chèque 3.817	171	4.527	Mars	23	475		—	191	907
Avril	25		10	Affranchissement	»	»	Avril	25	749	75	Versement Durand	158	1.164
Mai	17	943	50	Chèque 3.818	136	1.282	Juill.	7	2.075		Son versement	85	1.763
Juin	18	1.050		— 3.819	104	1.092	Sept.	1	479		—	29	138
Août	10	3.846	50	— 3.820	51	1.961			31	48			
				Balance des nombres		11.334							
		3.120	13	Solde créditeur									
		11.610	23			20.196			11.610	23			20.196
							Sept.	30	3 120	15	Solde à nouveau		

2° Méthode rétrograde.

51. — Reprenons l'exemple précédent. Soit, par exemple, le versement Durand effectué le 25 avril : on a calculé directement plus haut l'intérêt de ce versement depuis le 25 avril jusqu'au 30 septembre, jour de la clôture. On peut opérer de la manière suivante : 1° Calculer l'intérêt de ce versement depuis l'ouverture du compte jusqu'à la clôture ; 2° calculer l'intérêt de ce versement depuis l'ouverture du compte jusqu'au jour du versement ; 3° retrancher le second intérêt du premier.

De même, soit le retrait effectué par le chèque 3.817. On calculera : 1° l'intérêt de cette somme depuis l'ouverture jusqu'à la clôture ; 2° l'intérêt de ce versement depuis l'ouverture du compte jusqu'au jour du retrait ; 3° on retranchera le deuxième intérêt du premier.

52. — On est donc amené à opérer de la manière suivante :

1° *Calculer l'intérêt des sommes portées à l'***Avoir** *depuis l'ouverture jusqu'à la clôture.* **Porter cet intérêt à l'Avoir.**

2° *Calculer l'intérêt depuis l'ouverture jusqu'à l'échéance des sommes portées à l'Avoir.* **Porter cet intérêt au Doit.**

3° *Calculer l'intérêt des sommes portées au Doit depuis l'ouverture jusqu'à la clôture.* **Porter cet intérêt au Doit.**

4° *Calculer l'intérêt depuis l'ouverture jusqu'à l'échéance des sommes portées au Doit.* **Porter cet intérêt à l'Avoir.**

Dans le calcul du règlement de compte, il faut retrancher les intérêts énumérés au 1° des intérêts énumérés au 3°. La différence est l'intérêt de la différence ou balance des capitaux depuis l'ouverture jusqu'à la clôture.

Il faut également retrancher les intérêts énumérés au 2° et au 4°. Pour les calculer, on fera la balance des nombres (en comptant les jours depuis l'ouverture jusqu'à l'échéance), et on divisera cette balance par le diviseur, mais en ayant soin de porter au Doit les intérêts fournis par les sommes de l'Avoir, et inversement.

53. — Les opérations sont indiquées dans le tableau suivant (p. 339). Il faut remarquer que les frais portés à la colonne du Doit portent intérêt dans cette manière d'opérer; mais, ces frais étant peu élevés, leurs intérêts sont insignifiants.

Lorsqu'on a à porter à l'Avoir une somme qui n'est pas immédiatement versée, on ne la compte qu'à partir du jour de son échéance. Il en est de même pour les sommes à retirer portées au Doit.

54. — **Comparaison des deux méthodes.** La première méthode, ou méthode directe, oblige à faire tous les calculs le jour de la clôture, sans qu'on puisse les préparer d'avance, si ce jour est inconnu.

Dans la méthode rétrograde, au contraire, les *nombres* sont calculés au Doit ou à l'Avoir, au fur et à mesure des versements ou des retraits. Le jour de la clôture, on n'a plus qu'à faire la balance des capitaux, puis calculer les intérêts sur la balance des nombres.

Compte de Monsieur LAURENT, à Paris

arrêté le 30 septembre 1912.

DOIT | *AVOIR*

DATES		SOMMES		LIBELLÉ	JOURS	NOMBRES	DATES		SOMMES		LIBELLÉ	JOURS	NOMBRES
Mars	6	2	50	Chéquier	»	»	Mars	6	7.800		Son versement	»	Époque
Avril	12	2.647	50	Chèque 3.817	37	979	Mars	23	475		—	17	80
Avril	25		10	Affranchissement	»	»	Avril	25	749	75	Versement Durand	50	374
Mai	17	943	50	Chèque 3.818	72	679	Juill.	7	2.075		Son versement	123	2.552
Juin	18	1.050		— 3.819	104	1.092	Sept.	1	479		—	179	857
Août	10	3.846	50	— 3.820	157	6.038			31	52	Intérêt 1 % sur balance des nombres		11.349
				Balance des capitaux : 3.088,65	208	6.424							
		3.120	17	Solde créditeur									
		11.610	27			15.212							15.212
							Sept.	30	3.120	15	Solde à nouveau		

§ IV. — RENTES SUR L'ÉTAT

55. — Quand un État veut se procurer de l'argent, il fait un emprunt en émettant des titres de rente. Ces titres sont émis à une valeur nominale égale ou supérieure à la valeur d'émission ou somme versée à l'État. L'État verse au possesseur du titre une rente annuelle déterminée à un taux fixé d'avance; cette rente est calculée à ce taux d'après la valeur *nominale* du titre.

L'État se réserve le droit de rembourser le titre à sa valeur nominale; le prêteur ne peut exiger le remboursement de ce titre.

Quand un État fait un emprunt, on dit qu'il fait une **émission** de titres de rente. Le prix de l'émission est la somme versée par le prêteur pour avoir un titre de rente. Ce prix est inférieur ou au plus égal, comme on l'a vu, à la valeur *nominale* du titre.

Si le prêteur veut échanger un titre contre de l'argent, il le vend à une autre personne. La vente se fait à la *Bourse* par l'intermédiaire d'un *agent de change*. Un titre est donc une marchandise qui se vend et s'achète. Le prix d'un titre à un moment donné s'appelle le *cours* du titre à ce moment. Il est variable, suivant les circonstances. Le cours est indiqué, chaque jour où il y a Bourse, par les journaux.

Quand le prix auquel se vend où s'achète un titre est inférieur à sa valeur nominale, on dit que le cours est **au-dessous du pair.**

Quand ce prix est supérieur à la valeur nominale, le cours est **au-dessus du pair.**

Enfin, quand le prix d'achat ou de vente est égal à la valeur nominale du titre, **le cours est au pair.**

Les titres de rentes françaises sont **nominatifs** ou **au porteur**, suivant qu'ils portent ou non le nom de la personne qui les possède. Les titres au porteur se transmettent de la main à la main, le porteur étant réputé propriétaire. Les titres nominatifs ne peuvent changer de propriétaire que par le **transfert** : on appelle ainsi l'opération par laquelle on change le nom du propriétaire sur le titre et sur le Grand Livre de la dette publique.

Les titres au porteur portent des coupons; les arrérages (ou rentes échues) se payent à la présentation des coupons.

Les titres nominatifs ne portent pas de coupons; le payement des arrérages se fait sur la présentation du titre et est constaté par une estampille placée au revers du titre dans des cases préparées à cet effet.

Certains titres nominatifs, appelés **titres mixtes**, portent des coupons.

Il existe actuellement deux espèces de titres de rente française 3 % :

Les titres de rente perpétuelle, que l'État n'est jamais obligé de rembourser;

Les titres de rente amortissable, dont l'État rembourse annuellement un certain nombre au pair.

Les arrérages des rentes françaises se payent par quarts aux dates suivantes :

1er janvier, 1er avril, 1er juillet, 1er octobre pour le 3 % perpétuel, et le 16 des mêmes mois pour le 3 % amortissable.

Les rentes françaises sont exemptes d'impôts et insaisissables.

56. — **Frais de vente et d'achat.** Ces frais sont les suivants :

1° Le **courtage**, perçu par l'agent de change, qui est de 0,1 % (ou 1 ‰) du capital employé à l'achat de la rente. Ce courtage est payé par l'acheteur et par le vendeur ;

2° **L'impôt** de $0^{fr},0125$ pour 1.000 francs du capital et fraction de 1.000 francs en plus (pour la rente française seulement).

3° Un **timbre-quittance** de $0^{fr},10$ par bordereau, auquel on ajoute les frais de correspondance de l'agent de change.

Remarque. La rente ne comporte pas de fractions de franc. Les titres de rentes perpétuelles sont de 2 francs de rente au moins.

Les titres des rentes amortissables sont de 15 francs, 30 francs, 60 francs, 150 francs, 300 francs, 600 francs, 1.500 francs, 3.000 francs de rente.

Calcul des frais de vente ou d'achat.

57. — 1° *Quelle rente 3 % peut-on acheter avec 30.000 francs au cours de $96^{fr},60$? (On tiendra compte des frais.)*

La somme versée est 30.000 francs.
Le courtage serait $0^{fr},1$ % 30^{fr}.
L'impôt » $0^{fr},0125$ % $0^{fr},40$ (en réalité $0^{fr},375$, on arrondit ce chiffre).
Timbre . . . . . . $0^{fr},10$
Total des frais. . . . $30^{fr},50$
Reste disponible : 30.000 − 30,50 = 29.969,50.
Avec $29.969^{fr},50$, on aura :

$$\frac{3 \times 29.969,50}{96,6} = 930^{fr},72 \text{ de rente.}$$

On ne peut avoir que 930 francs de rente.

On paye donc 29.976fr,55 pour 930 francs de rente. Si l'on a versé 30.000 francs, l'agent de change rend 23fr,45.

BORDEREAU D'ACHAT

Coût de 930 fr. de rente	$\frac{930 \times 96,6}{3}$ = 29.946fr.	
Courtage 0,1 %.	29,95	(Nombre arrondi.)
Impôt 0,0125 %₀.	40	
Frais de correspondance et timbre-quittance.	20	
	29.976,55	
Reliquat	23,45	
	30.000,00	

2° *Avec les données précédentes, quel est le taux du placement?*

On a payé 29.976fr,55 pour 930 francs de rente, le taux est :

$$\frac{93.000}{29.976,55} = 3,10.$$

Le taux est 3,10 % à 0,01 près.

§ V. — CAISSES D'ÉPARGNE

58. — *On appelle caisses d'épargne des établissements qui reçoivent les petites économies et leur font produire des intérêts.*

Il y a une caisse d'épargne postale dans chaque bureau de poste. Ces caisses sont administrées par l'État; leur réunion forme la Caisse nationale d'épargne.

Dans beaucoup de villes, les municipalités ont créé et administrent des caisses d'épargne, sous le contrôle de l'État.

Tout versement à une caisse d'épargne est de 1 franc au moins et ne peut se composer que d'un nombre entier de francs. Le montant des versements ne peut dépasser 1.500 francs pour une seule personne[1]. Les versements sont portés sur un livret nominatif donné gratuitement au déposant. Le déposant peut retirer la totalité ou une partie de ses fonds, moyennant certaines formalités.

L'intérêt servi par la Caisse d'épargne postale est de 2,50 $^0/_0$. Les autres caisses versent des intérêts variant de 2,50 à 3 $^0/_0$. L'intérêt court à partir du 1er ou du 16 de chaque mois après le versement, pour la Caisse nationale ou la Caisse postale, et s'arrête à la quinzaine qui précède le remboursement. L'année est divisée en 24 quinzaines[2].

Les intérêts rapportés le 31 décembre de chaque année s'ajoutent au capital déposé, pour produire à leur tour des intérêts.

Il est interdit à une seule personne d'avoir plus d'un livret de caisse d'épargne.

59. — **Problème.** *Une personne verse à la Caisse d'épargne nationale, le* 11 *mai, une somme de* 320 *fr. Quel sera son compte au* 1er *janvier suivant ?*

Solution. Les 320 francs versés produisent intérêt à partir du 16 mai suivant, donc pendant 15 quinzaines. Calculons cet intérêt.

100 fr.	rapportent en 24 quinzaines			2fr,50 ;
100 fr.	»	1	»	$\frac{2,5}{24}$;
1 fr.	»	1	»	$\frac{2,5}{24 \times 100}$;
320 fr.	»	1	»	$\frac{2,5 \times 320}{24 \times 100}$;
320 fr.	»	15	»	$\frac{2,5 \times 320 \times 15}{24 \times 100}$.

En simplifiant, on trouve 5 francs.

Réponse. Compte au 1er janvier suivant : 325 francs.

---

1 Dès qu'il dépasse ce chiffre, la Caisse achète d'office au déposant un titre de 20 francs de rente française 3 $^0/_0$.

2 Pour les Caisses municipales, l'intérêt court de la semaine qui suit le versement à celle qui précède le remboursement. L'année est divisée en cinquante-deux semaines.

60. — **Calcul pratique.** A chaque versement on écrit au livre de la Caisse d'épargne la somme versée et l'on calcule l'intérêt de cette somme jusqu'au 1er janvier suivant, comme il a été dit ; c'est ce qu'on appelle l'**intérêt anticipé.**

A chaque remboursement, on calcule de même l'intérêt jusqu'au 1er janvier suivant, en comptant comme complète la quinzaine du remboursement. Cet intérêt est l'**intérêt rétrograde.**

Pour régler un compte à la fin de l'année, par exemple, on retranche des sommes versées et de leurs intérêts anticipés les sommes remboursées et leurs intérêts rétrogrades. Cette différence est la somme due par la Caisse d'épargne au porteur du livret.

La manière précédente d'opérer n'est autre que la *méthode rétrograde* exposée pour le calcul des comptes courants.

§ VI. — ACTIONS ET OBLIGATIONS.

61. — Pour entreprendre une affaire importante, plusieurs personnes se réunissent et forment une **Société** ou **Compagnie.** La société s'adresse au public pour trouver le capital nécessaire. Ce capital est divisé en parts qu'on nomme **actions.**

L'**actionnaire** est le possesseur d'une ou de plusieurs actions. Il reçoit rarement un intérêt fixé d'avance, mais touche annuellement une part des bénéfices de l'entreprise, proportionnelle au nombre de ses actions. La somme distribuée par action se nomme *dividende.* Si l'entreprise ne fait pas de bénéfices, l'actionnaire ne touche pas de dividende.

Le dividende peut donc être très variable d'une année à l'autre.

Quand la compagnie ou société a besoin de fonds nouveaux, elle émet des *obligations*. Les *obligataires* (possesseurs d'obligations) touchent un intérêt fixe, mais n'ont pas de part aux bénéfices ni aux pertes de l'affaire. Les obligations sont remboursables dans un délai déterminé, souvent par voie de tirage au sort. Le remboursement se fait d'après la valeur nominale de l'obligation. Pour certains emprunts (Crédit Foncier, Ville de Paris, etc.), certaines obligations sont remboursables *par des lots*, c'est-à-dire par des sommes très supérieures à leur valeur nominale (200.000 francs, 100.000 francs, etc., pour des obligations d'une valeur nominale de 500 francs).

L'actionnaire est donc en partie propriétaire de l'entreprise; l'obligataire n'est qu'un créancier de la société ou compagnie. En cas de non-réussite et liquidation de la société, les obligations sont remboursées les premières dans la mesure du possible. Le placement par actions peut donc être plus avantageux; le placement par obligations est toujours plus sûr.

Les actions, comme les obligations, se négocient à la **Bourse.** Ces titres, comme les titres de rente, sont **nominatifs** ou **au porteur.**

62. — Frais de vente ou d'achat. — Actions ou obligations au porteur. Courtage : 1 ‰ du montant de l'achat ou de la vente.

Impôt de 1 ‰ par 1.000 francs et fractions de 1.000 francs en sus.

Pour la vente d'un titre nominatif, le vendeur acquitte en plus un droit de 0,75 % pour le transfert ou la conversion en titre au porteur.

63. — **Impôts sur les coupons.** 4 % sur les intérêts, dividendes et montant des primes de remboursement, pour les titres nominatifs et au porteur.

En plus 0,25 % du capital, pour les titres au porteur seulement.

Les valeurs étrangères d'État ou non, qui se négocient en France, sont soumises aux droits et impôts précédents.

Impôt sur les lots. 8 % sur le montant des lots.

Remarque. Des États étrangers, comme la Russie, l'Espagne, etc., qui ont contracté des emprunts en France, prennent à leur charge les impôts sur les coupons.

Il existe, en outre, un *droit de timbre* sur les titres ; les compagnies ou sociétés le prennent à leur charge.

EXERCICES ET PROBLÈMES

I. — Progressions.

508. Calculer le 50e terme des progressions :

$$2, \quad 5, \quad 8 \ldots$$

$$\frac{1}{3}, \quad \frac{5}{6}, \quad \frac{4}{3} \ldots$$

509. Entre 1 et 17 insérer 99 moyens arithmétiques.

510. Un cavalier fait ferrer un cheval des quatre pieds. Le maréchal ferrant lui demande 3 francs par fer ou 1 centime pour le premier clou, 2 centimes pour le deuxième, 3 pour le troisième, etc. Sachant que chaque fer a 8 clous, quel est le prix le plus avantageux ?

511. Calculer le 12e terme de la progression géométrique $3, \quad 6, \quad 12 \ldots$

512. Calculer la somme des 12 termes de cette progression.

513. Un cavalier fait ferrer son cheval des quatre pieds. Le maréchal ferrant lui demande 0fr,01 pour le premier clou, 0fr,02 pour le deuxième, 0fr,04 pour le troisième, et ainsi de suite, en doublant chaque fois. Si chaque fer a 8 clous, quel sera le prix ?

514. On joint les milieux des côtés d'un triangle équilatéral de côté a ; on obtient ainsi un second triangle équilatéral sur lequel on opère comme sur le premier et ainsi de suite indéfiniment. Quelle est la limite de la somme des aires de tous ces triangles en fonction de a ?

515. Même problème que le précédent, en partant d'un hexagone régulier de côté a et en joignant les milieux des côtés consécutifs.

516. Quelle est la somme des nombres contenus dans la table de Pythagore?

517. Combien une pendule qui sonne les heures et les demies sonne-t-elle de coups en vingt-quatre heures?

518. Un joueur joue 5 francs par partie et double la mise chaque fois qu'il perd. Il perd 8 parties et gagne la 9e. A-t-il perdu ou gagné, et combien? (Quand il gagne, il touche deux fois la mise.)

519. Des ouvriers qui creusent un puits demandent 2 centimes pour le premier mètre, 4 pour le deuxième, et ainsi de suite, en doublant à chaque mètre. Combien leur doit-on, si l'on a trouvé l'eau à 16 mètres de profondeur?

520. Un charretier doit verser un tombereau de gravier tous les 5 mètres le long d'une route. Sachant qu'il va chercher le gravier à une distance de 450 mètres du premier tas, quel chemin aura-t-il fait quand il aura déposé des tas de gravier sur une longueur de 25 décamètres de route?

521. Les trois côtés d'un triangle rectangle forment une progression arithmétique dont la raison est 5. Calculer ces trois côtés.

522. Des ouvriers qui creusent un puits sont payés 1fr,80 pour le premier mètre, 2fr,50 pour le deuxième, 3fr,20 pour le troisième, et ainsi de suite, le salaire augmentant de 0fr,70 par mètre. Combien devra-t-on leur payer pour un puits de 23 mètres de profondeur?

523. La première demi-oscillation d'un pendule amorti est de 14°30'. Sachant qu'à chaque demi-oscillation l'amortissement est de 3 °/₀, calculer en degrés et minutes le chemin parcouru par le pendule en 7 oscillations complètes.

524. Une balle rebondit chaque fois à une hauteur égale aux $\frac{2}{3}$ de celle d'où elle est tombée. Quel est le chemin parcouru par la balle, qui tombe d'abord d'une hauteur de $5^m,30$, au moment où elle touche le sol pour la dixième fois?

525. Un commerçant avait 75.000 francs; chaque année son capital augmente de $\frac{1}{5}$ de ce qu'il était l'année d'avant. Quel est le capital de ce commerçant au bout de 10 ans?

II. — Intérêts composés.

526. Trouver ce que devient une somme de 12.000 francs placée à intérêts composés à 4,5 $^0/_0$ pendant 15 ans.

527. Au bout de combien de temps une somme placée à intérêts composés à 3 $^0/_0$ double-t-elle?

528. Une personne place, au début de chaque année, 1.000 francs à intérêts composés et à 3,5 $^0/_0$. Quel est son capital 15 ans après le premier versement?

529. Quelle somme a-t-il fallu placer à intérêts composés au taux 5 $^0/_0$ pour avoir, au bout de 8 ans, un capital de 20.000 francs?

530. On a placé une somme de 8.000 francs à intérêts composés et à 4,5 $^0/_0$ pendant 12 ans. Pendant combien de temps aurait-il fallu laisser la même somme à intérêts simples et au même taux pour obtenir le même capital réuni à ses intérêts?

III. — Calcul pratique de l'intérêt.

Calculer par la méthode des diviseurs et par celle des parties aliquotes :

L'intérêt à 5 °/₀ de :

531. 6.000 francs pendant 90 jours.
532. 7.200 » 48 »
533. 8.000 » 45 »
534. 60.000 » 15 »
535. 30.000 » 75 »
536. 18.000 » 40 »
537. 40.000 » 72 »
538. 14.400 » 33 »

L'intérêt à 6 °/₀ de :

539. 9.000 francs pendant 45 jours.
540. 4.800 » 30 »
541. 2.800 » 75 »
542. 16.000 » 105 »
543. 9.900 » 217 »
544. 6.300 » 197 »

L'intérêt à 4 °/₀ de :

545. 3.600 francs pendant 45 jours.
546. 4.800 » 90 »
547. 9.600 » 135 »
548. 7.200 » 53 »
549. 21.600 » 88 »

L'intérêt à 3 °/₀ de :

550. 3.600 francs pendant 280 jours.
551. 15.000 » 18 »
552. 2.200 » 45 »
553. 7.200 » 28 »
554. 12.600 » 217 »
555. 1.800 » 128 »

Calculer l'intérêt à 4 $\frac{1}{2}$ °/₀ de :

556. 25.200 francs pendant 112 jours.
557. 6.480 » 217 »
558. 39.600 » 116 »
559. 48.000 » 3 mois 18 jours.

IV. — Calcul de l'escompte et de la valeur actuelle.

Calculer l'escompte à 5 °/₀ et la valeur actuelle :

560. D'un billet de 800 fr. à 90 jours.
561. » 1.500 fr. à 45 »
562. » 2.400 fr. à 40 »
563. » 360 fr. à 135 »
564. » 1.800 fr. à 72 »

Calculer l'escompte à 6 °/₀ et la valeur actuelle :

565. D'un billet de 540 fr. à 90 jours.
566. » 1.080 fr. à 45 »
567. » 470 fr. à 30 »
568. » 630 fr. à 44 »
569. » 990 fr. à 78 »
570. » 1.800 fr. à 97 »

Calculer l'escompte à 4 °/₀ et la valeur actuelle :

571. D'un billet de 2.700 fr. à 90 jours.
572. » 800 fr. à 45 »
573. » 9.900 fr. à 180 »

Calculer l'escompte à 4 $\frac{1}{2}$ °/₀ et la valeur actuelle :

574. D'un billet de 5.400 fr. à 90 jours.
575. » 6.300 fr. à 45 »
576. » 1.800 fr. à 75 »
577. » 9.600 fr. à 24 »

578. Un négociant a remis, le 15 avril 1912, à son banquier les effets suivants : 1.385 francs, Marseille, 18 mai ; 4.837fr,50, le Havre, 7 juin ; 2.345 francs, Nantes, 10 juillet ; 1.840 francs, Nancy, 17 juillet ; 2.000 francs, Nancy, 13 septembre. L'escompte étant de 4 %, la commission $\frac{1}{8}$ % et le change de place $\frac{1}{4}$ %, faire le bordereau d'escompte.

579. Remplacer par un billet unique payable le 1er octobre les billets suivants : 840 francs, payables le 15 mai ; 1.250 francs, payables le 10 juin ; 2.300 francs, payables le 10 septembre ; 1.800 francs, payables le 15 octobre ; 1.350 francs, payables le 1er novembre. Taux 6 %.

580. Déterminer l'échéance moyenne des effets suivants : 1.500 francs, payables le 7 février 1913 ; 1.420 francs, payables le 18 mars 1913 ; 850 francs, payables le 21 avril 1913 ; 1.800 francs, payables le 17 juin 1913 ; 480 francs, payables le 1er octobre 1913.

V. — Comptes courants.

581. Le 1er janvier 1912, M. Bertrand s'est fait ouvrir un compte chez un banquier. Il a déposé ce jour-là 7.800 francs. Le 15 janvier, il a versé 1.425fr,50 ; le 3 février, il a retiré par chèque 472fr,75 ; le 10 février, il a donné un billet payable le 10 avril, dont la valeur nominale est de 1.240 francs ; le 3 mars, il a retiré par chèque 1.870 francs ; le 15 mai, il a versé 250 francs ; le 1er juin, il a retiré 2.725 francs. Établir le compte de M. Bertrand le 30 juin par la méthode directe. Taux 4 %.

582. Établir le même compte par la méthode rétrograde.

VI. — Rente française.

583. Le 31 mai 1910, la rente 3 % perpétuelle était au cours de 98fr,80. Combien pouvait-on acheter de rente pour 3.875 francs? — Établir le bordereau d'achat.

584. Le 8 janvier 1912, la rente 3 % perpétuelle était au cours de 94fr,60. Je possède une somme disponible de 4.850 francs. Combien puis-je acheter de rente 3 %? — Établir le bordereau d'achat.

585. J'ai acheté 900 francs de rente 3 % au cours de 95fr,35. Quel est mon bénéfice, si je les revends au cours de 97fr,15?

586. J'achète 600 francs de rente 3 % au cours de 94fr,70; je les revends un an après, au cours de 96fr,10. A quel taux ai-je placé mon argent pendant cette année, en tenant compte des coupons et de la plus-value?

587. Quelle rente 3 % peut-on se procurer avec 25.000 francs au cours de 94fr,30? — Quel est le taux de ce placement?

VII. — Caisses d'épargne.

588. Une personne dépose 120 francs, le 1er janvier, à la Caisse d'épargne postale, et 160 francs, le 20 avril. Combien touche-t-elle, si elle retire son argent à la fin de décembre de la même année?

589. Une caisse d'épargne municipale donne 3 % d'intérêt. Un ouvrier verse, le 1er février, 80 francs, puis le 7 mai, 140 francs; il en retire, le 25 octobre, 70 francs. Quel est le montant du livret, le 1er janvier de l'année suivante?

590. Une domestique verse pendant 6 ans, le 1er janvier et le 1er mai de chaque année, une somme de

100 francs chaque fois, à la Caisse nationale d'épargne. Quel est le montant de son livret, 6 ans après le premier versement?

591. Un ouvrier dépose à une caisse d'épargne municipale, qui donne 3 $^0/_0$ d'intérêts, 200 francs le 25 janvier, 160 francs le 29 juillet et 40 francs le 30 septembre. Quel est l'intérêt acquis au bout de l'année?

592. Quelle est, au 31 décembre, la somme inscrite sur le livret de caisse d'épargne d'une personne qui a déposé, à la Caisse nationale, 150 francs le 25 janvier, 100 francs le 13 février et 200 francs le 21 juillet?

593. Un fonctionnaire qui touche 200 francs par mois verse, au début de chaque mois, 8 $^0/_0$ de son traitement à la Caisse d'épargne nationale. Quelle est la somme inscrite sur son livret 3 ans après le premier versement?

VIII. — Opérations sur les valeurs.

594. Combien rapporte la vente de 10 actions nominatives du Crédit Foncier de France, vendues au cours de 790 francs, en tenant compte des frais?

595. On a acheté 8 actions au porteur des chemins de fer du Nord, à 1.629 francs, et 4 actions au porteur Orléans, à 1.274^{fr},50. Combien touche-t-on net chaque année, si une action Nord rapporte 72 francs et une action Orléans 59 francs, impôts non déduits?

596. Avec les données du problème précédent, combien a coûté l'achat de ces 12 actions? — Quel est le taux du placement ainsi effectué?

597. A quel taux place-t-on son argent en achetant une action nominative de la Banque de France, au prix de 4.200 francs, si cette action rapporte, impôts non déduits, 145^{fr},83? (On tiendra compte de l'impôt pour la retenue sur les intérêts.)

598. Établir le bordereau d'achat de 7 obligations de 500 francs au porteur, des chemins de fer du Nord 3 °/₀, au cours de 417 francs, et de 7 obligations de 500 francs au porteur, d'Orléans $2\frac{1}{2}$ °/₀, au cours de 375 francs.

599. Est-il plus avantageux d'acheter des Ville de Paris 1904 $2\frac{1}{2}$ °/₀, au cours de 428 francs, plutôt que des obligations Communales du Crédit Foncier 3 °/₀, au prix de 499 francs. (On tiendra compte de la retenue faite sur les coupons, les titres étant au porteur, et non des frais d'achat.)

600. On a acheté, le 31 mai 1907, 160 francs de rentes russes consolidées 4 °/₀, au cours de 76fr,20, et on les a revendues, le 31 mai 1910, au cours de 94fr,90. Combien a-t-on touché en tout, bénéfice et coupons compris, et les frais de vente et d'achat déduits?

601. Avec les données du problème précédent, quel a été le taux du placement?

602. Un particulier a acheté 375 francs une obligation au porteur qui lui rapporte 12fr,50. Au bout de quatre ans, elle sort au tirage et lui est remboursée 500 francs. A quel taux son argent a-t-il été placé pendant ce temps? (On fera le problème sans tenir compte des frais d'achat, mais en tenant compte de la retenue faite sur les coupons.)

603. On a acheté à 509 francs une obligation foncière 1879 3 °/₀. Au bout d'un an, elle est remboursée 500 francs. Quel a été le taux de placement? (Tenir compte de la retenue sur les coupons.)

604. On a acheté, le 31 mai 1907, 12 obligations de 500 francs Est 3 °/₀, au cours de 427fr,50. On les revend, le 5 janvier 1912, au cours de 414fr,75. Quel a été le taux de placement, sachant que les intérêts se payent par moitié, en mars et septembre? (On tiendra compte des frais de vente et d'achat.)

TABLE DE MULTIPLICATION

2 fois 1 font 2	5 fois 1 font 5	8 fois 1 font 8
2 fois 2 font 4	5 fois 2 font 10	8 fois 2 font 16
2 fois 3 font 6	5 fois 3 font 15	8 fois 3 font 24
2 fois 4 font 8	5 fois 4 font 20	8 fois 4 font 32
2 fois 5 font 10	5 fois 5 font 25	8 fois 5 font 40
2 fois 6 font 12	5 fois 6 font 30	8 fois 6 font 48
2 fois 7 font 14	5 fois 7 font 35	8 fois 7 font 56
2 fois 8 font 16	5 fois 8 font 40	8 fois 8 font 64
2 fois 9 font 18	5 fois 9 font 45	8 fois 9 font 72
3 fois 1 font 3	6 fois 1 font 6	9 fois 1 font 9
3 fois 2 font 6	6 fois 2 font 12	9 fois 2 font 18
3 fois 3 font 9	6 fois 3 font 18	9 fois 3 font 27
3 fois 4 font 12	6 fois 4 font 24	9 fois 4 font 36
3 fois 5 font 15	6 fois 5 font 30	9 fois 5 font 45
3 fois 6 font 18	6 fois 6 font 36	9 fois 6 font 54
3 fois 7 font 21	6 fois 7 font 42	9 fois 7 font 63
3 fois 8 font 24	6 fois 8 font 48	9 fois 8 font 72
3 fois 9 font 27	6 fois 9 font 54	9 fois 9 font 81
4 fois 1 font 4	7 fois 1 font 7	
4 fois 2 font 8	7 fois 2 font 14	
4 fois 3 font 12	7 fois 3 font 21	
4 fois 4 font 16	7 fois 4 font 28	
4 fois 5 font 20	7 fois 5 font 35	
4 fois 6 font 24	7 fois 6 font 42	
4 fois 7 font 28	7 fois 7 font 49	
4 fois 8 font 32	7 fois 8 font 56	
4 fois 9 font 36	7 fois 9 font 63	

TABLE DES MATIÈRES

Pages.

NOTIONS D'ARITHMÉTIQUE COMMERCIALE

36161. — Tours, impr. Mame.

www.ingramcontent.com/pod-product-compliance
Ingram Content Group UK Ltd.
Pitfield, Milton Keynes, MK11 3LW, UK
UKHW021102220726
13924UKWH00005B/2207

9 782019 962029